人工智能技术丛书

PyTorch 2.0 深度学习从零开始学

王晓华 著

清華大学出版社
北京

内 容 简 介

PyTorch 是一个开源的机器学习框架，它提供了动态计算图的支持，让用户能够自定义和训练自己的神经网络，目前是机器学习领域中最受欢迎的框架之一。本书基于 PyTorch 2.0，详细介绍深度学习的基本理论、算法和应用案例，配套示例源代码、PPT 课件。

本书共分 15 章，内容包括 PyTorch 概述、开发环境搭建、基于 PyTorch 的 MNIST 分类实战、深度学习理论基础、MNIST 分类实战、数据处理与模型可视化、基于 PyTorch 卷积层的分类实战、PyTorch 数据处理与模型可视化、实战 ResNet 卷积网络模型、有趣的 Word Embedding、基于循环神经网络的中文情感分类实战、自然语言处理的编码器、站在巨人肩膀上的预训练模型 BERT、自然语言处理的解码器、基于 PyTorch 的强化学习实战、基于 MFCC 的语音唤醒实战、基于 PyTorch 的人脸识别实战。

本书适合深度学习初学者、PyTorch 初学者、PyTorch 深度学习项目开发人员学习，也可作为高等院校或高职高专学校计算机技术、人工智能、智能科学与技术、数据科学与大数据技术等相关专业的教材。

图书在版编目（CIP）数据

PyTorch 2.0 深度学习从零开始学 / 王晓华著. —北京：清华大学出版社，2023.7（2025.1 重印）
（人工智能技术丛书）
ISBN 978-7-302-64108-7

Ⅰ. ①P… Ⅱ. ①王… Ⅲ. ①机器学习 Ⅳ. ①TP181

中国国家版本馆 CIP 数据核字（2023）第 131187 号

责任编辑：夏毓彦
封面设计：王　翔
责任校对：闫秀华
责任印制：曹婉颖

出版发行：清华大学出版社
网　　址：https://www.tup.com.cn，https://www.wqxuetang.com
地　　址：北京清华大学学研大厦 A 座　　**邮　　编：**100084
社 总 机：010-83470000　　**邮　　购：**010-62786544
投稿与读者服务：010-62776969，c-service@tup.tsinghua.edu.cn
质 量 反 馈：010-62772015，zhiliang@tup.tsinghua.edu.cn

印 装 者：三河市东方印刷有限公司
经　　销：全国新华书店
开　　本：190mm×260mm　　**印　　张：**18.25　　**字　　数：**492 千字
版　　次：2023 年 8 月第 1 版　　**印　　次：**2025 年 1 月第 5 次印刷
定　　价：69.00 元

产品编号：102831-01

前　言

PyTorch 是一个开源的机器学习框架，它提供了动态计算图的支持，让用户能够自定义和训练自己的神经网络。它由Facebook的研究团队开发，并于2017年首次发布，从那时起，PyTorch迅速成为机器学习领域最受欢迎的框架之一。

PyTorch 在学术界和产业界都得到了广泛的应用，被用于完成各种任务，例如图像分类、自然语言处理、目标检测等。在 2019 年，PyTorch 被 Google 和 OpenAI 等机构评选为机器学习框架的首选，这也进一步证明了 PyTorch 在机器学习领域的重要性。

关于本书

本书是一本以 PyTorch 2.0 为框架的深度学习实战图书，以通俗易懂的方式介绍深度学习的基础内容与理论，并以项目实战的形式详细介绍 PyTorch 框架的使用。本书从单个 API 的使用，到组合架构完成进阶的项目实战，全面介绍使用 PyTorch 2.0 进行深度学习项目实战的核心技术和涉及的相关知识，内容丰富而翔实。

同时，本书不仅仅是一本简单的项目实战性质的图书，本书在讲解和演示实例代码的过程中，对 PyTorch 2.0 的核心内容进行深入分析，重要内容均结合代码进行实战讲解，围绕深度学习的基本原理介绍大量案例，读者通过这些案例可以深入掌握深度学习和 PyTorch 2.0 的相关技术及其应用，并能提升使用深度学习框架进行真实的项目实战的能力。

本书特点

（1）重实践，讲原理。本书立足于深度学习，以实战为目的，以新版的 PyTorch 2.0 为基础框架，详细介绍深度学习基本原理以及示例项目的完整实现过程，并提供可运行的全套示例代码，帮助读者在直接使用代码的基础上掌握深度学习的原理与应用方法。

（2）版本新，易入门。本书详细讲解 PyTorch 2.0 的安装和使用，包括 PyTorch 2.0 的重大优化和改进方案，以及官方默认使用的 API 和官方推荐的编程方法与技巧。

（3）作者经验丰富，代码编写优雅细腻。作者是长期奋战在科研和工业界的一线算法设计和程序编写人员，实战经验丰富，对代码中可能会出现的各种问题和“坑”有丰富的处理经验，使得读者能够少走很多弯路。

（4）理论扎实，深入浅出。在代码设计的基础上，本书还深入浅出地介绍深度学习需要掌握的一些基本理论知识，作者以大量的公式与图示相结合的方式进行理论讲解，是一本难得的好书。

（5）对比多种应用方案，实战案例丰富。本书采用了大量的实例，同时也提供了实现同类功能的多种解决方案，覆盖使用 PyTorch 2.0 进行深度学习开发常用的知识。

配套示例源代码、PPT 课件等资源下载

本书配套示例源代码、PPT 课件，需要用微信扫描下面的二维码获取。如果阅读中发现问题或疑问，请联系 booksaga@163.com，邮件主题写“PyTorch 2.0 深度学习从零开始学”。

本书读者

- 深度学习初学者
- PyTorch 初学者
- PyTorch 深度学习项目开发人员
- 计算机技术、人工智能、智能科学与技术、数据科学与大数据技术等专业的师生

作　者

2023 年 5 月

目　　录

第1章 PyTorch 2.0——一个新的开始

PyTorch 是一个开源的机器学习框架，提供了动态计算图的支持，让用户能够自定义和训练自己的神经网络。它由Facebook的研究团队开发，并于2017年首次发布，从那时起，PyTorch迅速成为机器学习领域最受欢迎的框架之一。

PyTorch 在学术界和产业界都得到了广泛的应用，被用于实现各种任务，例如图像分类、自然语言处理、目标检测等。2019 年，PyTorch 被 Google 和 OpenAI 等机构评选为机器学习框架的首选，这也进一步证明了 PyTorch 在机器学习领域的重要性。

1.1 燎原之势的人工智能

人工智能作为当今信息科技最炙手可热的研究领域之一，近年来得到了越来越多的关注。然而，人工智能并不是一蹴而就的产物，而是在不断发展、演变的过程中逐渐形成的。人工智能从无到有是一个漫长而又不断迭代的过程。

1.1.1 从无到有的人工智能

人工智能的发展可以追溯到 20 世纪 50 年代，当时的计算机技术还非常落后，但是人们已经开始思考如何让计算机具备人类的智能。于是，在 20 世纪 50 年代末期，人工智能这个概念正式被提出。最早的人工智能技术主要是基于规则的，即通过编写一些规则来让计算机进行推理和决策。然而，这种方法很快就被证明是不够灵活的，无法应对各种复杂的情况。

为了解决这个问题，人们开始研究机器学习。机器学习是一种让计算机从数据中学习规律的方法。最早的机器学习算法主要是基于统计学的方法，如线性回归、逻辑回归等。这些算法主要用于解决一些简单的问题，如分类、回归等。

随着数据量的不断增大和计算能力的提升，人们开始研究更加复杂的机器学习算法，如神经网络。神经网络是一种模仿人脑神经元的网络结构，可以用于解决各种复杂的问题，如图像识别、语音识别、自然语言处理等。然而，在早期的研究中，神经网络还存在训练时间长、容易陷入局部最优解等问题。

为了解决这个问题，人们开始研究深度学习。深度学习是一种多层神经网络的方法，通过层层抽象可以获取更加高级、更加抽象的特征表示。深度学习在图像识别、语音识别、自然语言处理等领域都取得了非常显著的成果。

除了深度学习外，人们还在不断探索其他的人工智能算法，如遗传算法、强化学习等。这些算法在不同的领域都取得了一定的成果。

随着互联网的普及和大数据时代的到来，数据变得越来越容易获取。同时，计算能力的提升也为人工智能的发展提供了坚实的基础。GPU 的出现使得人们能够更加高效地训练深度学习模型，云计算的发展使得人们能够更加轻松地部署和运行人工智能应用。

如今，人工智能已经渗透到了各个领域，如医疗、金融、交通、制造等。人工智能已经成为许多企业的核心竞争力，也成为推动社会进步的重要力量。

然而，人工智能的发展依然面临着许多挑战。一方面，人工智能的算法和技术还有很大的提升空间，例如如何让人工智能具备更好的理解能力、创造能力、推理能力等。另一方面，人工智能的应用还需要面对许多社会、伦理、法律等方面的问题。例如如何保障人工智能的安全、隐私和公正性，如何处理人工智能和人类的关系等。

总之，人工智能从无到有是一个漫长而又不断迭代的过程。虽然人工智能已经取得了许多显著的成果，但是还有很多挑战需要我们去面对。相信在不久的将来，人工智能会继续发展，成为推动人类社会进步的重要力量。

1.1.2　深度学习与人工智能

深度学习作为人工智能领域的一种重要技术，正在引领人工智能的发展。它利用多层神经网络模拟人脑的处理方式，可以实现很多人类难以完成的任务，如图像识别、语音识别、自然语言处理等。在过去的几年中，深度学习在各个领域取得了巨大的成功，成为人工智能领域的一颗璀璨的明珠。

深度学习的核心是神经网络，它可以被看作是由许多个简单的神经元组成的网络。这些神经元可以接收输入并产生输出，通过学习不同的权重来实现不同的任务。深度学习的“深度”指的是神经网络的层数，即多层神经元的堆叠。在多层神经网络中，每一层的输出都是下一层的输入，每一层都负责提取不同层次的特征，从而完成更加复杂的任务。

深度学习在人工智能领域的成功得益于其强大的表征学习能力。表征学习是指从输入数据中学习到抽象的特征表示的过程。深度学习模型可以自动学习到数据的特征表示，并从中提取出具有区分性的特征，从而实现对数据的分类、识别等任务。

深度学习在图像识别、语音识别、自然语言处理等领域都取得了很好的效果。例如，在图像识别领域，深度学习已经取代了传统的机器学习方法成为主流，可以实现对复杂场景中的物体进行精确识别和定位。在自然语言处理领域，深度学习可以实现文本的情感分析、机器翻译等任务。在语音识别领域，深度学习可以将语音转换为文本，实现语音助手等应用。

1.1.3　应用深度学习解决实际问题

深度学习是一种机器学习技术，它可以通过大量的数据来训练模型，以解决现实生活中的实际问题。深度学习技术在多个领域都有广泛应用，例如自然语言处理、计算机视觉、智能控制等。接下来将介绍几个使用深度学习解决实际问题的案例，并探讨深度学习技术的优势。

1. 人脸识别

人脸识别是一种广泛应用的技术，它可以用于安全认证、人脸支付、人脸考勤等。深度学习技术在人脸识别中具有优势，因为它可以从大量的数据中学习特征，使得识别准确率更高。例如，FaceNet 是一个基于深度学习的人脸识别系统，它可以在不同光照和角度下准确地识别同一个人的脸。

2. 自然语言处理

自然语言处理是一种重要的人工智能应用，它可以用于文本分类、情感分析、机器翻译等。深度学习技术在自然语言处理中也有广泛应用。例如，Google 的翻译系统就使用了深度学习技术来提高翻译的准确率。此外，深度学习技术还可以用于语音识别、语音合成等方面，以提高人机交互的体验。

3. 智能控制

智能控制是一种应用广泛的技术，它可以用于自动化控制、机器人控制、智能家居等。深度学习技术在智能控制中的应用也越来越多。例如，深度强化学习可以用于机器人控制，通过从环境中不断学习来优化机器人的决策。此外，深度学习技术还可以用于自动驾驶、航空航天等方面，以提高自主决策的能力。

1.1.4　深度学习技术的优势和挑战

深度学习技术的优势主要体现在以下几个方面。

1. 准确性更高

深度学习技术可以通过大量的数据来训练模型，从而学习到更多的特征，以提高识别准确率。例如，传统的人脸识别技术可能只能识别人脸的一部分特征，而深度学习技术可以学习到更多的细节，从而提高人脸识别的准确率。

2. 可以处理更复杂的问题

传统的机器学习技术在处理复杂问题时往往受限于特征工程的能力，而深度学习技术可以通过学习大量的数据来自动提取特征，从而可以处理更复杂的问题。

3. 可以逐步优化

深度学习技术可以通过逐步优化来提高模型的性能。例如，可以通过改变模型的结构、增加数据量、调整超参数等方法来提高模型的性能。

4. 可以适应不同的场景

深度学习技术可以根据不同的场景进行适应性调整。例如，对于不同的语音、图像等数据，可以通过不同的网络结构和训练方式进行处理。

虽然深度学习技术有着诸多优势，但也存在一些挑战。例如，深度学习技术需要大量的数据来训练模型，这需要消耗大量的计算资源和存储空间。此外，深度学习模型的解释性也相对较差，难以解释模型内部的决策过程。

总的来说，深度学习技术在解决实际问题方面具有广泛的应用前景。随着计算资源的不断提升和算法的不断优化，深度学习技术在未来将会发挥更加重要的作用。

1.2 为什么选择 PyTorch 2.0

在 PyTorch Conference 2022 上，PyTorch 官方正式发布了 PyTorch 2.0，整场活动含“compiler”率极高，跟先前的 1.x 版本相比，2.0 版本有了颠覆式的变化。

PyTorch 2.0 中发布了大量足以改变 PyTorch 使用方式的新功能，它提供了相同的 Eager 模式和用户体验，同时通过 torch.compile 增加了一个编译模式，在训练和推理过程中可以对模型进行加速，从而提供更佳的性能以及对 Dynamic Shapes 和 Distributed 的支持。

1.2.1 PyTorch 的前世今生

PyTorch 是一个 Python 开源机器学习库，它可以提供强大的 GPU 加速张量运算和动态计算图，方便用户进行快速实验和开发。PyTorch 由 Facebook 的人工智能研究小组于 2016 年发布，当时它作为 Torch 的 Python 版，目的是解决 Torch 在 Python 中使用的不便之处。

Torch 是另一个开源机器学习库，它于 2002 年由 Ronan Collobert 创建，主要基于 Lua 编程语言。Torch 最初是为了解决语音识别的问题而创建的，但随着时间的推移，Torch 开始被广泛应用于其他机器学习领域，包括计算机视觉、自然语言处理、强化学习等。

尽管 Torch 在机器学习领域得到了广泛的应用，但是它在 Python 中的实现相对麻烦，导致它在 Python 社区的使用率不如其他机器学习库（如 TensorFlow）。这也就迫使了 Facebook 的人工智能研究小组开始着手开发 PyTorch。

在 2016 年，PyTorch 首次发布了其 Alpha 版本，但是该版本的使用范围比较有限。直到 2017 年，PyTorch 正式发布了其 Beta 版本，这使得更多的用户可以使用 PyTorch 进行机器学习实验和开发。在 2018 年，PyTorch 1.0 版本正式发布，这也标志着 PyTorch 开始成为机器学习领域最受欢迎的开源机器学习库之一。

PyTorch 在国际学术界和工业界都得到了广泛的认可，并在实践得到广泛的应用。同时，PyTorch 持续更新和优化，使得用户可以在不断的技术发展中获得更好的使用体验。

1.2.2 更快、更优、更具编译支持——PyTorch 2.0 更好的未来

PyTorch 2.0 的诞生使得 PyTorch 的性能进一步提升，并开始将 PyTorch 的部分内容从 C++阵营拉到 Python 阵营中。而其中最为人津津乐道的新技术包括 TorchDynamo、AOTAutograd、PrimTorch 以及 TorchInductor。

1. TorchDynamo

TorchDynamo 可以借助 Python Frame Evaluation Hooks（Python 框架评估钩子），安全地获取 PyTorch 程序，这项重大创新是 PyTorch 过去 5 年来在安全图结构捕获（Safe Graph Capture）方面研发成果的汇总。

2. AOTAutograd

AOTAutograd 重载 PyTorch Autograd Engine（PyTorch 自动微分引擎），作为一个 Tracing Autodiff，用于生成超前的 Backward Trace（后向追溯）。

3. PrimTorch

PrimTorch 将 2 000 多个 PyTorch 算子归纳为约 250 个 Primitive Operator 闭集（Closed Set），开发者可以针对这些算子构建一个完整的 PyTorch 后端。PrimTorch 大大简化了编写 PyTorch 功能或后端的流程。

4. TorchInductor

TorchInductor 是一个深度学习编译器，可以为多个加速器和后端生成快速代码。对于 NVIDIA GPU，它使用 OpenAI Triton 作为关键构建模块。

TorchDynamo、AOTAutograd、PrimTorch 和 TorchInductor 是用 Python 编写的，并且支持 Dynamic Shape（无须重新编译就能发送不同大小的向量），这使得它们灵活且易学，降低了开发者和供应商的准入门槛。

除此之外，PyTorch 2.0 官宣了一个重要特性——torch.compile，这一特性将 PyTorch 的性能推向了新的高度，并将 PyTorch 的部分内容从 C++移回 Python。torch.compile 是一个完全附加的（可选的）特性，因此 PyTorch 2.0 是 100%向后兼容的。

当然，PyTorch 2.0 目前只推出了改革的第一个版本，随着后续 PyTorch 社区以及维护团队的修正和更新，PyTorch 一定会迎来更好的未来。

1.2.3　PyTorch 2.0 学习路径——从零基础到项目实战

学习 PyTorch 的步骤可能因个人情况而有所不同，以下是一般的学习步骤：

（1）安装 PyTorch 和 Python：用户可以在 PyTorch 官方网站上找到安装说明，并选择合适的版本和平台。

（2）学习 Python 基础知识：如果用户还不熟悉 Python，那么需要先学习 Python 基础知识，包括变量、数据类型、控制流语句、函数和模块等。

（3）了解深度学习基础知识：学习深度学习前，需要先了解神经网络、损失函数、优化算法和梯度下降等基础概念。

（4）学习 PyTorch 基础知识：学习 PyTorch 张量（Tensor）、自动微分（Autograd）、模块（Module）和优化器（Optimizer）等 PyTorch 基础知识。

（5）实践 PyTorch：尝试使用 PyTorch 进行一些简单的任务，比如创建张量、定义神经网络模型、计算损失函数和梯度、优化模型参数等。

（6）学习 PyTorch 高级知识：深入学习 PyTorch 的高级知识，包括 PyTorch 的 GPU 加速、数据处理、模型保存和加载、模型微调和迁移学习等。

（7)完成深度学习实战项目：使用 PyTorch 完成多个深度学习项目，例如图像分类、物体检测、文本生成等。这些项目可以来自实际问题或公开的数据集，目的是将前面所学的知识应用于实际情况中。

最终总结一句话，前途是光明的，道路是曲折的。实践出真知，学习 PyTorch 2.0 是一个需要仔细钻研的过程，不仅要学习理论，还需要自己动手实践才能了解其中的奥义。感谢读者选择本书来进行 PyTorch 2.0 的学习之旅，希望沉下心来，认认真真地掌握这个领域的知识。

1.3 本 章 小 结

本章介绍了人工智能技术发展简史、深度学习与人工智能的关系、深度学习能解决的实际问题，以及 PyTorch 的发展历程和最新技术，并给出了 PyTorch 2.0 的学习路径——从零基础到项目实战。

第 2 章

Hello PyTorch 2.0——深度学习环境搭建

工欲善其事，必先利其器。第 1 章介绍了 PyTorch 与深度学习神经网络之间的关系，本章将正式进入 PyTorch 2.0 的学习过程。

首先读者需要知道，无论是构建深度学习应用程序，还是应用已完成训练的项目到某项具体项目中，都需要使用编程语言完成设计者的目的，本书使用 Python 语言作为开发的基本语言。

Python 是深度学习的首选开发语言，很多第三方提供了集成大量科学计算库的 Python 标准安装包，常用的是 Miniconda 和 Anaconda。Python 是一个脚本语言，如果不使用 Miniconda 或者 Anaconda，那么第三方库的安装会较为困难，各个库之间的依赖性就很难连接得很好。因此，这里推荐使用 Miniconda，当然对 Python 语言非常熟悉的读者也可以直接使用原生 Python。

本章首先介绍 Miniconda 的完整安装，然后完成一个练习项目——生成可控的手写体数字，这是一个入门程序，可以帮助读者了解完整的 PyTorch 项目的工作过程。

2.1 安装 Python

2.1.1 Miniconda 的下载与安装

1. 下载和安装

进入 Miniconda 官方网站，打开下载页面，如图 2-1 所示。

读者可以根据自己使用的操作系统选择不同平台的 Miniconda 下载，目前官网提供的是最新集成了 Python 3.10 版本的 Miniconda。如果读者目前使用的是以前的 Python 版本，例如 Python 3.7，也是完全可以的。从图中可以看到，使用 3.7 ~ 3.10 版本的 Python 都能支持 PyTorch 的使用。读者可以根据自己的操作系统选择下载相应的文件。

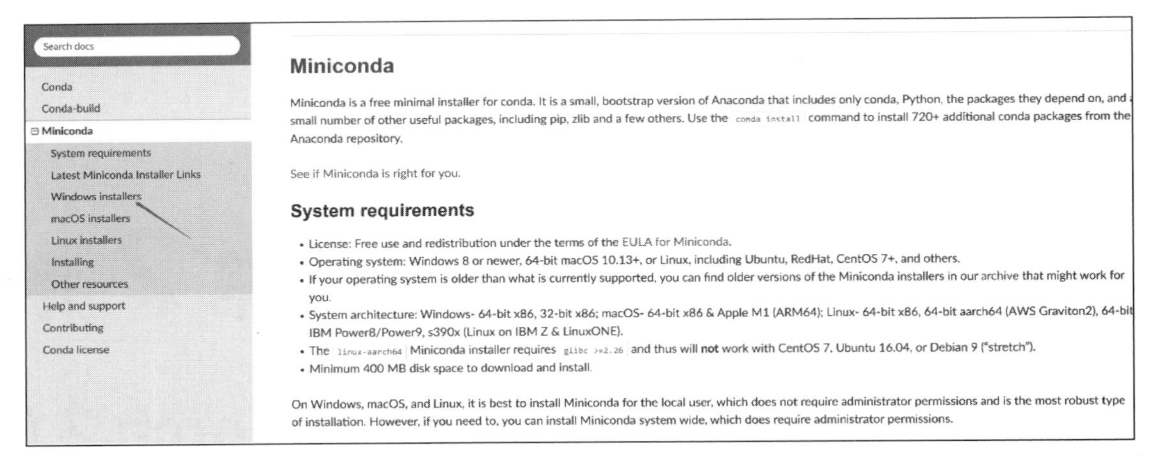

图 2-1　下载页面

这里推荐使用 Windows Python 3.9 版本，相对于 3.10 版本，3.9 版本经过一段时间的训练，具有一定的稳定性。当然，读者可根据自己的喜好选择集成 Python 3.10 版本的 Miniconda。下载页面如图 2-2 所示。

Windows

Python version	Name	Size	SHA256 hash
Python 3.10	Miniconda3 Windows 64-bit	52.9 MiB	2e3086630fa3fae7636432a954be530c88d0705fce497120d56e0f5d865b0d51
Python 3.9	Miniconda3 Windows 64-bit	53.0 MiB	4b92942fbd70e84a221306a801b3e4c06dd46e894f949a3eb19b4b150ec19171
Python 3.8	Miniconda3 Windows 64-bit	52.5 MiB	9f6ce5307db5da4e391ced4a6a73159234c3fc64ab4c1d6621dd0b64b0c24b5f
Python 3.7	Miniconda3 Windows 64-bit	50.7 MiB	4d48f78d7edbf4db0660f3b3e28b6fa17fa469cdc98c76b94e08662b92a308bd
Python 3.9	Miniconda3 Windows 32-bit	67.8 MiB	4fb64e6c9c28b88beab16994bfba4829110ea3145baa60bda5344174ab65d462
Python 3.8	Miniconda3 Windows 32-bit	66.8 MiB	60cc5874b3cce9d80a38fb2b28df96d880e8e95d1b5848b15c20f1181e2807db
Python 3.7	Miniconda3 Windows 32-bit	65.5 MiB	a6af674b984a333b53aaf99043f6af4f50b0bb2ab78e0b732aa60c47bbfb0704

Search docs
Conda
Conda-build
Miniconda
System requirements
Latest Miniconda Installer Links
Windows installers
macOS installers
Linux installers

图 2-2　集成 Python 3.10 版本的官方网站 Miniconda3 下载页面

注意：如果读者使用的是 64 位操作系统，那么可以选择以 Miniconda3 开头、以 64 结尾的安装文件，不要下载错了。

下载完成后得到的安装文件是 exe 版本，直接运行即可进入安装过程，安装比较简单，按界面提示进行操作即可。安装完成后，出现如图 2-3 所示的目录结构，说明安装正确。

› 此电脑 › 本地磁盘 (C:) › miniforge3

名称	修改日期	类型
condabin	2021/8/6 16:11	文件夹
conda-meta	2022/12/12 10:07	文件夹
DLLs	2021/8/6 16:11	文件夹
envs	2021/8/6 16:11	文件夹
etc	2021/11/16 16:55	文件夹
include	2021/8/6 16:11	文件夹
Lib	2022/1/13 14:46	文件夹

图 2-3　Miniconda3 安装目录

2. 打开控制台

依次单击“开始”→“所有程序”→Miniconda3→Miniconda Prompt，打开 Miniconda Prompt 窗口，它与 CMD 控制台类似，输入命令就可以控制和配置 Python。在 Miniconda 中最常用的是 conda 命令，该命令可以执行一些基本操作。

3. 验证Python

接下来在控制台中输入 python，若安装正确，则会打印版本号和控制符号。在控制符号下输入以下代码：

```
print("hello Python")
```

输出结果如图 2-4 所示，可以验证 Miniconda Python 已经安装成功。

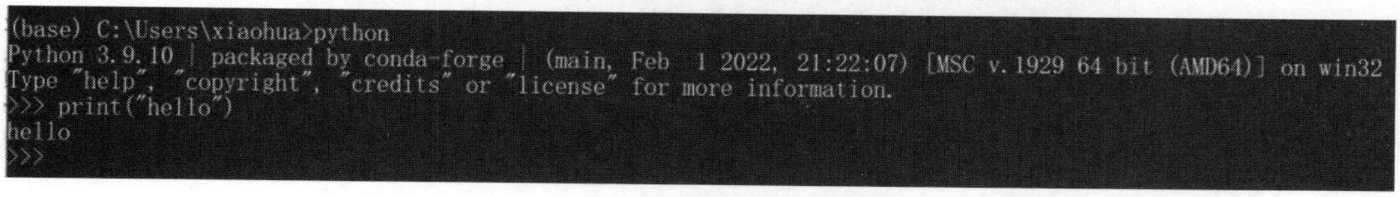

```
(base) C:\Users\xiaohua>python
Python 3.9.10 | packaged by conda-forge | (main, Feb  1 2022, 21:22:07) [MSC v.1929 64 bit (AMD64)] on win32
Type "help", "copyright", "credits" or "license" for more information.
>>> print("hello")
hello
>>>
```

图 2-4　安装成功

4. 使用pip命令

使用 Miniconda 的好处在于，它能够很方便地帮助读者安装和使用大量第三方类库。查看已安装的第三方类库的命令如下：

```
pip list
```

注意：如果此时命令行还处于>>>状态，那么可以输入 exit()退出。

在 Miniconda Prompt 控制台输入 pip list 命令，结果如图 2-5 所示。

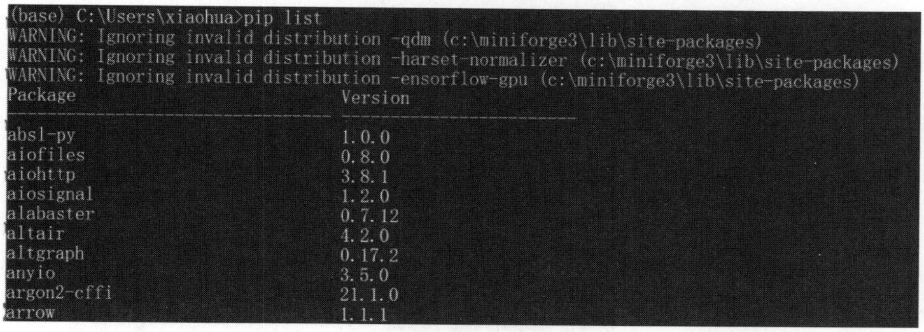

```
(base) C:\Users\xiaohua>pip list
WARNING: Ignoring invalid distribution -qdm (c:\miniforge3\lib\site-packages)
WARNING: Ignoring invalid distribution -harset-normalizer (c:\miniforge3\lib\site-packages)
WARNING: Ignoring invalid distribution -ensorflow-gpu (c:\miniforge3\lib\site-packages)
Package                          Version
-------------------------------- ----------------------
absl-py                          1.0.0
aiofiles                         0.8.0
aiohttp                          3.8.1
aiosignal                        1.2.0
alabaster                        0.7.12
altair                           4.2.0
altgraph                         0.17.2
anyio                            3.5.0
argon2-cffi                      21.1.0
arrow                            1.1.1
```

图 2-5　已安装的第三方类库

Miniconda 中使用 pip 进行的操作还有很多，其中最重要的是安装第三方类库，命令如下：

```
pip install name
```

这里的 name 是需要安装的第三方类库名，假设需要安装 NumPy 包（这个包已经安装过），那么输入的命令如下：

```
pip install numpy
```

结果如图 2-6 所示。

```
管理员: Anaconda Prompt - conda  install numpy
    pywavelets:    0.5.2-np112py35_0

The following packages will be UPDATED:

    astropy:       1.2.1-np111py35_0  --> 1.3.2-np112py35_0
    bottleneck:    1.1.0-np111py35_0  --> 1.2.0-np112py35_0
    conda:         4.3.14-py35_1      --> 4.3.17-py35_0
    h5py:          2.6.0-np111py35_2  --> 2.7.0-np112py35_0
    libpng:        1.6.22-vc14_0      [vc14] --> 1.6.27-vc14_0      [vc14]
    llvmlite:      0.13.0-py35_0      --> 0.18.0-py35_0
    matplotlib:    1.5.3-np111py35_0  --> 2.0.2-np112py35_0
    mkl:           11.3.3-1           --> 2017.0.1-0
    numba:         0.28.1-np111py35_0 --> 0.33.0-np112py35_0
    numexpr:       2.6.1-np111py35_0  --> 2.6.2-np112py35_0
    numpy:         1.11.1-py35_1      --> 1.12.1-py35_0
    pandas:        0.19.2-np111py35_1 --> 0.20.1-np112py35_0
    pytables:      3.2.2-np111py35_4  --> 3.2.2-np112py35_4
    scikit-image:  0.12.3-np111py35_1 --> 0.13.0-np112py35_0
    scikit-learn:  0.17.1-np111py35_1 --> 0.18.1-np112py35_1
    scipy:         0.18.1-np111py35_0 --> 0.19.0-np112py35_0
    statsmodels:   0.6.1-np111py35_1  --> 0.8.0-np112py35_0

Proceed ([y]/n)? y

mkl-2017.0.1-0   0% |                              | ETA:  0:24:02  92.71 kB/s
```

图 2-6　安装 NumPy 包

使用 Miniconda 的一个好处是默认安装了大部分深度学习所需要的第三方类库，这样可以避免使用者在安装和使用某个特定的类库时出现依赖类库缺失的情况。

2.1.2　PyCharm 的下载与安装

和其他语言类似，Python 可以使用 Windows 自带的控制台进行程序编写。但是这种方式对于较为复杂的程序工程来说，容易混淆相互之间的层级和交互文件，因此在编写程序工程时，建议使用专用的 Python 编译器 PyCharm。

1. PyCharm的下载和安装

（1）进入 PyCharm 官网的 Download 页面后，可以选择不同的版本，如图 2-7 所示，有收费的专业版和免费的社区版。这里读者选择免费的社区版即可。

图 2-7　选择 PyCharm 的免费版

（2）双击运行后进入安装界面，如图 2-8 所示。直接单击 Next 按钮，采用默认安装即可。

（3）如图 2-9 所示，在安装 PyCharm 的过程中需要选择安装的位数，这里建议读者选择与已安装的 Python 相同位数的文件。

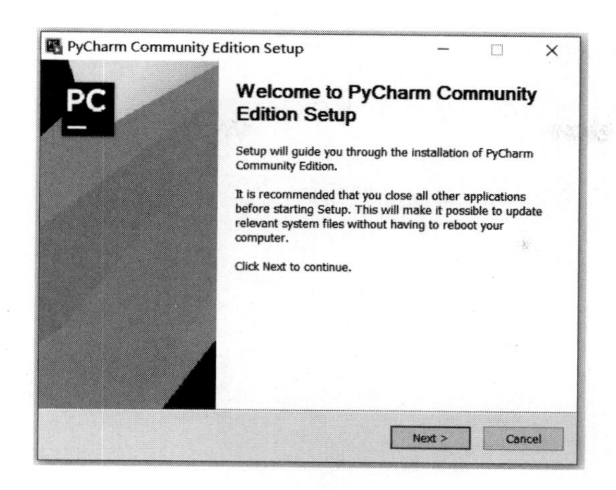

图 2-8　安装界面

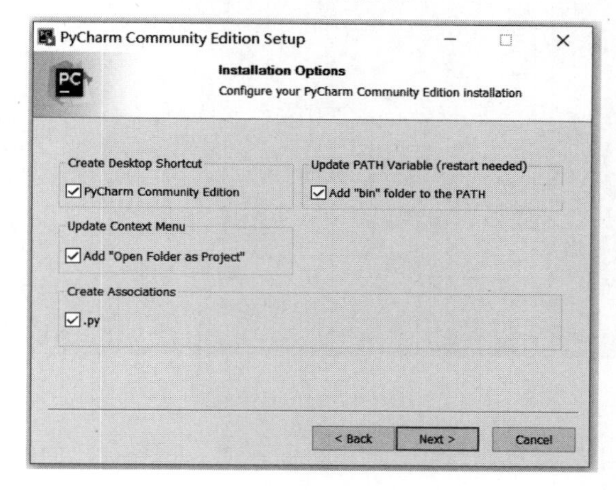

图 2-9　选择安装的位数

（4）安装完成后，单击 Finish 按钮，如图 2-10 所示。

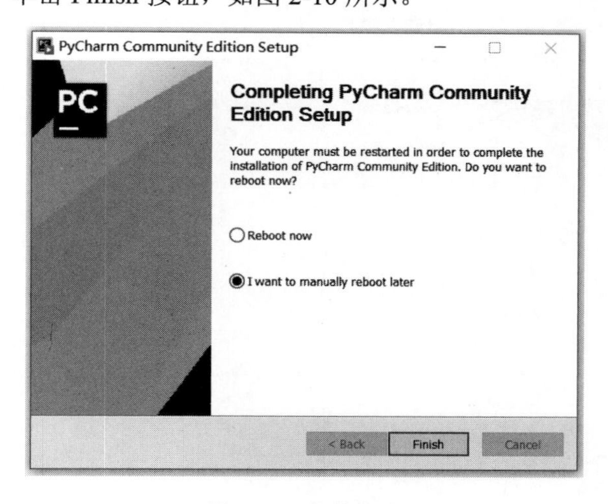

图 2-10　安装完成

2. 使用PyCharm创建程序

（1）单击桌面上新生成的图标进入 PyCharm 程序界面，首先是第一次启动的定位，如图 2-11 所示。这里是对程序存储的定位，一般建议选择第 2 个 Do not import settings。

（2）单击 OK 按钮后进入 PyChrarm 配置窗口，如图 2-12 所示。

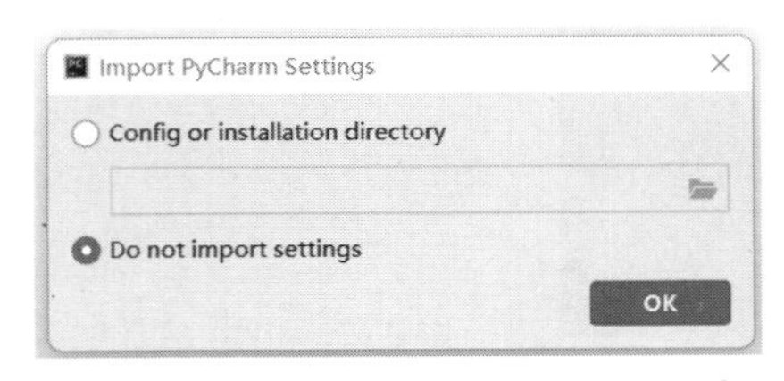

图 2-11　由 PyCharm 自动指定

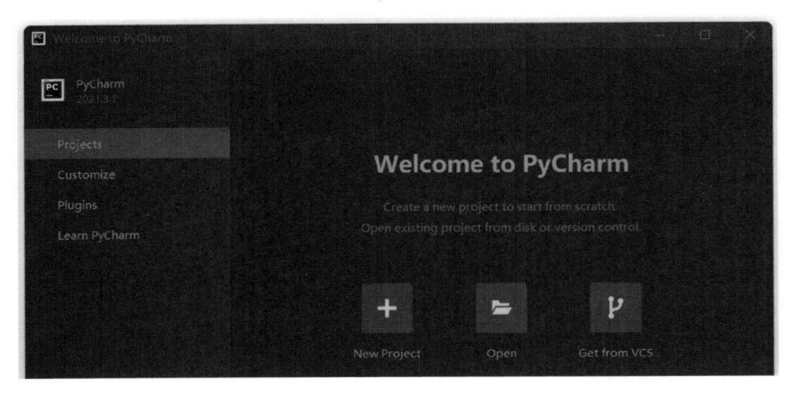

图 2-12　界面配置

（3）在配置窗口上可以对 PyCharm 的界面进行配置，选择自己的使用风格。如果对其不熟悉，直接使用默认配置即可，如图 2-13 所示。

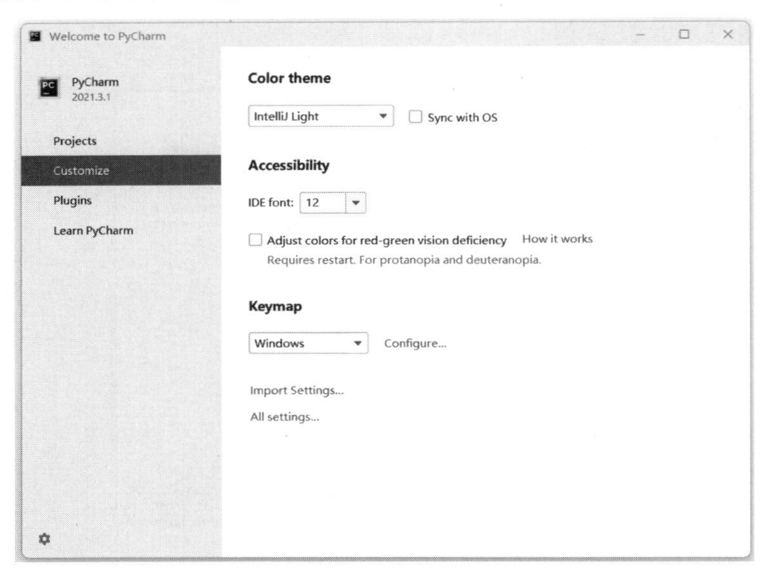

图 2-13　对 PyCharm 的界面进行配置

（4）创建一个新的工程，如图 2-14 所示。

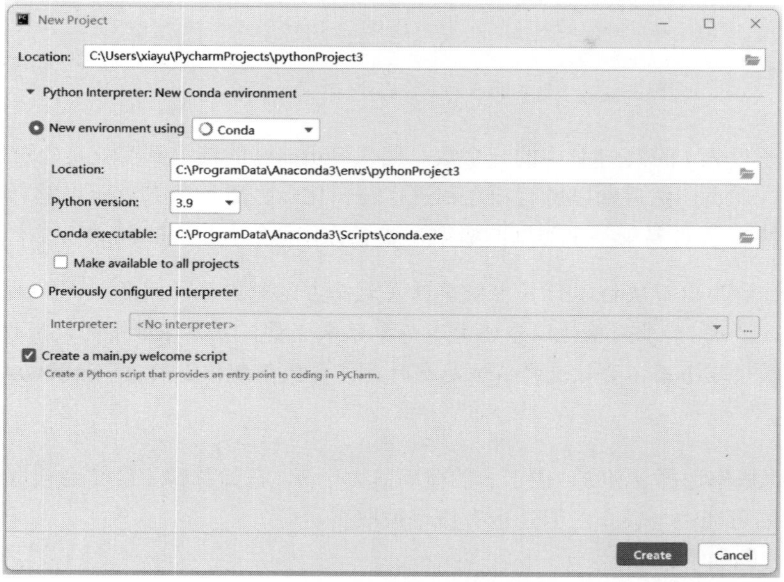

图 2-14　创建一个新的工程

这里，建议新建一个 PyCharm 的工程文件，如图 2-15 所示。

之后右击新建的工程名 PyCharm，选择 New→Python File 菜单，新建一个 helloworld.py 文件，内容如图 2-16 所示。

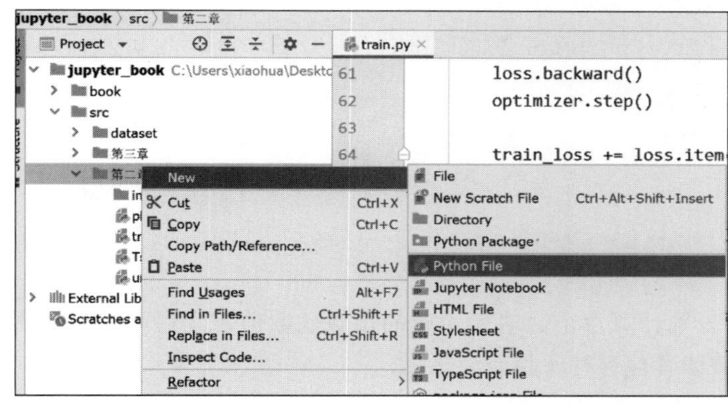

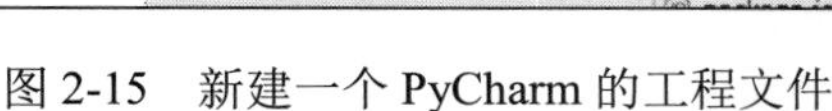

图 2-15　新建一个 PyCharm 的工程文件

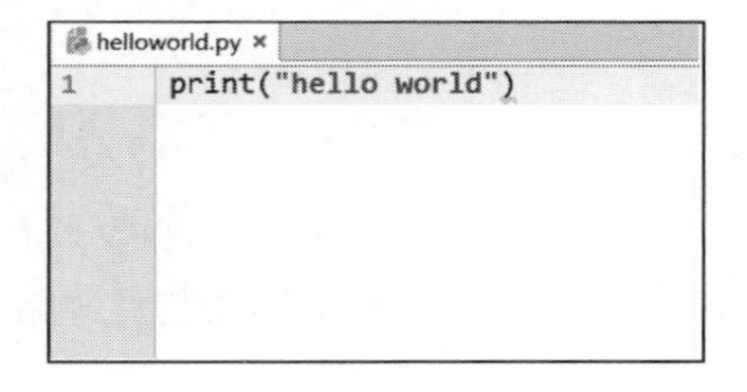

图 2-16　helloworld.py

输入代码并单击菜单栏的 Run→run...运行代码，或者直接右击 helloworld.py 文件名，在弹出的快捷菜单中选择 run。如果成功输出 hello world，那么恭喜你，Python 与 PyCharm 的配置就完成了。

2.1.3　Python 代码小练习：计算 Softmax 函数

对于 Python 科学计算来说，最简单的想法就是将数学公式直接表达成程序语言，可以说，Python 满足了这个想法。本小节将使用 Python 实现一个深度学习中最为常见的函数——Softmax 函数。至于这个函数的作用，现在不加以说明，笔者只是带领读者尝试实现其程序的编写。

Softmax 的计算公式如下：

$$S_i = \frac{e^{V_i}}{\sum_0^j e^{V_i}}$$

其中，V_i 是长度为 j 的数列 V 中的一个数，代入 Softmax 的结果其实就是先对每一个 V_i 取 e 为底的指数计算变成非负，然后除以所有项之和进行归一化，之后每个 V_i 就可以解释成：在观察到的数据集类别中，特定的 V_i 属于某个类别的概率，或者称作似然（Likelihood）。

提示： Softmax 用以解决概率计算中概率结果大而占绝对优势的问题。例如函数计算结果中的两个值 a 和 b，且 $a>b$，如果简单地以值的大小为单位来衡量，那么在后续的使用过程中，a 永远被选用，而 b 由于数值较小而不会被选择，但是有时也需要使用数值小的 b，Softmax 就可以解决这个问题。

Softmax 按照概率选择 a 和 b，由于 a 的概率值大于 b，在计算时 a 经常会被取得，而 b 由于概率较小，被取得的可能性也较小，但是也有概率被取得。

Softmax 的代码如下：

```
import numpy
def softmax(inMatrix):
    m,n = numpy.shape(inMatrix)
    outMatrix = numpy.mat(numpy.zeros((m,n)))
    soft_sum = 0
    for idx in range(0,n):
        outMatrix[0,idx] = math.exp(inMatrix[0,idx])
        soft_sum += outMatrix[0,idx]
    for idx in range(0,n):
        outMatrix[0,idx] = outMatrix[0,idx] / soft_sum
    return outMatrix
a = numpy.array([[1, 2, 1, 2, 1, 1, 3]])
print(softmax(a))
```

可以看到，当传入一个数列后，分别计算每个数值所对应的指数函数值，之后将其相加后计算每个数值在数值和中的概率。结果请读者自行打印验证。

2.2　安装 PyTorch 2.0

Python 运行环境调试完毕后，接下来的重点就是安装本书的主角 PyTorch 2.0。由于 CPU 版本的 PyTorch 相对 GPU 版本的 PyTorch 来说，运行速度较慢，我们推荐安装 GPU 版本的 PyTorch。

2.2.1 Nvidia 10/20/30/40 系列显卡选择的 GPU 版本

由于 40 系显卡的推出，目前市场上会有 Nvidia 10、20、30、40 系列显卡并存的情况。对于需要调用专用编译器的 PyTorch 来说，不同的显卡需要安装不同的依赖计算包，作者在此总结了不同显卡的 PyTorch 版本以及 CUDA 和 cuDNN 的对应关系，如表 2-1 所示。

表 2-1 10/20/30/40 系列显卡的版本对比

显卡型号	PyTorch GPU 版本	CUDA 版本	cuDNN 版本
10 系列及以前	PyTorch 2.0 以前的版本	11.1	7.65
20/30/40 系列	PyTorch 2.0 向下兼容	11.6+	8.1+

注意：这里的区别主要在于显卡运算库 CUDA 与 cuDNN 的区别，当在 20/30/40 系列显卡上使用 PyTorch 时，可以安装 11.6 以上版本以及 cuDNN 8.1 以上版本的计算包，而在 10 系列版本的显卡上，建议优先使用 2.0 版本以前的 PyTorch。

下面以 CUDA 11.7+cuDNN 8.2.0 组合为例，演示完整的 PyTorch 2.0 GPU Nvidia 运行库的安装步骤，其他不同版本 CUDA+cuDNN 组合的安装过程基本一致。

2.2.2 PyTorch 2.0 GPU Nvidia 运行库的安装——以 CUDA 11.7+cuDNN 8.2.0 为例

从 CPU 版本的 PyTorch 开始深度学习之旅完全是可以的，但不是作者推荐的方式。相对于 GPU 版本的 PyTorch 来说，在运行速度方面 CPU 版本存在着极大的劣势，很有可能会让读者的深度学习止步于前。

如果读者的电脑不支持 GPU，可以直接使用 PyTorch 2.0 CPU 版本的安装命令：

```
    pip install numpy --pre torch torchvision torchaudio --force-reinstall
--extra-index-url https://download.pytorch.org/whl/nightly/cpu
```

如果读者的电脑支持 GPU，则继续下面本小节的重头戏，PyTorch 2.0 GPU 版本的前置软件的安装。对于 GPU 版本的 PyTorch 来说，由于调用了 NVIDA 显卡作为其代码运行的主要工具，因此额外需要 NVIDA 提供的运行库作为运行基础。

对于 PyTorch 2.0 的安装来说，最好根据官方提供的安装代码进行安装，如图 2-17 所示。在这里 PyTorch 官方提供了两种安装模式，分别对应 CUDA 11.7 与 CUDA 11.8。

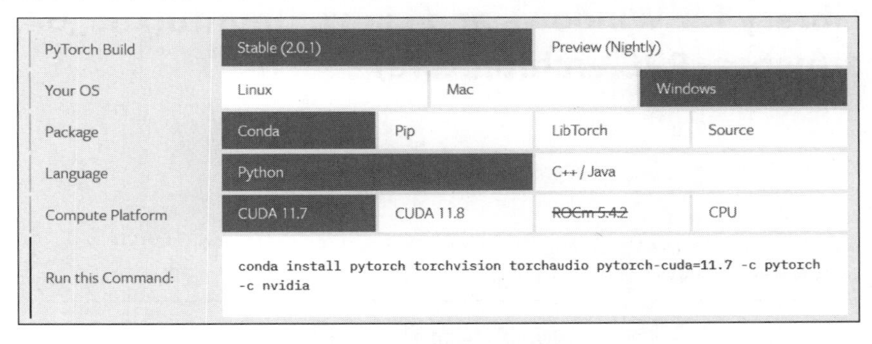

图 2-17 PyTorch 官网提供的配置信息

从图中可以看到，这里提供了两种不同的 CUDA 版本的安装，作者经过测试，无论是使用 CUDA 11.7 还是 CUDA 11.8，在 PyTorch 2.0 的程序编写上没有显著的区别，因此读者可以根据安装配置自行选择。下面以 CUDA 11.7 为例讲解安装的方法。

（1）CUDA 的安装。在百度搜索 CUDA 11.7 download，进入官方下载页面，选择合适的操作系统安装方式（推荐使用 local 本地化安装方式），如图 2-18 所示。

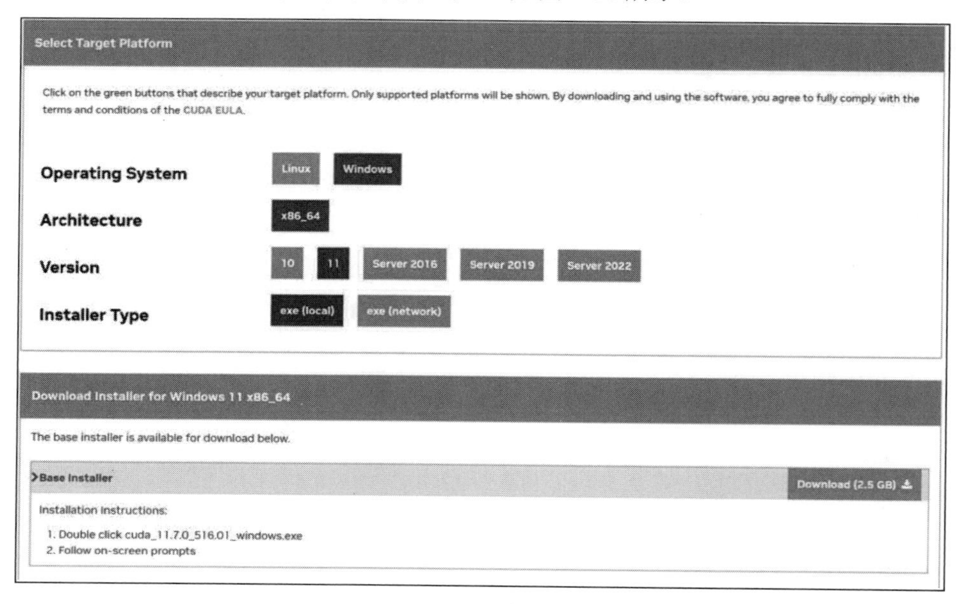

图 2-18　CUDA 下载页面

此时下载的是一个.exe 文件，读者自行安装，不要修改其中的路径信息，使用默认路径安装即可。

（2）下载和安装对应的 cuDNN 文件。cuDNN 的下载需要先注册一个用户，相信读者可以很快完成，之后直接进入下载页面，如图2-19所示。注意：不要选择错误的版本，一定要找到对应的版本号，另外，如果使用的是 Windows 64 位的操作系统，那么直接下载 x86 版本的 cuDNN 即可。

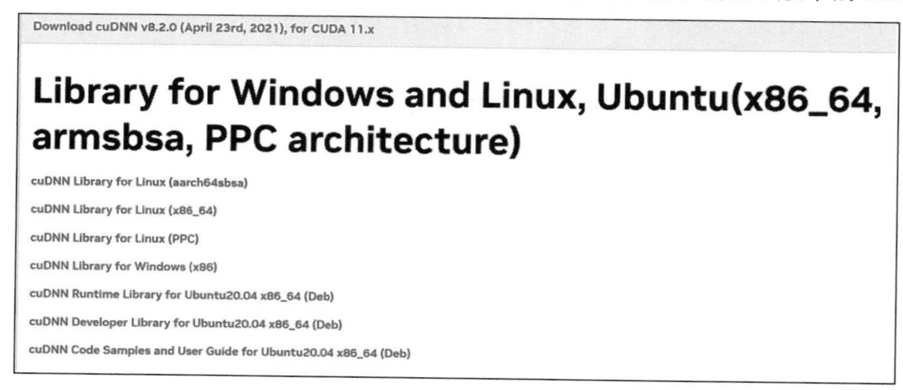

图 2-19　cuDNN 下载页面

下载的 cuDNN 是一个压缩文件，将其解压到 CUDA 安装目录，如图 2-20 所示。

（3）配置环境变量，这里需要将 CUDA 的运行路径加到环境变量 Path 的值中，如图 2-21 所示。如果 cuDNN 是使用.exe 文件安装的，那这个环境变量自动就配置好了，读者只要验证一下即可。

名称	修改日期	类型	大小
bin	2021/8/6 16:27	文件夹	
compute-sanitizer	2021/8/6 16:26	文件夹	
extras	2021/8/6 16:26	文件夹	
include	2021/8/6 16:27	文件夹	
lib	2021/8/6 16:26	文件夹	
libnvvp	2021/8/6 16:26	文件夹	
nvml	2021/8/6 16:26	文件夹	
nvvm	2021/8/6 16:26	文件夹	
src	2021/8/6 16:26	文件夹	
tools	2021/8/6 16:26	文件夹	
CUDA_Toolkit_Release_Notes	2020/9/16 13:05	TXT 文件	16 KB
DOCS	2020/9/16 13:05	文件	1 KB
EULA	2020/9/16 13:05	TXT 文件	61 KB
NVIDIA_SLA_cuDNN_Support	2021/4/14 21:54	TXT 文件	23 KB
README	2020/9/16 13:05	文件	1 KB

图 2-20 解压 cuDNN 文件

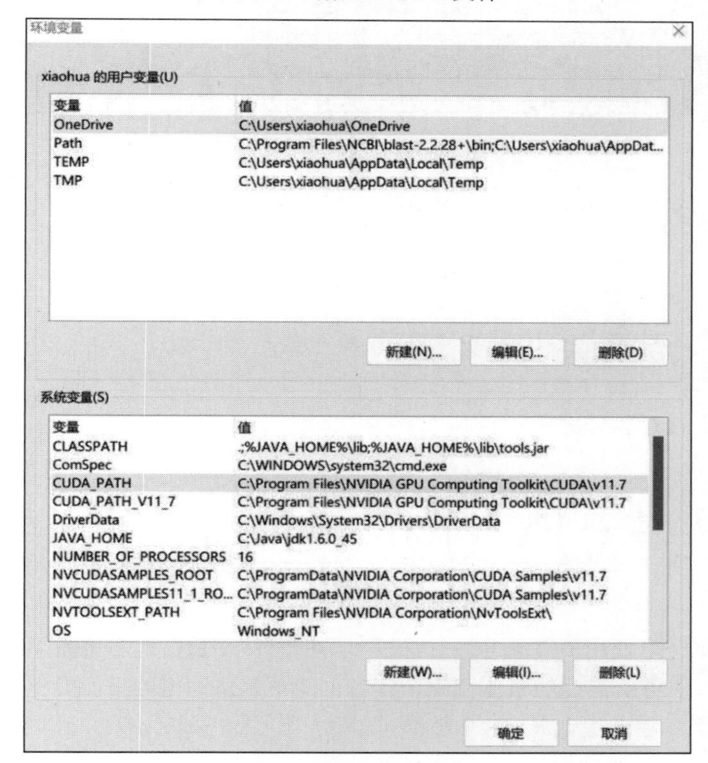

图 2-21 配置环境变量

（4）安装 PyTorch 及相关软件。从图 2-17 可以看到，对应 CUDA 11.7 的安装命令如下：

```
conda install pytorch torchvision torchaudio pytorch-cuda=11.7 -c pytorch -c nvidia
```

如果读者直接安装 Python，没有按 2.1.1 节安装 Miniconda，则 PyTorch 安装命令如下：

```
pip3 install torch torchvision torchaudio --index-url https://download.pytorch.org/whl/cu117
```

完成 PyTorch 2.0 GPU 版本的安装后，接下来验证一下 PyTorch 是否安装成功。

2.2.3　PyTorch 2.0 小练习：Hello PyTorch

打开 CMD 窗口依次输入如下命令可以验证安装是否成功，代码如下：

```
import torch
result = torch.tensor(1) + torch.tensor(2.0)
result
```

结果如图 2-22 所示。

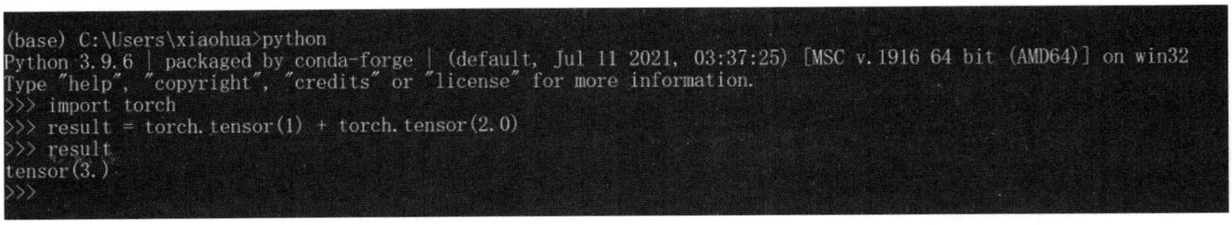

```
(base) C:\Users\xiaohua>python
Python 3.9.6 | packaged by conda-forge | (default, Jul 11 2021, 03:37:25) [MSC v.1916 64 bit (AMD64)] on win32
Type "help", "copyright", "credits" or "license" for more information.
>>> import torch
>>> result = torch.tensor(1) + torch.tensor(2.0)
>>> result
tensor(3.)
>>>
```

图 2-22　验证结果

或者打开前面安装的 PyCharm IDE，新建一个项目，再新建一个 hello_pytorch.py 文件，输入如下代码：

```
import torch
result = torch.tensor(1) + torch.tensor(2.0)
print(result)
```

最终结果请读者自行验证。

2.3　实战：基于 PyTorch 2.0 的图像去噪

为了给读者提供一个使用 PyTorch 进行深度学习的总体印象，这里准备了一个实战案例，向读者演示进行深度学习任务所需要的整体流程，读者可能不熟悉这里的程序设计和编写，但是只要求了解每个过程需要做的内容以及涉及的步骤即可。

2.3.1　MNIST 数据集的准备

HelloWorld 是任何一门编程语言入门的基础程序，读者在开始学习编程时，打印的第一句话往往就是 HelloWorld。在前面的章节中，我们也带领读者学习了 PyCharm 打印出来的第一个程序 HelloWorld。

在深度学习编程中也有其特有的 HelloWorld，其编程对象是一个图片数据集 MNIST，要求对数据集中的图片进行分类，因此难度比较大。

对于好奇的读者来说，一定有一个疑问：MNIST 究竟是什么？

实际上，MNIST 是一个手写数字的图片数据库，它有 60 000 个训练样本集和 10 000 个测试样本集。打开来看，MNIST 数据集如图 2-23 所示。

读者可直接使用本书源码库提供的 MNIST 数据集，文件在 dataset 文件夹中，如图 2-24 所示。

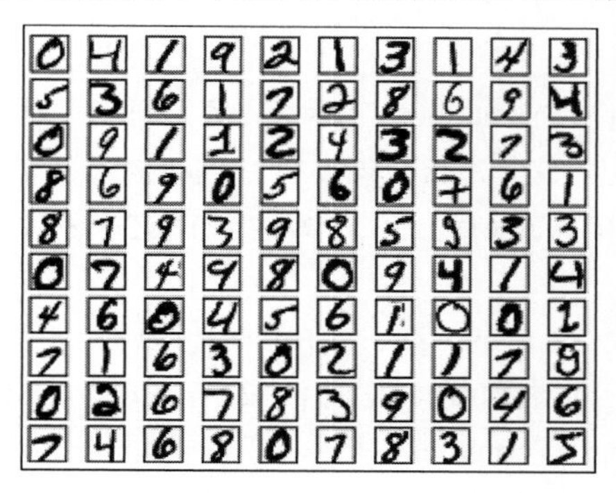

图 2-23　MNIST 数据集

dataset
mnist
x_train.npy
y_train_label.npy

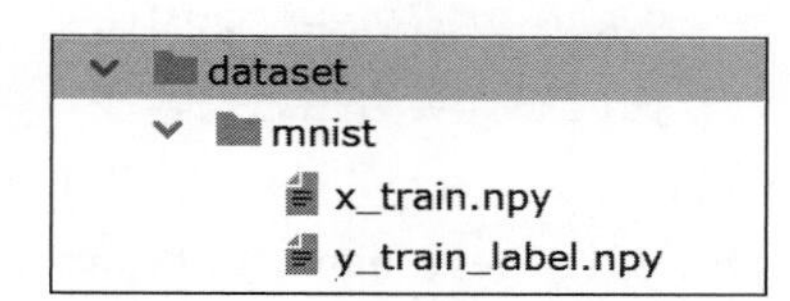

图 2-24　dataset 文件夹

之后使用 NumPy 工具库进行数据读取，代码如下：

```
import numpy as np
x_train = np.load("./dataset/mnist/x_train.npy")
y_train_label = np.load("./dataset/mnist/y_train_label.npy")
```

读者也可以在百度搜索 MNIST 的下载地址，直接下载 train-images-idx3-ubyte.gz、train-labels-idx1-ubyte.gz 等，如图 2-25 所示。

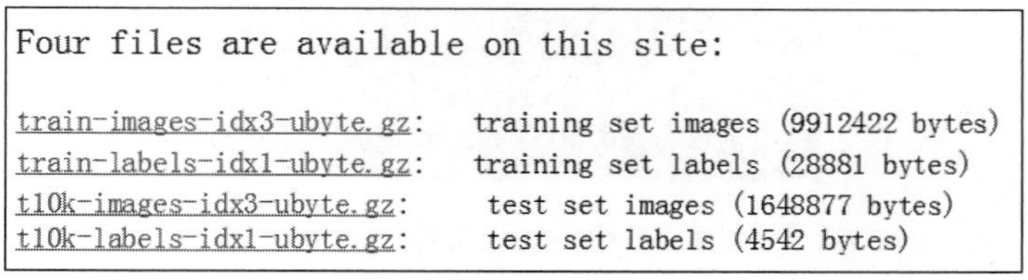

Four files are available on this site:
train-images-idx3-ubyte.gz: training set images (9912422 bytes)
train-labels-idx1-ubyte.gz: training set labels (28881 bytes)
t10k-images-idx3-ubyte.gz: test set images (1648877 bytes)
t10k-labels-idx1-ubyte.gz: test set labels (4542 bytes)

图 2-25　下载页面

下载 4 个文件，分别是训练图片集、训练标签集、测试图片集、测试标签集，这些文件都是压缩文件，解压后，可以发现这些文件并不是标准的图像格式，而是二进制文件，其中训练图片集的部分内容如图 2-26 所示。

MNIST 训练集内部的文件结构如图 2-27 所示。

```
0000 0803 0000 ea60 0000 001c 0000 001c
0000 0000 0000 0000 0000 0000 0000 0000
0000 0000 0000 0000 0000 0000 0000 0000
0000 0000 0000 0000 0000 0000 0000 0000
0000 0000 0000 0000 0000 0000 0000 0000
0000 0000 0000 0000 0000 0000 0000 0000
0000 0000 0000 0000 0000 0000 0000 0000
0000 0000 0000 0000 0000 0000 0000 0000
0000 0000 0000 0000 0000 0000 0000 0000
0000 0000 0000 0000 0000 0000 0000 0000
```

图 2-26　训练图片集的部分内容

TRAINING SET IMAGE FILE (train-images-idx3-ubyte):

[offset]	[type]	[value]	[description]
0000	32 bit integer	0x00000803(2051)	magic number
0004	32 bit integer	60000	number of images
0008	32 bit integer	28	number of rows
0012	32 bit integer	28	number of columns
0016	unsigned byte	??	pixel
0017	unsigned byte	??	pixel
....			
xxxx	unsigned byte	??	pixel

图 2-27　训练集内部的文件结构

训练集中有 60 000 个实例，也就是说这个文件包含 60 000 个标签内容，每一个标签的值为一个 0~9 的数。这里先解析文件中每一个属性的含义。首先，该数据是以二进制格式存储的，我们读取的时候要以 rb 方式读取；其次，真正的数据只有[value]这一项，其他[type]之类的项只是用来描述的，并不是真正放在数据文件里面的信息。

也就是说，在读取真实数据之前，要读取 4 个 32 位 integer。由[offset]可以看出，真正的 pixel 是从 0016 开始的，一个 int 32 位，所以在读取 pixel 之前要读取 4 个 32 位 integer，也就是 magic number、number of images、number of rows、number of columns。

继续对图片进行分析。在 MNIST 图片集中，所有的图片都是 28×28 的，也就是每幅图片都有 28×28 个像素。如图 2-28 所示，在 train-images-idx3-ubyte 文件中偏移量为 0 字节处，有一个 4 字节的数为 0000 0803，表示魔数。这里补充一下什么是魔数，其实它就是一个校验数，用来判断这个文件是不是 MNIST 里面的 train-images-idx3-ubyte 文件。

接下来是 0000 ea60，值为 60 000，代表容量；从第 8 字节开始有一个 4 字节数，值为 28，也就是 0000 001c，表示每幅图片的行数；从第 12 字节开始有一个 4 字节数，值也为 28，也就是 0000 001c，表示每幅图片的列数；从第 16 字节开始才是我们的像素值。

这里使用每 784 字节代表一幅图片。

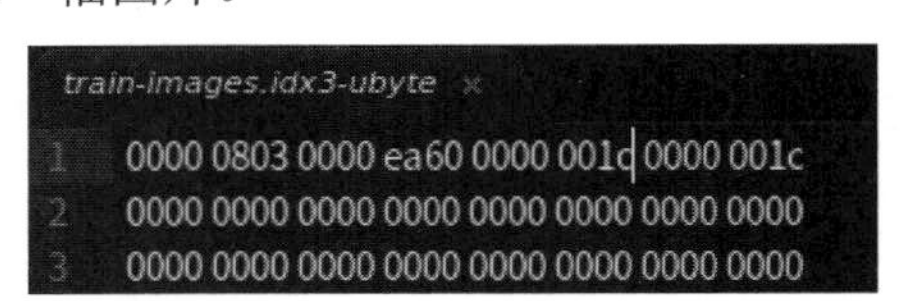

图 2-28　魔数

2.3.2　MNIST 数据集的特征和标签介绍

前面向读者介绍了两种不同的 MNIST 数据集的获取方式，在这里推荐使用本书配套源码中的 MNIST 数据集进行数据读取，代码如下：

```
import numpy as np
x_train = np.load("./dataset/mnist/x_train.npy")
y_train_label = np.load("./dataset/mnist/y_train_label.npy")
```

这里 numpy 函数会根据输入的地址对数据进行处理，并自动将其分解成训练集和验证集。打印训练集的维度如下：

```
(60000, 28, 28)
(60000,)
```

这是使用数据处理的第一个步骤，有兴趣的读者可以进一步完成数据的训练集和测试集的划分。

回到 MNIST 数据集，每个 MNIST 实例数据单元也是由两部分构成的，包括一幅包含手写数字的图片和一个与其对应的标签。可以将其中的标签特征设置成 y，而图片特征矩阵以 x 来代替，所有的训练集和测试集中都包含 x 和 y。

图 2-29 用更为一般化的形式解释了 MNIST 数据实例的展开形式。在这里，图片数据被展开成矩阵的形式，矩阵的大小为 28×28。至于如何处理这个矩阵，常用的方法是将其展开，而展开的方式和顺序并不重要，只需要将其按同样的方式展开即可。

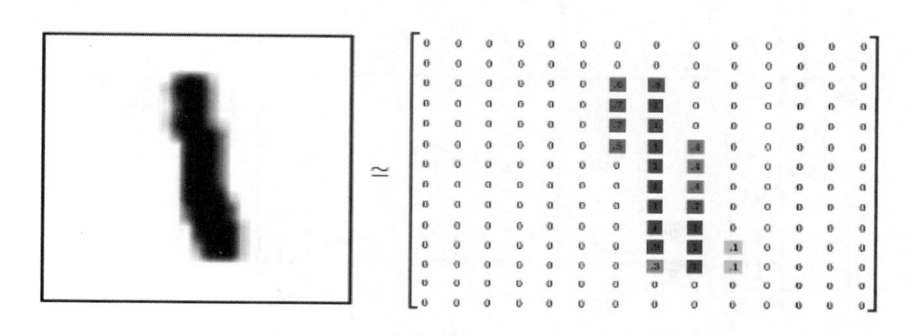

图 2-29　MNIST 数据实例的展开形式

下面回到对数据的读取，前面已经介绍了，MNIST 数据集实际上就是一个包含着 60 000 幅图片的 60000×28×28 大小的矩阵张量[60000,28,28]。

矩阵中行数指的是图片的索引，用以对图片进行提取。而后面的 28×28 个向量用以对图片特征进行标注。实际上，这些特征向量就是图片中的像素点，每幅手写图片的大小是[28,28]，每个像素转换为一个 0~1 的浮点数，构成矩阵，如图 2-30 所示。

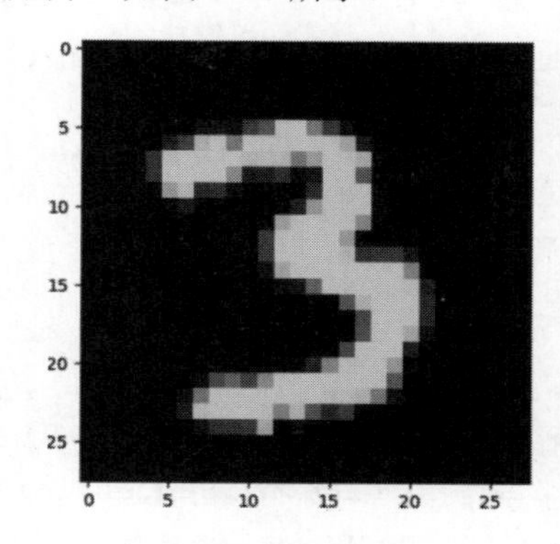

图 2-30　手写图片示例

2.3.3　模型的准备和介绍

对于使用 PyTorch 进行深度学习的项目来说，一个非常重要的内容是模型的设计，模型决定了深度学习在项目中采用哪种方式达到目标的主体设计。在本例中，我们的目的是输入一个图像之后对其进行去噪处理。

对于模型的选择，一个非常简单的思路是，图像输出的大小应该就是输入的大小，在这里我们选择使用 Unet 作为设计的主要模型。

注意：对于模型的选择，读者现在不需要考虑，随着对本书学习的深入，见识到更多处理问题的手段后，对模型的选择自然会心领神会。

我们可以整体看一下 Unet 的结构（读者目前只需要知道 Unet 输入和输出大小是同样的维度即可），如图 2-31 所示。

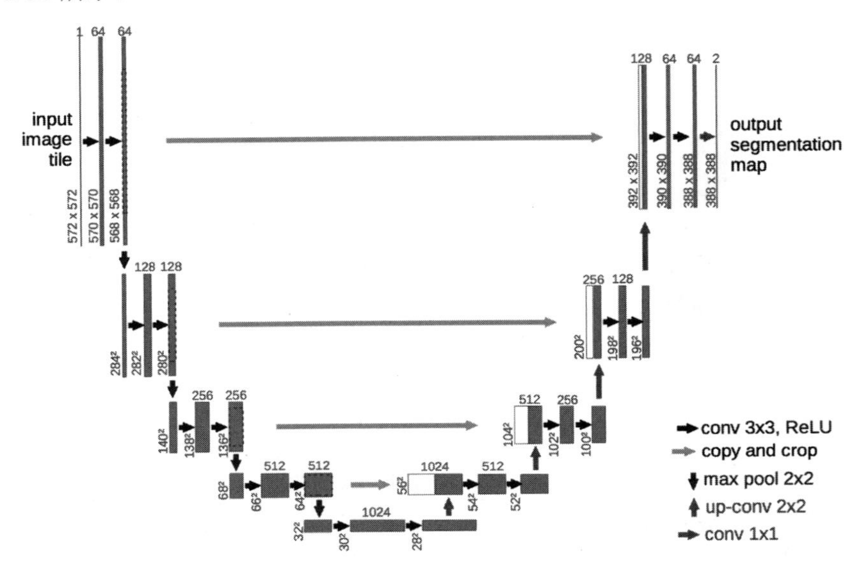

图 2-31　Unet 的结构

可以看到对于整体模型架构来说，其通过若干个“模块”（block）与“直连”（residual）进行数据处理。这部分内容我们在后面的章节中会讲到，目前读者只需要知道模型有这种结构即可。Unet 的模型整体代码如下：

```
    import torch
    import einops.layers.torch as elt
    class Unet(torch.nn.Module):
        def __init__(self):
            super(Unet, self).__init__()
            #模块化结构，这也是后面常用到的模型结构
            self.first_block_down = torch.nn.Sequential(
                torch.nn.Conv2d(in_channels=1,out_channels=32,kernel_size=3,
padding=1),torch.nn.GELU(),
                torch.nn.MaxPool2d(kernel_size=2,stride=2)
            )
            self.second_block_down = torch.nn.Sequential(
                torch.nn.Conv2d(in_channels=32,out_channels=64,kernel_size=3,
padding=1),torch.nn.GELU(),
```

```
            torch.nn.MaxPool2d(kernel_size=2,stride=2)
        )
        self.latent_space_block = torch.nn.Sequential(
            torch.nn.Conv2d(in_channels=64,out_channels=128,kernel_size=3,
padding=1),torch.nn.GELU(),
        )
        self.second_block_up = torch.nn.Sequential(
            torch.nn.Upsample(scale_factor=2),
            torch.nn.Conv2d(in_channels=128, out_channels=64, kernel_size=3,
padding=1), torch.nn.GELU(),
        )
        self.first_block_up = torch.nn.Sequential(
            torch.nn.Upsample(scale_factor=2),
            torch.nn.Conv2d(in_channels=64, out_channels=32, kernel_size=3,
padding=1), torch.nn.GELU(),
        )
        self.convUP_end = torch.nn.Sequential(
            torch.nn.Conv2d(in_channels=32,out_channels=1,kernel_size=3,
padding=1), torch.nn.Tanh()
        )
    def forward(self,img_tensor):
        image = img_tensor
        image = self.first_block_down(image)
        #print(image.shape)
        #torch.Size([5, 32, 14, 14])
        image = self.second_block_down(image)
        #print(image.shape)
        #torch.Size([5, 16, 7, 7])
        image = self.latent_space_block(image)
        #print(image.shape)
        #torch.Size([5, 8, 7, 7])
        image = self.second_block_up(image)
        #print(image.shape)
        #torch.Size([5, 16, 14, 14])
        image = self.first_block_up(image)
        #print(image.shape)
        #torch.Size([5, 32, 28, 28])
        image = self.convUP_end(image)
        #print(image.shape)
        #torch.Size([5, 32, 28, 28])
        return image

if __name__ == '__main__': #main 是 Python 进行单文件测试的技巧，请读者记住这种写法
    image = torch.randn(size=(5,1,28,28))
    Unet()(image)
```

在这里通过一个 main 架构标识了可以在单个文件中对文件进行测试，请读者记住这种写法。

2.3.4　模型的损失函数与优化函数

除了深度学习模型外，完成一个深度学习项目设定模型的损失函数与优化函数也很重要。这两部分内容对于初学者来说可能并不是很熟悉，在这里读者只需要知道有这部分内容即可。

（1）对损失函数的选择，在这里选用 MSELoss 作为损失函数，MSELoss 损失函数的中文名字为均方损失函数（Mean Squared Error Loss）。

MSELoss 的作用是计算预测值和真实值之间的欧式距离。预测值和真实值越接近，两者的均方差就越小，均方差函数常用于线性回归模型的计算。在 PyTorch 中使用 MSELoss 的代码如下：

```
loss = torch.nn.MSELoss(reduction="sum")(pred, y_batch)
```

（2）优化函数的设定，在这里我们采用 Adam 优化器，对于 Adam 优化函数，请读者自行学习，在这里只提供使用 Adam 优化器的代码，如下所示：

```
optimizer = torch.optim.Adam(model.parameters(), lr=2e-5)
```

2.3.5　基于深度学习的模型训练

在介绍了深度学习的数据准备、模型以及损失函数和优化函数后，下面使用 PyTorch 训练一个可以实现去噪性能的深度学习整理模型，完整代码如下（本代码参看配套资源的第 2 章，读者可以直接在 PyCharm 中打开文件运行并查看结果）：

```
import os
os.environ['CUDA_VISIBLE_DEVICES'] = '0' #指定 GPU 编码
import torch
import numpy as np
import unet
import matplotlib.pyplot as plt
from tqdm import tqdm
batch_size = 320                          #设定每次训练的批次数
epochs = 1024                             #设定训练次数
#device = "cpu"  #PyTorch 的特性，需要指定计算的硬件，如果没有 GPU，就使用 CPU 进行计算
device = "cuda"  #在这里默认使用 GPU，如果读者运行出现问题，可以将其改成 CPU 模式
model = unet.Unet()                       #导入 Unet 模型
model = model.to(device)                  #将计算模型传入 GPU 硬件等待计算
model = torch.compile(model)              #PyTorch 2.0 的特性，加速计算速度
optimizer = torch.optim.Adam(model.parameters(), lr=2e-5)    #设定优化函数
#载入数据
x_train = np.load("../dataset/mnist/x_train.npy")
y_train_label = np.load("../dataset/mnist/y_train_label.npy")
x_train_batch = []
for i in range(len(y_train_label)):
    if y_train_label[i] < 2:              #为了加速演示，这里只运行数据集中小于 2 的数字，
```

```
也就是 0 和 1，读者可以自行增加训练个数
            x_train_batch.append(x_train[i])

    x_train = np.reshape(x_train_batch, [-1, 1, 28, 28])   #修正数据输入维度：
([30596, 28, 28])
    x_train /= 512.
    train_length = len(x_train) * 20                        #增加数据的单词循环次数
    for epoch in range(epochs):
        train_num = train_length // batch_size              #计算有多少批次数
        train_loss = 0                                      #用于损失函数的统计
        for i in tqdm(range(train_num)):                    #开始循环训练
            x_imgs_batch = []                               #创建数据的临时存储位置
            x_step_batch = []
            y_batch = []
            # 对每个批次内的数据进行处理
            for b in range(batch_size):
                img = x_train[np.random.randint(x_train.shape[0])]#提取单幅图片内容
                x = img
                y = img
                x_imgs_batch.append(x)
                y_batch.append(y)
            #将批次数据转换为 PyTorch 对应的 tensor 格式并将其传入 GPU 中
            x_imgs_batch = torch.tensor(x_imgs_batch).float().to(device)
            y_batch = torch.tensor(y_batch).float().to(device)
            pred = model(x_imgs_batch)                      #对模型进行正向计算
            loss = torch.nn.MSELoss(reduction=True)(pred, y_batch)/batch_size   #
使用损失函数进行计算
            #这里读者记住下面就是固定格式，一般这样使用即可
            optimizer.zero_grad()                           #对结果进行优化计算
            loss.backward()                                 #损失值的反向传播
            optimizer.step()                                #对参数进行更新
            train_loss += loss.item()                       #记录每个批次的损失值
        #计算并打印损失值
        train_loss /= train_num
        print("train_loss:", train_loss)
        #下面对数据进行打印
        image = x_train[np.random.randint(x_train.shape[0])]#随机挑选一条数据计算
        image = np.reshape(image,[1,1,28,28])               #修正数据维度
        image = torch.tensor(image).float().to(device)  #挑选的数据传入硬件中等待计算
        image = model(image)                                #使用模型对数据进行计算
        image = torch.reshape(image, shape=[28,28])         #修正模型输出结果
        image = image.detach().cpu().numpy()  #将计算结果导入 CPU 中进行后续计算或者展示
        #展示或存储数据结果
        plt.imshow(image)
        plt.savefig(f"./img/img_{epoch}.jpg")
```

在代码中展示了完整的模型训练过程。首先传入数据，然后使用模型对数据进行计算，计算结果与真实值的误差被回传到模型中，之后 PyTorch 框架根据回传的误差对整体模型参数进行修正。训练结果如图 2-32 所示。

图 2-32 训练结果

从图 2-32 中可以很清楚地看到，随着训练过程的进行，模型逐渐能够学会对输入的数据进行整形和输出，此时模型的输出结果表示已经能够很好地对输入的图形细节进行修正，读者可以自行完成这部分代码的运行。

2.4 本 章 小 结

本章是PyTorch实战程序设计的开始。本章介绍了PyTorch程序设计的环境与相关软件的安装，并演示了第一个基于 PyTorch 的程序的整体设计过程，以及部分 PyTorch 组件的使用。

实际上可以看到，深度学习程序设计就是由一个个小组件组合来完成的，本书的后续章节将会针对每个组件进行深入讲解。

第 3 章 基于 PyTorch 的 MNIST 分类实战

我们在第 2 章中完成了第一个 PyTorch 的示例程序，这是一个非常简单的 MNIST 手写体生成器，其作用是演示使用一个 PyTorch 程序的基本构建与完整的训练过程。

PyTorch 作为一个成熟的深度学习框架，对于使用者来说，即使是初学者也能够很容易地上手进行深度学习项目的训练，非常迅捷地将这些框架作为常用工具来使用。初学者只要编写出简单的代码就可以构建相应的模型进行实验，而其缺点在于框架的背后内容都被隐藏起来了。

本章将首先使用 PyTorch 完成 MNIST 分类的练习，主要目的是熟悉 PyTorch 的基本使用流程；之后将讲解一下 PyTorch 模型结构输出与可视化工具，以方便读者对自己设计的模型结构有一个直观的认识。

3.1 实战：基于 PyTorch 的 MNIST 手写体分类

第 2 章对 MNIST 数据做了介绍，描述了其构成方式及其数据的特征和标签的含义等。了解这些有助于编写合适的程序来对 MNIST 数据集进行分析和识别。本节将使用同样的数据集完成对其进行分类的任务。

3.1.1 数据图像的获取与标签的说明

MNIST 数据集的详细介绍在第 2 章中已经完成，读者可以使用相同的代码对数据进行获取，代码如下：

```
import numpy as np
x_train = np.load("./dataset/mnist/x_train.npy")
y_train_label = np.load("./dataset/mnist/y_train_label.npy")
```

基本数据的获取与第 2 章类似，这里就不过多阐述了，不过需要注意的是，在第 2 章介绍数据集时只使用了图像数据，没有对标签进行说明，在这里重点对数据标签，也就是 y_train_label 进行介绍。

我们可以使用下面语句打印出数据集的前 10 个标签：

```
print(y_train_label[:10])
```

结果如下：

```
[5 0 4 1 9 2 1 3 1 4]
```

可以很清楚地看到，这里打印出了 10 个数字字符，每个字符对应相同序号的数据图像所对应的数字标签，即图像 3 的标签对应的就是 4 这个数字字符。

可以说训练集中每个实例的标签对应 0~9 的任意一个数字，用以对图片进行标注。另外需要注意的是，对于提取出来的 MNIST 的特征值，默认使用一个 0~9 的数值进行标注，但是这种标注方法并不能使得损失函数获得一个好的结果，因此通常使用 one_hot 计算方法，将数值具体落在某个标注区间中。

one_hot 的标注方法请读者自行学习掌握。这里主要介绍将单一序列转换成 one_hot 的方法。一般情况下，可以用 NumPy 实现 one_hot 的表示方法，但是转换生成的是 numpy.array 格式的数据，并不适合直接输入到 PyTorch 中使用。

如果读者能够自行编写将序列值转换成 one_hot 的函数，那么编程功底真是不错。PyTorch 提供了已经编写好的转换函数：

```
torch.nn.functional.one_hot
```

完整的 one_hot 使用方法如下：

```
import numpy as np
import torch
x_train = np.load("./dataset/mnist/x_train.npy")
y_train_label = np.load("./dataset/mnist/y_train_label.npy")
x = torch.tensor(y_train_label[:5],dtype=torch.int64)
# 定义一个张量输入，因为此时有 5 个数值，且最大值为 9，类别数为 10
# 所以我们可以得到 y 的输出结果的形状为 shape=(5,10)，即 5 行 12 列
y = torch.nn.functional.one_hot(x, 10)  # 一个参数张量 x，10 为类别数
ptint(y)
```

结果如下：

```
tensor([[0, 0, 0, 0, 0, 1, 0, 0, 0, 0],
        [1, 0, 0, 0, 0, 0, 0, 0, 0, 0],
        [0, 0, 0, 0, 1, 0, 0, 0, 0, 0],
        [0, 1, 0, 0, 0, 0, 0, 0, 0, 0],
        [0, 0, 0, 0, 0, 0, 0, 0, 0, 1]])
```

可以看到，one_hot 的作用是将一个序列转换成以 one_hot 形式表示的数据集。所有的行或者列都被设置成 0，而每个特定的位置都对应一个 1 来表示，如图 3-1 所示。

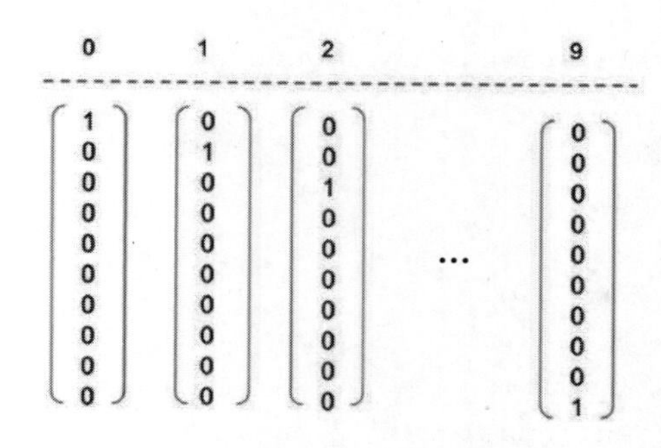

图 3-1　one_hot 形式表示的数据集

对于 MNIST 数据集的标签来说，这实际上就是一个 60 000 幅图片的 60 000×10 大小的矩阵张量[60 000,10]。前面的数指的是数据集中图片的个数为 60 000 个，后面的 10 指的是 10 个列向量。

下面使用 PyTorch 2.0 框架完成手写体的识别。

3.1.2　模型的准备（多层感知机）

在第 2 章已经讲过了，PyTorch 最重要的一项内容是模型的准备与设计，而模型的设计最关键的一点就是了解输出和输入的数据结构类型。

通过第 2 章有关图像去噪的演示，读者已经了解了我们的输入数据格式是一个[28,28]大小的二维图像。而通过对数据结构的分析，我们可以知道，对于每个图形都有一个确定的分类结果，也就是 0~10 的一个确定数字。

下面将按这个想法来设计模型。从前面对图像的分析来看，对整体图形进行判别的一个基本想法就是将图像作为一个整体直观地进行判别，因此基于这种解决问题的思路，简单的模型设计就是同时对图像所有参数进行计算，即使用一个多层感知机（Multi-Layer Perceptron，MLP）对图像进行分类。整体的模型设计结构如图 3-2 所示。

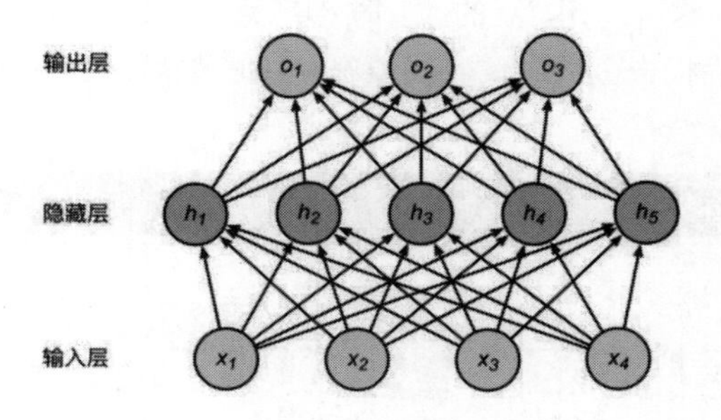

图 3-2　整体的模型设计结构

从图 3-2 可以看到，一个多层感知机模型就是将数据输入后，分散到每个模型的节点(隐藏层)，进行数据计算后，再将计算结果输出到对应的输出层中。多层感知机的模型结构如下：

```
class NeuralNetwork(nn.Module):
    def __init__(self):
        super(NeuralNetwork, self).__init__()
        self.flatten = nn.Flatten()
```

```
        self.linear_relu_stack = nn.Sequential(
            nn.Linear(28*28,312),
            nn.ReLU(),
            nn.Linear(312, 256),
            nn.ReLU(),
            nn.Linear(256, 10)
        )
    def forward(self, input):
        x = self.flatten(input)
        logits = self.linear_relu_stack(x)
        return logits
```

3.1.3 损失函数的表示与计算

第2章使用了MSELoss作为目标图形与预测图形的损失值，而在本例中，我们需要预测的目标是图形的“分类”，而不是图形表示本身，因此我们需要寻找并使用一种新的能够对类别归属进行“计算”的函数。

本例所使用的交叉熵损失函数为torch.nn.CrossEntropyLoss。PyTorch官方网站对其介绍如下：

```
    CLASS torch.nn.CrossEntropyLoss(weight=None, size_average=None,
ignore_index=- 100,reduce=None, reduction='mean', label_smoothing=0.0)
```

该损失函数计算输入值（Input）和目标值（Target）之间的交叉熵损失。交叉熵损失函数CrossEntropyLoss可用于训练单类别或者多类别的分类问题。给定参数weight时，会为传递进来的每个类别的计算数值重新加载一个修正权重。当数据集分布不均衡时，这是很有用的。

同样需要注意的是，因为torch.nn.CrossEntropyLoss内置了Softmax运算，而Softmax的作用是计算分类结果中最大的那个类。从图3-3所示的对PyTorch 2.0中CrossEntropyLoss的实现可以看到，此时CrossEntropyLoss已经在计算的同时实现了Softmax计算，因此在使用torch.nn.CrossEntropyLoss作为损失函数时，不需要在网络的最后添加Softmax层。此外，label应为一个整数，而不是One-Hot编码形式。

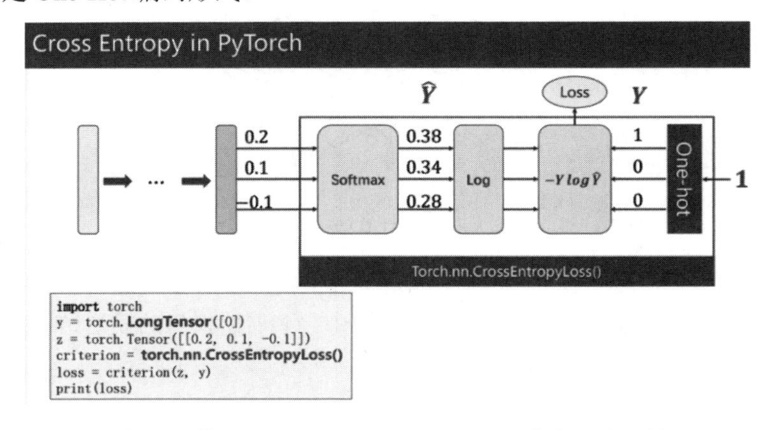

图3-3　使用torch.nn.CrossEntropyLoss()作为损失函数

CrossEntropyLoss示例代码如下：

```
import torch
y = torch.LongTensor([0])
z = torch.Tensor([[0.2,0.1,-0.1]])
criterion = torch.nn.CrossEntropyLoss()
loss = criterion(z,y)
print(loss)
```

CrossEntropyLoss 的数学公式较为复杂，建议学有余力的读者查阅相关内容进行学习，目前只需要掌握这方面内容即可。

3.1.4　基于 PyTorch 的手写体识别的实现

下面介绍基于 PyTorch 的手写体识别的实现。通过前文的介绍，我们还需要定义深度学习的优化器部分，在这里采用 Adam 优化器，相关代码如下：

```
model = NeuralNetwork()
optimizer = torch.optim.Adam(model.parameters(), lr=2e-5)   #设定优化函数
```

在这个实战案例中首先需要定义模型，之后将模型参数传入优化器中，lr 是对学习率的设定，根据设定的学习率进行模型计算。完整的手写体识别模型如下：

```
import os
os.environ['CUDA_VISIBLE_DEVICES'] = '0' #指定 GPU 编号
import torch
import numpy as np
from tqdm import tqdm
batch_size =320#设定每次训练的批次数
epochs=1024      #设定训练次数
#device="cpu"    #PyTorch 的特性，需要指定计算的硬件，如果没有 GPU，就使用 CPU 进行计算
device="cuda"    #在这里默认使用 GPU，如果读者运行出现问题，可以将其改成 CPU 模式

#设定的多层感知机网络模型
class NeuralNetwork(torch.nn.Module):
    def __init__(self):
        super(NeuralNetwork, self).__init__()
        self.flatten = torch.nn.Flatten()
        self.linear_relu_stack = torch.nn.Sequential(
            torch.nn.Linear(28*28,312),
            torch.nn.ReLU(),
            torch.nn.Linear(312, 256),
            torch.nn.ReLU(),
            torch.nn.Linear(256, 10)
        )

    def forward(self, input):
        x = self.flatten(input)
```

```
        logits = self.linear_relu_stack(x)
        return logits

model = NeuralNetwork()
model = model.to(device)                    #将计算模型传入GPU硬件等待计算
model = torch.compile(model)                #PyTorch 2.0 的特性，加速计算速度
loss_fu = torch.nn.CrossEntropyLoss()
optimizer = torch.optim.Adam(model.parameters(), lr=2e-5)      #设定优化函数

#载入数据
x_train = np.load("../../dataset/mnist/x_train.npy")
y_train_label = np.load("../../dataset/mnist/y_train_label.npy")
train_num = len(x_train)//batch_size

#开始计算
for epoch in range(20):
    train_loss = 0
    for i in range(train_num):
        start = i * batch_size
        end = (i + 1) * batch_size
        train_batch = torch.tensor(x_train[start:end]).to(device)
        label_batch = torch.tensor(y_train_label[start:end]).to(device)
        pred = model(train_batch)
        loss = loss_fu(pred,label_batch)
        optimizer.zero_grad()
        loss.backward()
        optimizer.step()
        train_loss += loss.item()  # 记录每个批次的损失值

    # 计算并打印损失值
    train_loss /= train_num
    accuracy = (pred.argmax(1) == label_batch).type(torch.float32).sum().item()
/ batch_size
    print("train_loss:", round(train_loss,2),"accuracy:",round(accuracy,2))
```

此时模型的训练结果如图 3-4 所示。

```
epoch:  0 train_loss: 2.18 accuracy: 0.78
epoch:  1 train_loss: 1.64 accuracy: 0.87
epoch:  2 train_loss: 1.04 accuracy: 0.91
epoch:  3 train_loss: 0.73 accuracy: 0.92
epoch:  4 train_loss: 0.58 accuracy: 0.93
epoch:  5 train_loss: 0.49 accuracy: 0.93
epoch:  6 train_loss: 0.44 accuracy: 0.93
epoch:  7 train_loss: 0.4 accuracy: 0.94
epoch:  8 train_loss: 0.38 accuracy: 0.94
epoch:  9 train_loss: 0.36 accuracy: 0.95
epoch:  10 train_loss: 0.34 accuracy: 0.95
```

图 3-4　模型的训练结果

可以看到随着模型循环次数的增加，模型的损失值在降低，而准确率在增高，具体请读者自行验证测试。

3.2 PyTorch 2.0 模型结构输出与可视化

上一节中完成了基于 PyTorch 2.0 的 MNIST 模型的设计，并完成了 MNIST 手写体的识别。此时，可能会有读者对我们自己设计的模型结构感到好奇，如果有一种能够可视化模型结构的现成方法，用起来就非常方便了。

3.2.1 查看模型结构和参数信息

为了解决模型结构的展示问题，PyTorch 官方提供了对应的建议模型打印工具，即直接调用 print 函数来完成，例如对上一节中我们实现的 MNIST 模型：

```
class NeuralNetwork(nn.Module):
    def __init__(self):
        super(NeuralNetwork, self).__init__()
        self.flatten = nn.Flatten()
        self.linear_relu_stack = nn.Sequential(
            nn.Linear(28*28,312),
            nn.ReLU(),
            nn.Linear(312, 256),
            nn.ReLU(),
            nn.Linear(256, 10)
        )

    def forward(self, input):
        x = self.flatten(input)
        logits = self.linear_relu_stack(x)
        return logits
```

读者可以直接使用如下函数完成模型参数的打印：

```
if __name__ == '__main__':
    model = NeuralNetwork()
    print(model)
```

打印结果如图 3-5 所示。

```
NeuralNetwork(
  (flatten): Flatten(start_dim=1, end_dim=-1)
  (linear_relu_stack): Sequential(
    (0): Linear(in_features=784, out_features=312, bias=True)
    (1): ReLU()
    (2): Linear(in_features=312, out_features=256, bias=True)
    (3): ReLU()
    (4): Linear(in_features=256, out_features=10, bias=True)
  )
)
```

图 3-5　对模型具体使用的函数及其对应的参数进行打印

可以看到此结果是对模型具体使用的函数及其对应的参数进行打印。

为了更进一步简化对模型参数的打印，读者可以使用作者提供的对参数和结构进行打印的函数，代码如下所示：

```
params = list(model.parameters())
k = 0
for i in params:
        l = 1
        print("该层的结构：" + str(list(i.size())))
        for j in i.size():
            l *= j
        print("该层参数和：" + str(l))
        k = k + l
print("总参数数量和：" + str(k))
```

运行完此段代码后，可以对每层的节点输出和参数总量进行打印，结果如图 3-6 所示。

```
该层的结构：[312, 784]
该层参数和：244608
该层的结构：[312]
该层参数和：312
该层的结构：[256, 312]
该层参数和：79872
该层的结构：[256]
该层参数和：256
该层的结构：[10, 256]
该层参数和：2560
该层的结构：[10]
该层参数和：10
总参数数量和：327618
```

图 3-6　对每层的节点输出和参数总量进行打印

3.2.2　基于 netron 库的 PyTorch 2.0 模型可视化

上一小节讲解了模型结构的输出，但是相对于简单的文本化输出方式，PyTorch 第三方提供了许多具有直观表示的模型可视化展示方式。netron 就是一个深度学习模型可视化库，支持可视化表示PyTorch 2.0的模型存档文件。我们可以将上一小节中PyTorch的模型结构进行保存，并通过netron进行可视化展示。模型保存代码如下所示：

```
import torch
device = "cuda"    #在这里默认使用 GPU，如果出现运行问题可以将其改成 cpu 模式

#设定的多层感知机网络模型
class NeuralNetwork(torch.nn.Module):
    def __init__(self):
        super(NeuralNetwork, self).__init__()
        self.flatten = torch.nn.Flatten()
        self.linear_relu_stack = torch.nn.Sequential(
            torch.nn.Linear(28*28,312),
            torch.nn.ReLU(),
            torch.nn.Linear(312, 256),
            torch.nn.ReLU(),
            torch.nn.Linear(256, 10)
        )
    def forward(self, input):
        x = self.flatten(input)
        logits = self.linear_relu_stack(x)
        return logits

#进行模型的保存
model = NeuralNetwork()
torch.save(model, './model.pth')          #将模型保存为.pth 文件
```

读者可以自行百度 netron 的下载地址，建议从 GitHub 上下载 netron，其主页上也提供了不同版本的安装方式，如图 3-7 所示。

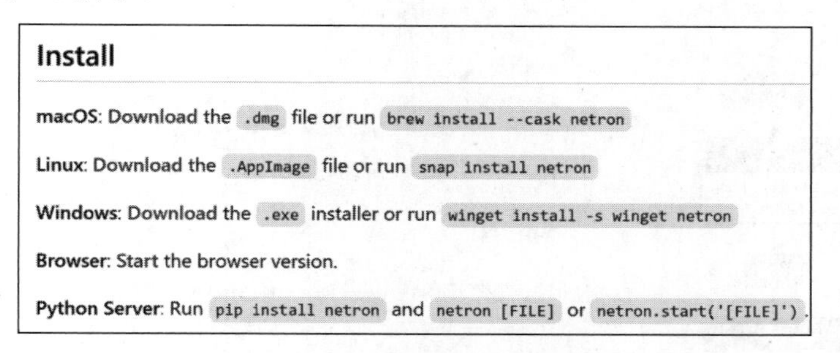

图 3-7　netron 不同版本的安装方式

读者可以依照自己的操作系统下载对应的文件，在这里安装的是基于 Windows 的 exe 文件，安装运行后会出现一个图形界面，直接在界面上点击 file 操作符号，打开我们刚才保存的 pth 文件，显示结果如图 3-8 所示。

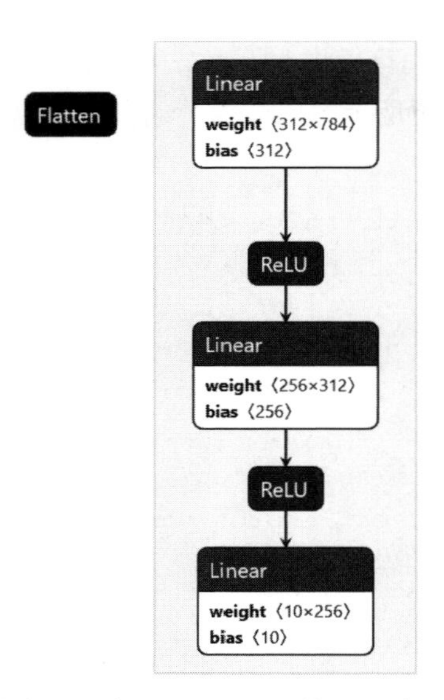

图 3-8　打开 model.pth 的显示结果

可以看到，此时 model.pth 的模型结构被可视化展示出来，每个模块输入输出维度在图上都有展示，点击带颜色的部分可以看到每个模块更详细的说明，如图 3-9 所示。

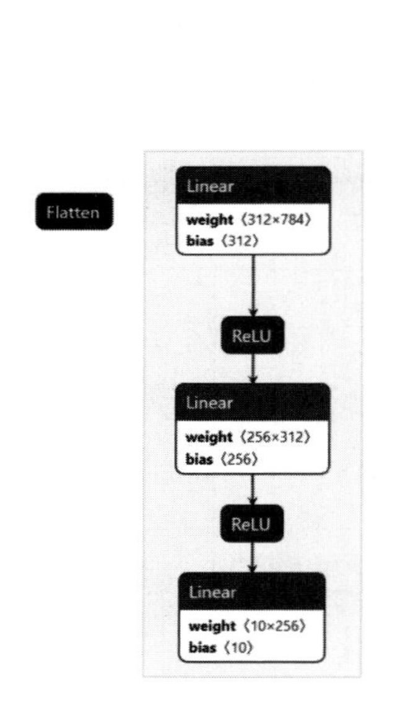

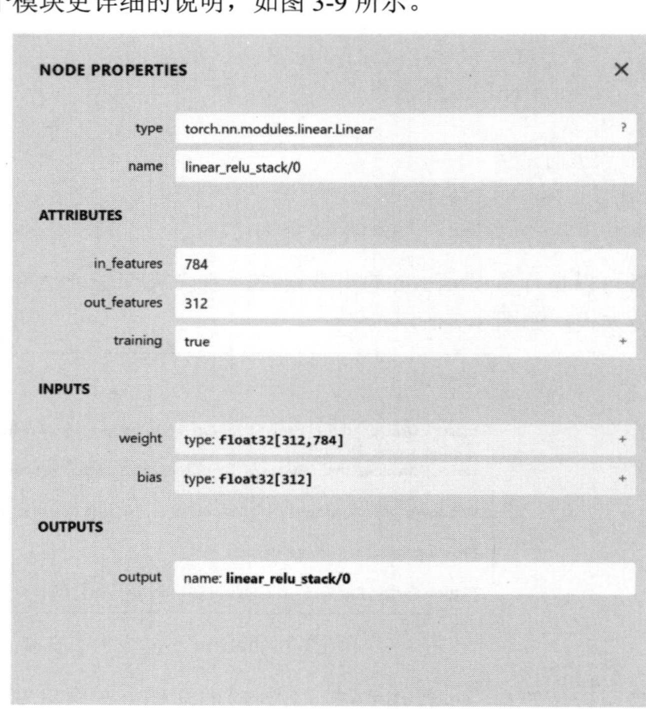

图 3-9　每个模块更详细的说明

感兴趣的读者可以自行安装测试。

3.2.3　更多的 PyTorch 2.0 模型可视化工具

除了上面介绍的 netron 工具，还有更多的 PyTorch 可视化工具，有兴趣的读者可以根据需要选择合适的可视化工具来使用。

1. torchsummary

torchsummary 会输出网络模型的过程层结构、层参数和总参数等信息。对于大多数新手和“深度学习炼丹师”关注具体的层间参数信息没有太大意义，但是 torchsummary 可以很方便地用来获取网络参数量和输出模型大小，效果如图 3-10 所示。

```
================================================================
Total params: 138,357,544
Trainable params: 138,357,544
Non-trainable params: 0
----------------------------------------------------------------
Input size (MB): 0.05
Forward/backward pass size (MB): 18.21
Params size (MB): 527.79
Estimated Total Size (MB): 546.05
----------------------------------------------------------------
```

图 3-10　torchsummary 获取网络参数量和输出模型大小

2. hiddenlayer

hiddenlayer 是比较实用的一种网络可视化方法，功能也相对比较多，输出的网络结构图比较直观，细节也相对丰富。hiddenlayer 输出的网络结构例子如图 3-11 所示。

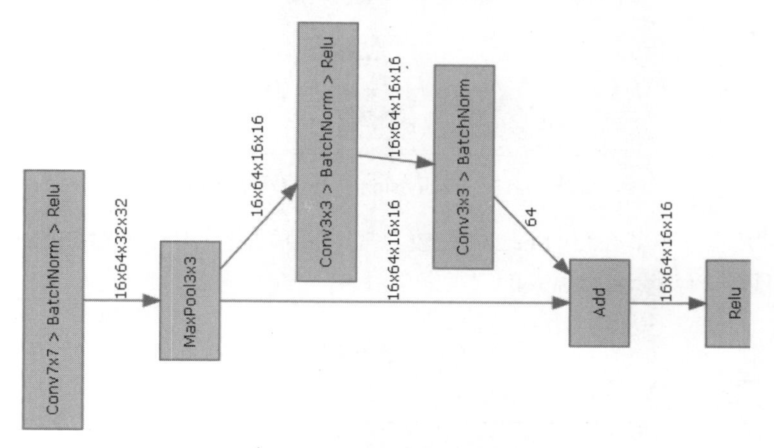

图 3-11　hiddenlayer 输出的网络结构

3. PlotNeuralNet

PlotNeuralNet 可以利用 Python 将.py 文件中定义的网络结构转换为.tex 文件，并生成相应图形，实际上这里的网络结构与自己训练或者测试的网络结构没有太大关系。PlotNeuralNet 上手难度较大，其输出的网络结构示例如图 3-12 所示。

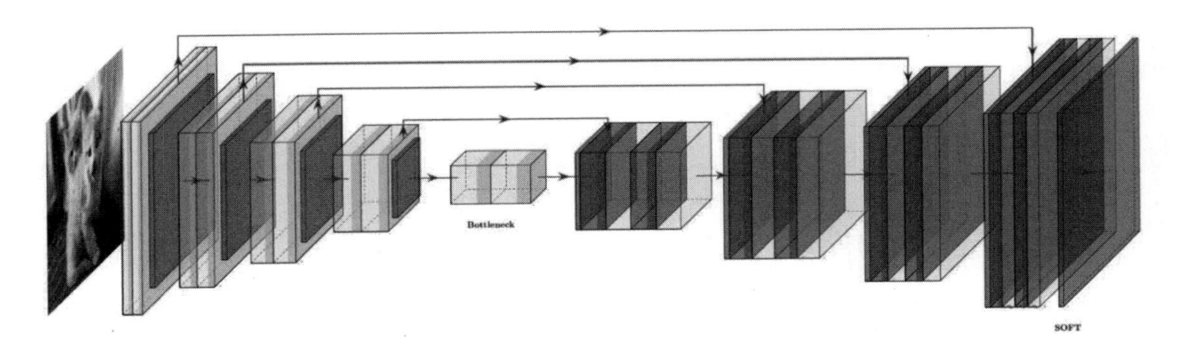

图 3-12　PlotNeuralNet 输出的网络结构

4. torchvision

torchvision 是 PyTorch 的一个图形库，它服务于 PyTorch 深度学习框架，主要用来构建计算机视觉模型，其使用效果如图 3-13 所示。

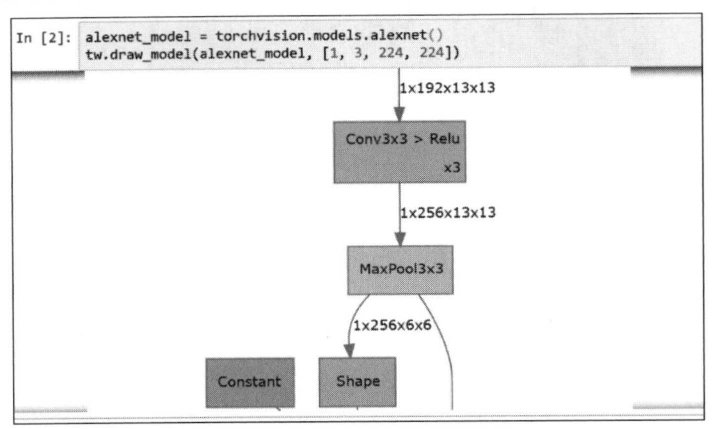

图 3-13　torchvision 输出的网络结构

以上 4 种以及上一小节介绍的 netron 是较为常用的可视化工具。针对 PyTorch 2.0 的模型可视化工具，读者可以选择适合自己需要的工具来学习。

3.3 本章小结

本章演示了使用 PyTorch 框架进行手写体识别的完整例子，在这个例子中我们完整地对 MNIST 手写体项目进行分类，并讲解了模型的标签问题以及本书后面常用的损失函数计算方面的内容，可以说 CrossEntropy 损失函数是深度学习方面最重要的一个损失函数，需要读者认真掌握。

本章同时也介绍了 PyTorch 2.0 的模型可视化工具，可以帮助读者在后续的学习中更加方便地掌握模型的基本构建以及验证模型的架构和组成。

第 4 章

深度学习的理论基础

深度学习是目前以及可以预见的将来最为重要、最有发展前景的一个学科，而深度学习的基础是神经网络，神经网络本质上是一种无须事先确定输入输出之间映射关系的数学方程，仅通过自身的训练学习某种规则，在给定输入值时得到最接近期望输出值的结果。

作为一种智能信息处理系统，人工神经网络实现其功能的核心是反向传播（Back Propagation，BP）神经网络，如图 4-1 所示。

BP 神经网络（反向传播神经网络）是一种按误差反向传播（简称误差反传）训练的多层前馈网络，它的基本思想是梯度下降法，利用梯度搜索技术，以期使网络的实际输出值和期望输出值的误差均方差最小。本章将全面介绍 BP 神经网络的概念、原理及其背后的数学原理。

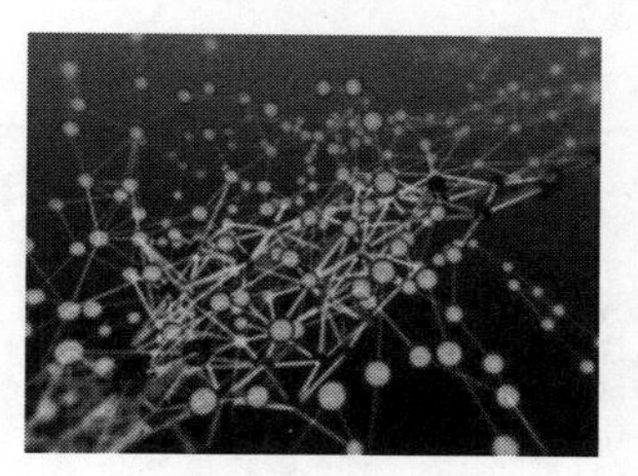

图 4-1　BP 神经网络

4.1　反向传播神经网络的历史

在介绍反向传播神经网络之前，人工神经网络是必须提到的内容。人工神经网络（Artificial Neural Network，ANN）的发展经历了大约半个世纪，从 20 世纪 40 年代初到 80 年代，神经网络的研究经历了低潮和高潮几起几落的发展过程。

1930 年，B.Widrow 和 M.Hoff 提出了自适应线性元件网络（ADAptive LINear NEuron，ADALINE），这是一种连续取值的线性加权求和阈值网络。后来，在此基础上发展了非线性多层自适应网络。Widrow-Hoff 学习算法被称为最小均方误差（Least Mean Square，LMS）学习规则。从此，神经网络的发展进入了第一个高潮期。

的确，在有限范围内，感知机有较好的功能，并且收敛定理得到证明。单层感知机能够通过学习把线性可分的模式分开，但对像 XOR（异或）这样简单的非线性问题却无法求解，这一点让人们大失所望，甚至开始怀疑神经网络的价值和潜力。

1939 年，麻省理工学院著名的人工智能专家 M.Minsky 和 S.Papert 出版了颇有影响力的 *Perceptron* 一书，从数学上剖析了简单神经网络的功能和局限性，并且指出多层感知机还不能找到有效的计算方法。由于 M.Minsky 在学术界的地位和影响，其悲观的结论被大多数人不做进一步分析而接受，加之当时以逻辑推理为研究基础的人工智能和数字计算机的辉煌成就，大大降低了人们对神经网络研究的热情。

其后，人工神经网络的研究进入了低潮。尽管如此，神经网络的研究并未完全停顿下来，仍有不少学者在极其艰难的条件下致力于这一研究。

1943 年，心理学家 W・McCulloch 和数理逻辑学家 W・Pitts 在分析、总结神经元基本特性的基础上提出了神经元的数学模型（McCulloch-Pitts 模型，简称 MP 模型），标志着神经网络研究正式开始。受当时研究条件的限制，很多工作不能模拟，在一定程度上影响了 MP 模型的发展。尽管如此，MP 模型对后来的各种神经元模型及网络模型都有很大的启发作用，在此后的 1949 年，D.O.Hebb 从心理学的角度提出了至今仍对神经网络理论有着重要影响的 Hebb 法则。

1945 年，冯・诺依曼领导的设计小组试制成功存储程序式电子计算机，标志着电子计算机时代的开始。1948 年，他在研究工作中比较了人脑结构与存储程序式计算机的根本区别，提出了以简单神经元构成的再生自动机网络结构。但是，由于指令存储式计算机技术的发展非常迅速，迫使他放弃了神经网络研究的新途径，继续投身于指令存储式计算机技术的研究，并在此领域做出了巨大贡献。虽然冯・诺依曼的名字是与普通计算机联系在一起的，但他也是人工神经网络研究的先驱之一，其照片如图 4-2 所示。

图 4-2　冯・诺依曼

1958 年，F・Rosenblatt 设计制作了“感知机”，它是一种多层的神经网络。这项工作首次把人工神经网络的研究从理论探讨付诸工程实践。感知机由简单的阈值性神经元组成，初步具备了诸如学习、并行处理、分布存储等神经网络的一些基本特征，从而确立了从系统角度进行人工神经网络研究的基础。

1972 年，T.Kohonen 和 J.Anderson 不约而同地提出具有联想记忆功能的新神经网络。1973 年，S.Grossberg 与 G.A.Carpenter 提出了自适应共振理论（Adaptive Resonance Theory，ART），并在以后的若干年内发展了 ART1、ART2、ART3 这 3 个神经网络模型，从而为神经网络研究的发展奠定了理论基础。

进入 20 世纪 80 年代，特别是 80 年代末期，对神经网络的研究从复兴很快转入了新的热潮。

这主要是因为：

- 经过十几年迅速发展，以逻辑符号处理为主的人工智能理论和冯·诺依曼计算机在处理诸如视觉、听觉、形象思维、联想记忆等智能信息处理问题上受到了挫折。
- 并行分布处理的神经网络本身的研究成果使人们看到了新的希望。

1982 年，美国加州工学院的物理学家 J.Hoppfield 提出了 Hopfield 神经网络（Hopfield Neural Network，HNN）模型，并首次引入了网络能量函数的概念，使网络稳定性研究有了明确的判据，其电子电路实现为神经计算机的研究奠定了基础，同时也开拓了神经网络用于联想记忆和优化计算的新途径。

1983 年，K.Fukushima 等提出了神经认知机网络理论。1985 年，D.H.Ackley、G.E.Hinton 和 T.J.Sejnowski 将模拟退火概念移植到 Boltzmann 机模型的学习中，以保证网络能收敛到全局最小值。1983 年，D.Rumelhart 和 J.McCelland 等提出了 PDP（Parallel Distributed Processing）理论，致力于认知微观结构的探索，同时发展了多层网络的 BP 算法，使 BP 神经网络成为目前应用最广的网络。

反向传播（Back Propagation，见图 4-3）一词的使用出现在 1985 年后，它的广泛使用是在 1983 年 D.Rumelhart 和 J.McCelland 所著的 *Parallel Distributed Processing* 这本书出版以后。1987 年，T.Kohonen 提出了自组织映射（Self Organizing Map，SOM）。1987 年，美国电气和电子工程师学会（Institute For Electrical And Electronic Engineers，IEEE）在圣地亚哥（San Diego）召开了盛大规模的神经网络国际学术会议，国际神经网络学会（International Neural Network Society，INNS）也随之诞生。

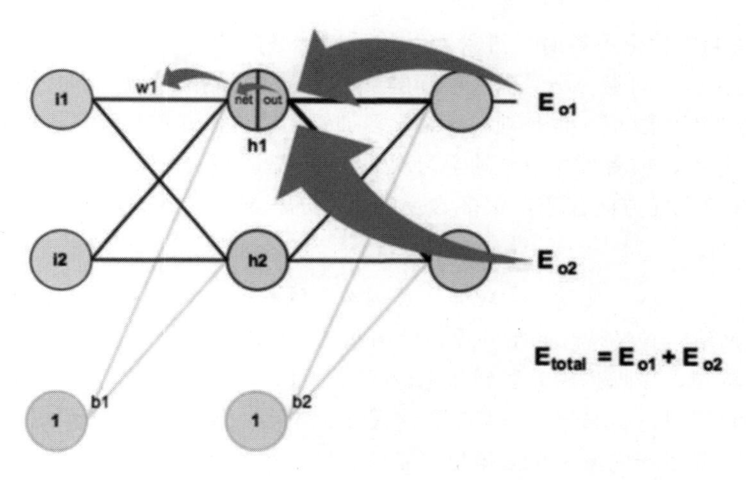

图 4-3　反向传播

1988 年，国际神经网络学会的正式杂志 *Neural Networks* 创刊。从 1988 年开始，国际神经网络学会和 IEEE 每年联合召开一次国际学术年会。1990 年，IEEE 神经网络会刊问世，各种期刊的神经网络特刊层出不穷，神经网络的理论研究和实际应用进入了一个蓬勃发展的时期。

BP 神经网络（见图 4-4）的代表者是 D.Rumelhart 和 J.McCelland。BP 神经网络是一种按误差逆传播算法训练的多层前馈网络，是目前应用最广泛的神经网络模型之一。

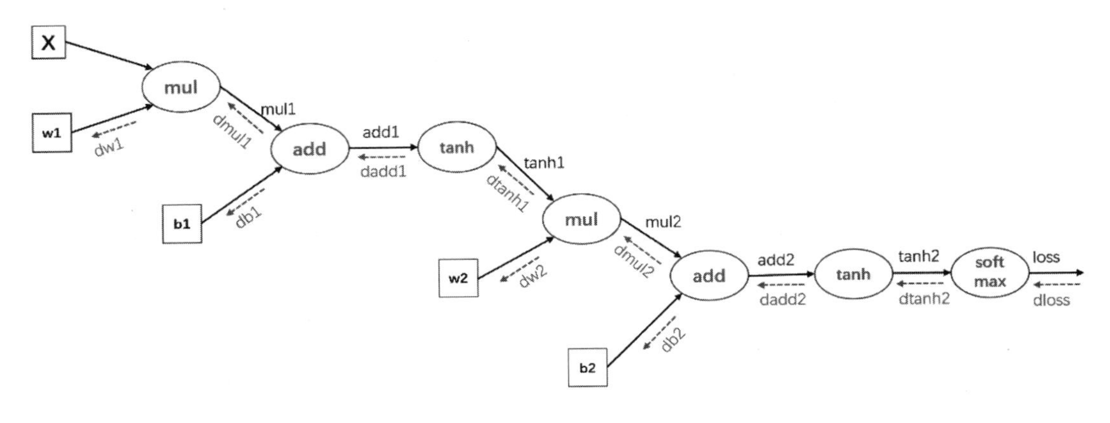

图 4-4　BP 神经网络

BP 算法的学习过程由信息的正向传播和误差的反向传播两个过程组成。而 BP 神经网络可分为输入层、输出层和隐含层，各层作用说明如下。

- 输入层：各神经元负责接收来自外界的输入信息，并传递给中间层各神经元。
- 中间层：中间层是内部信息处理层，负责信息变换，根据信息变化能力的需求，中间层可以设计为单隐含层或者多隐含层结构。
- 隐含层：传递到输出层各神经元的信息经过进一步的处理后，完成一次学习的正向传播处理过程，由输出层向外界输出信息处理结果。

当实际输出与期望输出不符时，进入误差的反向传播阶段。误差通过输出层，按误差梯度下降的方式修正各层权值，向隐含层、输入层逐层反传。周而复始的信息正向传播和误差反向传播过程是各层权值不断调整的过程，也是神经网络学习训练的过程，此过程一直进行到网络输出的误差减少到可以接受的程度，或者预先设定的学习次数为止。

目前神经网络的研究方向和应用很多，反映了多学科交叉技术领域的特点。主要的研究工作集中在以下几个方面：

- 生物原型研究。从生理学、心理学、解剖学、脑科学、病理学等生物科学方面研究神经细胞、神经网络、神经系统的生物原型结构及其功能机理。
- 建立理论模型。根据生物原型的研究，建立神经元、神经网络的理论模型，其中包括概念模型、知识模型、物理化学模型、数学模型等。
- 网络模型与算法研究。在理论模型研究的基础上构建具体的神经网络模型，以实现计算机模拟或硬件的仿真，还包括网络学习算法的研究。这方面的工作也称为技术模型研究。
- 人工神经网络应用系统。在网络模型与算法研究的基础上，利用人工神经网络组成实际的应用系统。例如，完成某种信号处理或模式识别的功能、构建专家系统、制造机器人等。

纵观当代新兴科学技术的发展历史，人类在征服宇宙空间、基本粒子、生命起源等科学技术领域的进程中经历了崎岖不平的道路。我们也会看到，探索人脑功能和神经网络的研究将伴随着重重困难的克服而日新月异。

4.2　反向传播神经网络两个基础算法详解

在正式介绍 BP 神经网络之前，需要先介绍两个非常重要的算法，即最小二乘法随机梯度和下降算法。

最小二乘法是统计分析中常用的逼近计算的一种算法，其交替计算结果使得最终结果尽可能地逼近真实结果。而随机梯度下降算法充分利用了深度学习的运算特性的迭代和高效性，通过不停地判断和选择当前目标下的最优路径，使得能够在最短路径下达到最优的结果，从而提高大数据的计算效率。

4.2.1　最小二乘法详解

最小二乘（Least Square，LS）法是一种数学优化技术，也是一种机器学习常用的算法。它通过最小化误差的平方和寻找数据的最佳函数匹配。利用最小二乘法可以简便地求得未知的数据，并使得这些求得的数据与实际数据之间误差的平方和最小。最小二乘法还可用于曲线拟合。其他一些优化问题也可通过最小化能量或最大化熵用最小二乘法来表达。

由于最小二乘法不是本章的重点内容，因此笔者只通过一个图示演示一下最小二乘法 LS 的原理。最小二乘法的原理如图 4-5 所示。

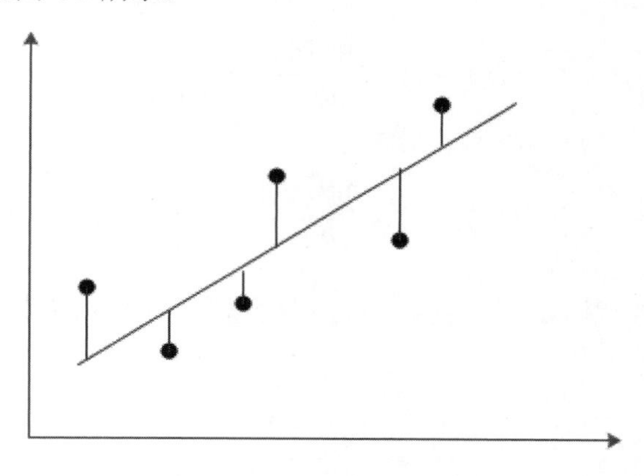

图 4-5　最小二乘法的原理

从图 4-5 可以看到，若干个点依次分布在向量空间中，如果希望找出一条直线和这些点达到最佳匹配，那么最简单的方法就是希望这些点到直线的值最小，即下面的最小二乘法实现公式的值最小。

$$f(x)=ax+b$$

$$\delta=\sum(f(x_i)-y_i)^2$$

这里直接引用真实值与计算值之间的差的平方和，具体而言，这种差值有一个专门的名称——残差。基于此，表达残差的方式有以下 3 种：

- ∞范数：残差绝对值的最大值为 $\max\limits_{1\leqslant i\leqslant m}|r_i|$，即所有数据点中残差距离的最大值。

- L1范数：绝对残差和$\sum_{i=1}^{m}|r_i|$，即所有数据点残差距离之和。
- L2范数：残差平方和$\sum_{i=1}^{m}r_i^2$。

可以看到，所谓的最小二乘法也就是 L2 范数的一个具体应用。通俗地说，就是看模型计算出来的结果与真实值之间的相似性。

因此，最小二乘法的定义如下：

对于给定的数据$(x_i,y_i)(i=1,\cdots,m)$，在取定的假设空间 H 中，求解 $f(x)\in H$，使得残差$\delta=\sum(f(x_i)-y_i)^2$ 的 L2 范数最小。

看到这里，可能有读者会提出疑问，这里的$f(x)$该如何表示？

实际上，函数$f(x)$是一条多项式函数曲线：

$$f(x)=w_0+w_1x^1+w_2x^2+\cdots+w_nx^n \qquad （w_n\text{为一系列的权重}）$$

由上面的公式可以知道，所谓的最小二乘法，就是找到一组权重 w，使得$\delta=\sum(f(x_i)-y_i)^2$ 最小。那么问题又来了，如何能使最小二乘法的值最小？

对于求出的最小二乘法的结果，可以使用数学上的微积分处理方法，这是一个求极值的问题，只需要对权值依次求偏导数，最后令偏导数为 0，即可求出极值点。

$$\frac{\partial J}{\partial w_0}=\frac{1}{2m}\times 2\sum_{1}^{m}(f(x)-y)\times\frac{\partial(f(x))}{\partial w_0}=\frac{1}{m}\sum_{1}^{m}(f(x)-y)=0$$

$$\frac{\partial J}{\partial w_1}=\frac{1}{2m}\times 2\sum_{1}^{m}(f(x)-y)\times\frac{\partial(f(x))}{\partial w_1}=\frac{1}{m}\sum_{1}^{m}(f(x)-y)\times x=0$$

$$\vdots$$

$$\frac{\partial J}{\partial w_n}=\frac{1}{2m}\times 2\sum_{1}^{m}(f(x)-y)\times\frac{\partial(f(x))}{\partial w_n}=\frac{1}{m}\sum_{1}^{m}(f(x)-y)\times x=0$$

具体实现最小二乘法的代码如下（注意，为了简化起见，本示例使用一元一次方程组来演示拟合）。

【程序 4-1】

```
import numpy as np
from matplotlib import pyplot as plt
A = np.array([[5],[4]])
C = np.array([[4],[6]])
B = A.T.dot(C)
AA = np.linalg.inv(A.T.dot(A))
l=AA.dot(B)
P=A.dot(l)
x=np.linspace(-2,2,10)
x.shape=(1,10)
xx=A.dot(x)
fig = plt.figure()
ax= fig.add_subplot(111)
```

```
ax.plot(xx[0,:],xx[1,:])
ax.plot(A[0],A[1],'ko')
ax.plot([C[0],P[0]],[C[1],P[1]],'r-o')
ax.plot([0,C[0]],[0,C[1]],'m-o')
ax.axvline(x=0,color='black')
ax.axhline(y=0,color='black')
margin=0.1
ax.text(A[0]+margin, A[1]+margin, r"A",fontsize=20)
ax.text(C[0]+margin, C[1]+margin, r"C",fontsize=20)
ax.text(P[0]+margin, P[1]+margin, r"P",fontsize=20)
ax.text(0+margin,0+margin,r"O",fontsize=20)
ax.text(0+margin,4+margin, r"y",fontsize=20)
ax.text(4+margin,0+margin, r"x",fontsize=20)
plt.xticks(np.arange(-2,3))
plt.yticks(np.arange(-2,3))
ax.axis('equal')
plt.show()
```

最终结果如图 4-6 所示。

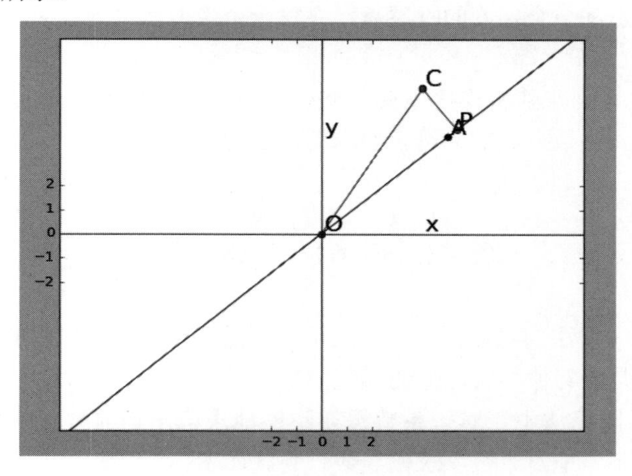

图 4-6　最小二乘法拟合曲线

4.2.2　道士下山的故事——梯度下降算法

在介绍随机梯度下降算法之前，这里先讲一个道士下山的故事。请读者参考图 4-7。

为了便于理解，我们将其比喻成道士想要出去游玩的一座山。

设想道士有一天和道友一起到一座不太熟悉的山上去玩，在兴趣盎然中很快登上了山顶。但是天有不测，下起了雨。如果这时需要道士和其同来的道友用最快的速度下山，那么怎么办呢？

如果想以最快的速度下山，那么最快的办法就是顺着坡度最陡峭的地方走下去。但是由于不熟悉路，道士在下山的过程中，每走一段路程就需要停下来观望，从而选择最陡峭的下山路。这样一路走下来的话，可以在最短时间内走到山脚。

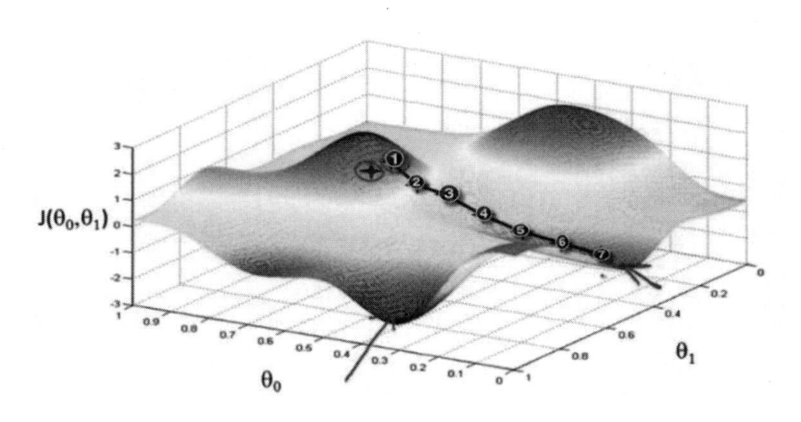

图 4-7 模拟随机梯度下降算法的演示图

根据图 4-7 可以近似地表示为：

① → ② → ③ → ④ → ⑤ → ⑥ → ⑦

每个数字代表每次停顿的地点，这样只需要在每个停顿的地点选择最陡峭的下山路即可。

这就是道士下山的故事，随机梯度下降算法和这个类似。如果想要使用最迅捷的下山方法，那么最简单的方法就是在下降一个梯度的阶层后，寻找一个当前获得的最大坡度继续下降。这就是随机梯度算法的原理。

从上面的例子可以看到，随机梯度下降算法就是不停地寻找某个节点中下降幅度最大的那个趋势进行迭代计算，直到将数据收缩到符合要求的范围为止。通过数学公式表达的方式计算的话，公式如下：

$$f(\theta)=\theta_0 x_0+\theta_1 x_1+\cdots+\theta_n x_n=\sum\theta_i x_i$$

在 4.2.1 节讲最小二乘法的时候，我们通过最小二乘法说明了直接求解最优化变量的方法，也介绍了求解的前提条件是计算值与实际值的偏差的平方最小。

但是在随机梯度下降算法中，对于系数需要不停地求解出当前位置下最优化的数据。使用数学方式表达的话，就是不停地对系数 θ 求偏导数。公式如下：

$$\frac{\partial f(\theta)}{\partial w_n}=\frac{1}{2m}\times 2\sum_{1}^{m}(f(\theta)-y)\times\frac{\partial(f(\theta))}{\partial\theta}=\frac{1}{m}\sum_{1}^{m}(f(x)-y)\times x$$

在公式中，θ 会向着梯度下降最快的方向减小，从而推断出 θ 的最优解。

因此，随机梯度下降算法最终被归结为：通过迭代计算特征值，从而求出最合适的值。求解 θ 的公式如下：

$$\theta=\theta-\alpha(f(\theta)-y_i)x_i$$

在公式中，α 是下降系数。用较为通俗的话表示，就是用来计算每次下降的幅度大小。系数越大，每次计算中的差值就较大；系数越小，差值就越小，但是计算时间也会相应延长。

随机梯度下降算法的迭代过程如图 4-8 所示。

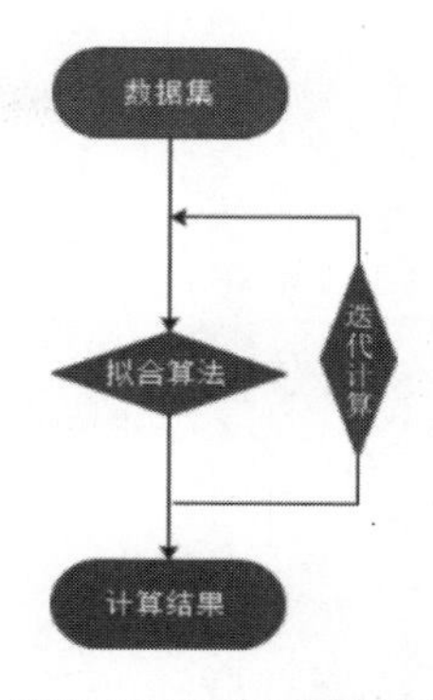

图 4-8　随机梯度下降算法的迭代过程

从图 4-8 中可以看到，实现随机梯度下降算法的关键是拟合算法的实现。而本例的拟合算法的实现较为简单，通过不停地修正数据值从而达到数据的最优值。

随机梯度下降算法在神经网络特别是机器学习中应用较广，但是由于其天生的缺陷，噪音较大，使得在计算过程中并不是都向着整体最优解的方向优化，往往只是得到局部最优解。因此，为了克服这些困难，最好的办法就是增大数据量，在不停地使用数据进行迭代处理的时候，能够确保整体的方向是全局最优解，或者最优结果在全局最优解附近。

【程序 4-2】

```
x = [(2, 0, 3), (1, 0, 3), (1, 1, 3), (1,4, 2), (1, 2, 4)]
y = [5, 6, 8, 10, 11]
epsilon = 0.002
alpha = 0.02
diff = [0, 0]
max_itor = 1000
error0 = 0
error1 = 0
cnt = 0
m = len(x)
theta0 = 0
theta1 = 0
theta2 = 0
while True:
    cnt += 1
    for i in range(m):
        diff[0] = (theta0 * x[i][0] + theta1 * x[i][1] + theta2 * x[i][2]) - y[i]
        theta0 -= alpha * diff[0] * x[i][0]
        theta1 -= alpha * diff[0] * x[i][1]
        theta2 -= alpha * diff[0] * x[i][2]
    error1 = 0
    for lp in range(len(x)):
        error1 += (y[lp] - (theta0 + theta1 * x[lp][1] + theta2 * x[lp][2])) **
2 / 2
    if abs(error1 - error0) < epsilon:
```

```
        break
    else:
        error0 = error1
    print('theta0 : %f, theta1 : %f, theta2 : %f, error1 : %f' % (theta0, theta1, 
theta2, error1))
    print('Done: theta0 : %f, theta1 : %f, theta2 : %f' % (theta0, theta1, theta2))
    print('迭代次数: %d' % cnt)
```

最终结果打印如下：

```
theta0 : 0.100684, theta1 : 1.564907, theta2 : 1.920652, error1 : 0.569459
Done: theta0 : 0.100684, theta1 : 1.564907, theta2 : 1.920652
迭代次数: 24
```

从结果来看，这里迭代 24 次即可获得最优解。

4.2.3 最小二乘法的梯度下降算法以及 Python 实现

从前面的介绍可以得知，任何一个需要进行梯度下降的函数都可以被比作一座山，而梯度下降的目标就是找到这座山的底部，也就是函数的最小值。根据之前道士下山的场景，最快的下山方式就是找到最为陡峭的山路，然后沿着这条山路走下去，直到下一个观望点。之后在下一个观望点重复这个过程，寻找最为陡峭的山路，直到山脚。

下面带领读者实现这个过程，求解最小二乘法的最小值，但是在开始之前，先介绍读者需要掌握的数学原理。

1. 微分

高等数学中对函数微分的解释有很多，主要的有两种：

- 函数曲线上某点切线的斜率。
- 函数的变化率。

因此，对于一个二元微分的计算如下：

$$\frac{\partial(x^2y^2)}{\partial x} = 2xy^2\mathrm{d}(x)$$

$$\frac{\partial(x^2y^2)}{\partial y} = 2x^2y\mathrm{d}(y)$$

$$(x^2y^2)' = 2xy^2\mathrm{d}(x) + 2x^2y\mathrm{d}(y)$$

2. 梯度

所谓的梯度，就是微分的一般形式，多元微分则是各个变量的变化率的总和，例子如下：

$$J(\theta) = 2.17 - (17\theta_1 + 2.1\theta_2 - 3\theta_3)$$

$$\nabla J(\theta) = \left[\frac{\partial J}{\partial \theta_1}, \frac{\partial J}{\partial \theta_2}, \frac{\partial J}{\partial \theta_3}\right] = [17, 2.1, -3]$$

可以看到，求解的梯度值是分别对每个变量进行微分计算，之后用逗号隔开。这里用中括号“[]”将每个变量的微分值包裹在一起形成一个三维向量，因此可以认为微分计算后的梯度是一个向量。

综上所述，得出梯度的定义：在多元函数中，梯度是一个向量，而向量具有方向性，梯度的方向指出了函数在给定点上上升最快的方向。

这个与前面道士下山的过程联系在一起，如果需要到达山地，则需要在每一个观察点寻找梯度最陡峭的地方。梯度计算的值是在当前点上升最快的方向，反方向则是给定点下降最快的方向。梯度计算就是得出这个值的具体向量值，如图 4-9 所示。

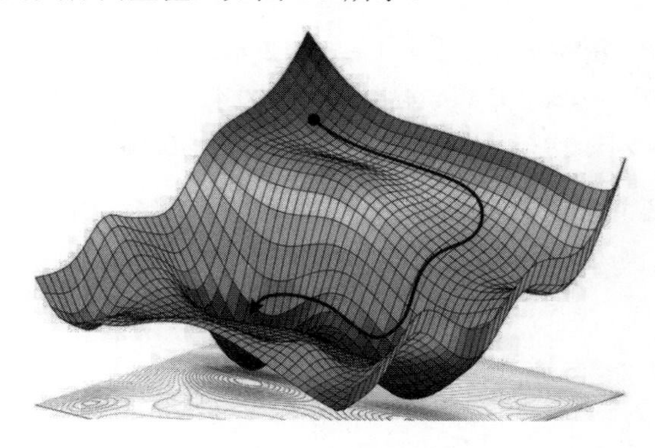

图 4-9　梯度计算

3. 梯度下降的数学计算

前面已经给出了梯度下降的公式，此时对其进行变形：

$$\theta' = \theta - \alpha \frac{\partial}{\partial\theta} f(\theta) = \theta - \alpha \nabla J(\theta)$$

此公式中的参数的含义如下：

J是关于参数θ的函数，假设当前点为θ，如果需要找到这个函数的最小值，也就是山底的话，那么首先需要确定行进的方向，也就是梯度计算的反方向，之后走α的步长，走完这个步长之后，就到了下一个观察点。

α的意义在 4.2.2 节已经介绍，是学习率或者步长，使用α来控制每一步走的距离。α过小会造成拟合时间过长，而α过大会造成下降幅度太大错过最低点。如图 4-10 所示为学习率太小（左）与学习率太大（右）的对比。

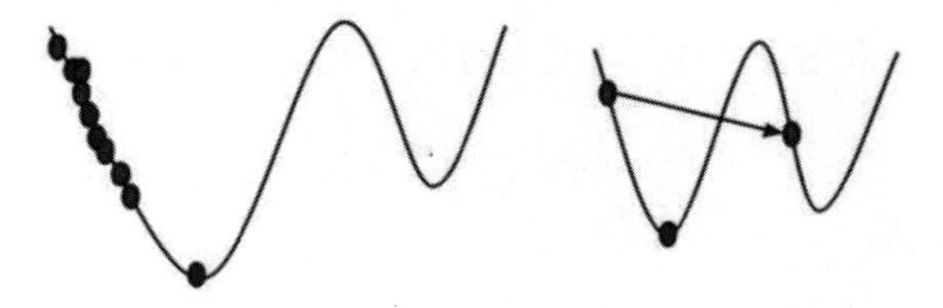

图 4-10　学习率太小与学习率太大的对比

这里还要注意的是，梯度下降公式中的$\nabla J(\theta)$求出的是斜率最大值，也就是梯度上升最大的方向，而这里所需要的是梯度下降最大的方向，因此在$\nabla J(\theta)$前加一个负号。下面用一个例子演示梯度下降算法的计算。

假设这里的公式为：

$$J(\theta) = \theta^2$$

此时的微分公式为：

$$\nabla J(\theta) = 2\theta$$

设第一个值$\theta^0 = 1$，$\alpha = 0.3$，则根据梯度下降公式：

$$\theta^1 = \theta^0 - \alpha \times 2\theta^0 = 1 - \alpha \times 2 \times 1 = 1 - 0.6 = 0.4$$
$$\theta^2 = \theta^1 - \alpha \times 2\theta^1 = 0.4 - \alpha \times 2 \times 0.4 = 0.4 - 0.24 = 0.16$$
$$\theta^3 = \theta^2 - \alpha \times 2\theta^2 = 0.16 - \alpha \times 2 \times 0.16 = 0.16 - 0.096 = 0.064$$

这样依次经过运算，即可到$J(\theta)$的最小值，也就是“山底”，如图 4-11 所示。

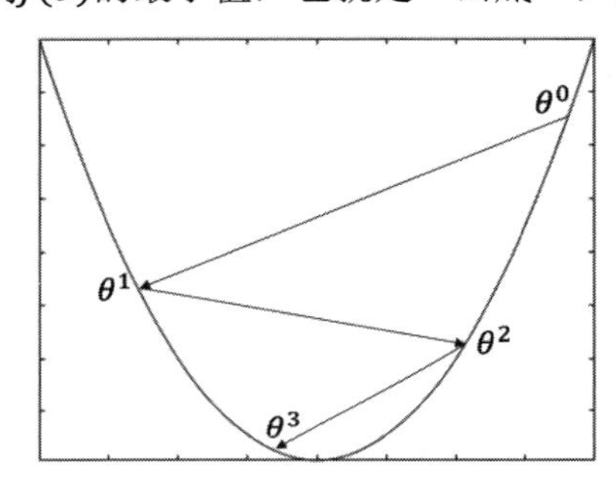

图 4-11　$J(\theta)$的最小值

实现程序如下：

```
import numpy as np
x = 1
def chain(x,gama = 0.1):
   x = x - gama * 2 * x
   return x
for _ in range(4):
   x = chain(x)
   print(x)
```

多变量的梯度下降算法和前文所述的多元微分求导类似。例如，一个二元函数的形式如下：

$$J(\theta) = \theta_1^2 + \theta_2^2$$

此时对其的梯度微分为：

$$\nabla J(\theta) = 2\theta_1 + 2\theta_2$$

此时将设置：

$$J(\theta^0) = (2,5)，\ \alpha = 0.3$$

则依次计算的结果如下：

$$\nabla J(\theta^1) = (\theta_{1\_0} - \alpha 2\theta_{1_0}, \theta_{2_0} - \alpha 2\theta_{2_0}) = (0.8,4.7)$$

剩下的计算请读者自行完成。

如果把二元函数采用图像的方式展示出来，可以很明显地看到梯度下降的每个“观察点”坐标，如图 4-12 所示。

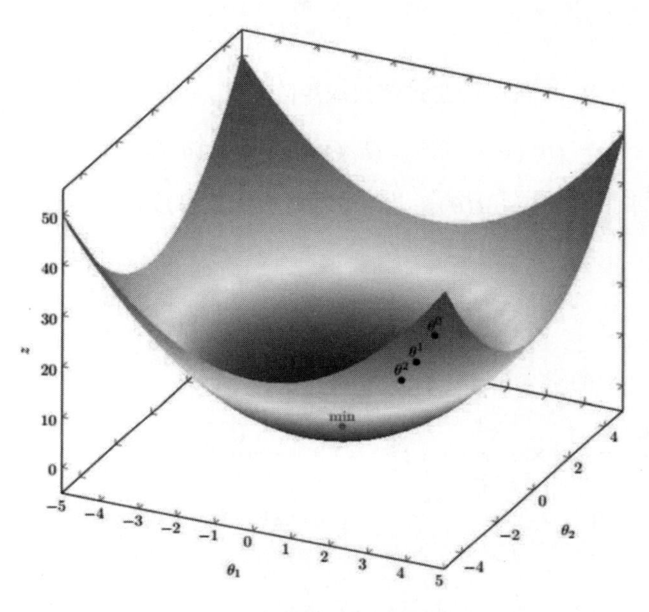

图 4-12　梯度下降的每个“观察点”坐标

4. 使用梯度下降算法求解最小二乘法

下面是本节的实战部分，使用梯度下降算法计算最小二乘法。假设最小二乘法的公式如下：

$$J(\theta) = \frac{1}{2m}\sum_{1}^{m}(h_\theta(x) - y)^2$$

其中参数解释如下：

- m是数据点总数。
- $\frac{1}{2}$是一个常量，这样在求梯度的时候，二次方微分后的结果就与$\frac{1}{2}$抵消了，自然就没有多余的常数系数，方便了后续的计算，同时对结果不会有影响。
- y是数据集中每个点的真实y坐标的值。

其中$h_\theta(x)$为预测函数，形式如下：

$$h_\theta(x) = \theta_0 + \theta_1 x$$

根据每个输入 x，都有一个经过参数计算后的预测值输出。

$h_\theta(x)$的 Python 实现如下：

```
h_pred = np.dot(x,theta)
```

其中 x 是输入的、维度为[-1,2]的二维向量，-1 的意思是维度不定。这里使用了一个技巧，即将$h_\theta(x)$的公式转换成矩阵相乘的形式，而 theta 是一个[2,1]维度的二维向量。

依照最小二乘法实现的 Python 代码如下：

```
def error_function(theta,x,y):
    h_pred = np.dot(x,theta)
    j_theta = (1./2*m) * np.dot(np.transpose(h_pred), h_pred)
    return j_theta
```

这里 j_theta 的实现同样是将原始公式转换成矩阵计算，即：

$$(h_\theta(x)-y)^2=(h_\theta(x)-y)^{\mathrm{T}}\times(h_\theta(x)-y)$$

下面分析一下最小二乘法公式$J(\theta)$，此时如果求$J(\theta)$的梯度，则需要对其中涉及的两个参数θ_0和θ_1进行微分：

$$\nabla J(\theta)=[\frac{\partial J}{\partial\theta_0},\frac{\partial J}{\partial\theta_1}]$$

下面分别对两个参数的求导公式进行求导：

$$\frac{\partial J}{\partial\theta_0}=\frac{1}{2m}\times 2\sum_1^m(h_\theta(x)-y)\times\frac{\partial(h_\theta(x))}{\partial\theta_0}=\frac{1}{m}\sum_1^m(h_\theta(x)-y)$$

$$\frac{\partial J}{\partial\theta_1}=\frac{1}{2m}\times 2\sum_1^m(h_\theta(x)-y)\times\frac{\partial(h_\theta(x))}{\partial\theta_1}=\frac{1}{m}\sum_1^m(h_\theta(x)-y)\times x$$

将分开求导的参数合并，可得新的公式如下：

$$\frac{\partial J}{\partial\theta}=\frac{\partial J}{\partial\theta_0}+\frac{\partial J}{\partial\theta_1}=\frac{1}{m}\sum_1^m(h_\theta(x)-y)+\frac{1}{m}\sum_1^m(h_\theta(x)-y)\times x=\frac{1}{m}\sum_1^m(h_\theta(x)-y)\times(1+x)$$

公式最右边的常数 1 可以被去掉，公式变为：

$$\frac{\partial J}{\partial\theta}=\frac{1}{m}\times(x)\times\sum_1^m(h_\theta(x)-y)$$

使用矩阵相乘表示的公式为：

$$\frac{\partial J}{\partial\theta}=\frac{1}{m}\times(x)^{\mathrm{T}}\times(h_\theta(x)-y)$$

这里$(x)^{\mathrm{T}}\times(h_\theta(x)-y)$已经转换为矩阵相乘的表示形式。使用 Python 表示如下：

```
def gradient_function(theta, X, y):
    h_pred = np.dot(X, theta) - y
    return (1./m) * np.dot(np.transpose(X), h_pred)
```

如果读者对 np.dot(np.transpose(X), h_pred)理解有难度，可以将公式使用逐个 x 值的形式列出来，这里就不罗列了。

最后是梯度下降的 Python 实现，代码如下：

```
def gradient_descent(X, y, alpha):
    theta = np.array([1, 1]).reshape(2, 1)#[1,1]是theta的初始化参数，后面会修改
    gradient = gradient_function(theta,X,y)
    for i in range(17):
        theta = theta - alpha * gradient
        gradient = gradient_function(theta, X, y)
    return theta
```

或者使用如下代码：

```
def gradient_descent(X, y, alpha):
    theta = np.array([1, 1]).reshape(2, 1) #[1,1]是theta的初始化参数，后面会修改
    gradient = gradient_function(theta,X,y)
    while not np.all(np.absolute(gradient) <= 1e-4):    #采用abs是因为gradient
计算的是负梯度
        theta = theta - alpha * gradient
        gradient = gradient_function(theta, X, y)
        print(theta)
    return theta
```

这两个代码段的区别在于：第一个代码段是固定循环次数，可能会造成欠下降或者过下降；而第二个代码段使用的是数值判定，可以设定阈值或者停止条件。

全部代码如下：

```
import numpy as np
m = 20
# 生成数据集x，此时的数据集x是一个二维矩阵
x0 = np.ones((m, 1))
x1 = np.arange(1, m+1).reshape(m, 1)
x = np.hstack((x0, x1)) #[20,2]
y = np.array([
    3, 4, 5, 5, 2, 4, 7, 8, 11, 8, 12,
    11, 13, 13, 16, 17, 18, 17, 19, 21
]).reshape(m, 1)
alpha = 0.01
#这里的theta是一个[2,1]大小的矩阵，用来与输入x进行计算，以获得计算的预测值y_pred，而
y_pred用于与y计算误差
def error_function(theta,x,y):
    h_pred = np.dot(x,theta)
    j_theta = (1./2*m) * np.dot(np.transpose(h_pred), h_pred)
    return j_theta
def gradient_function(theta, X, y):
    h_pred = np.dot(X, theta) - y
    return (1./m) * np.dot(np.transpose(X), h_pred)
def gradient_descent(X, y, alpha):
    theta = np.array([1, 1]).reshape(2, 1)  #[2,1]  这里的theta是参数
    gradient = gradient_function(theta,X,y)
```

```
    while not np.all(np.absolute(gradient) <= 1e-6):
        theta = theta - alpha * gradient
        gradient = gradient_function(theta, X, y)
    return theta
theta = gradient_descent(x, y, alpha)
print('optimal:', theta)
print('error function:', error_function(theta, x, y)[0,0])
```

打印结果和拟合曲线请读者自行完成。

现在回到前面的道士下山这个问题，这个下山的道士实际上就代表了反向传播算法，而要寻找的下山路径其实就代表着算法中一直在寻找的参数θ，山上当前点的最陡峭的方向实际上就是代价函数在这一点的梯度方向，在场景中观察最陡峭的方向所用的工具就是微分。

4.3 反馈神经网络反向传播算法介绍

反向传播算法是神经网络的核心与精髓，在神经网络算法中有着举足轻重的地位。

用通俗的话说，所谓的反向传播算法，就是复合函数的链式求导法则的一个强大应用，而且实际上的应用比起理论上的推导强大得多。本节将主要介绍反向传播算法的一个简单模型的推导，虽然模型简单，但是这个简单的模型是其应用广泛的基础。

4.3.1 深度学习基础

机器学习在理论上可以看作是统计学在计算机科学上的一个应用。在统计学上，一个非常重要的内容就是拟合和预测，即基于以往的数据，建立光滑的曲线模型实现数据结果与数据变量的对应关系。

深度学习为统计学的应用，同样是为了这个目的，寻找结果与影响因素的一一对应关系，只不过样本点由狭义的 x 和 y 扩展到向量、矩阵等广义的对应点。此时，由于数据的复杂性，因此对应关系模型的复杂度也随之增加，而不能使用一个简单的函数表达。

数学上通过建立复杂的高次多元函数解决复杂模型拟合的问题，但是大多数都失败，因为过于复杂的函数式是无法进行求解的，也就是其公式的获取是不可能的。

基于前人的研究，科研工作人员发现可以通过神经网络来表示一一对应关系，而神经网络本质就是一个多元复合函数，通过增加神经网络的层次和神经单元可以更好地表达函数的复合关系。

图 4-13 是多层神经网络的图像表达方式，通过设置输入层、隐藏层与输出层可以形成一个多元函数，用于求解相关问题。

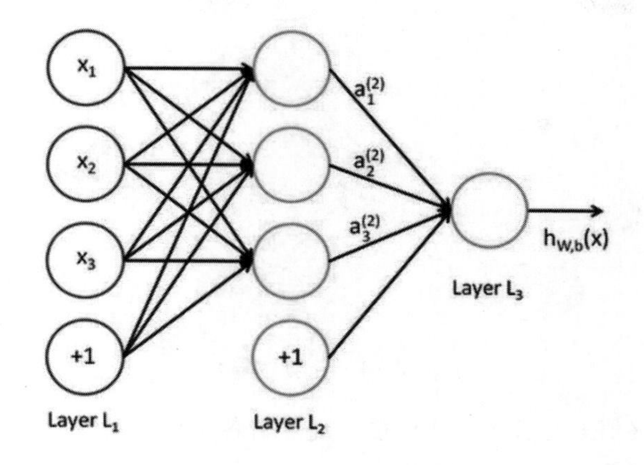

图 4-13　多层神经网络

通过数学表达式将多层神经网络模型表达出来，公式如下：

$$
\begin{aligned}
a_1 &= f(w_{11} \times x_1 + w_{12} \times x_2 + w_{13} \times x_3 + b_1) \\
a_2 &= f(w_{21} \times x_1 + w_{22} \times x_2 + w_{23} \times x_3 + b_2) \\
a_3 &= f(w_{31} \times x_1 + w_{32} \times x_2 + w_{33} \times x_3 + b_3) \\
h(x) &= f(w_{11} \times a_1 + w_{12} \times a_2 + w_{13} \times a_3 + b_1)
\end{aligned}
$$

其中 x 是输入数值，而 w 是相邻神经元之间的权重，也就是神经网络在训练过程中需要学习的参数。与线性回归类似的是，神经网络学习同样需要一个损失函数，训练目标通过调整每个权重值 w 来使得损失函数最小。前面在讲解梯度下降算法的时候已经讲过，如果权重过大或者指数过大，那么直接求解系数是一件不可能的事情，因此梯度下降算法是求解权重问题的比较好的方法。

4.3.2　链式求导法则

在前面梯度下降算法的介绍中，没有对其背后的原理做出更为详细的介绍。实际上，梯度下降算法就是链式法则的一个具体应用，如果把前面公式中的损失函数以向量的形式表示为：

$$h(x) = f(w_{11}, w_{12}, w_{13}, w_{14}, \cdots, w_{ij})$$

那么其梯度向量为：

$$\nabla h = \frac{\partial f}{\partial w_{11}} + \frac{\partial f}{\partial w_{12}} + \cdots + \frac{\partial f}{\partial w_{ij}}$$

可以看到，其实所谓的梯度向量就是求出函数在每个向量上的偏导数之和。这也是链式法则擅长处理的问题。

下面以 $e=(a+b)\times(b+1)$，其中 $a=2$，$b=1$ 为例，计算其偏导数，如图 4-14 所示。

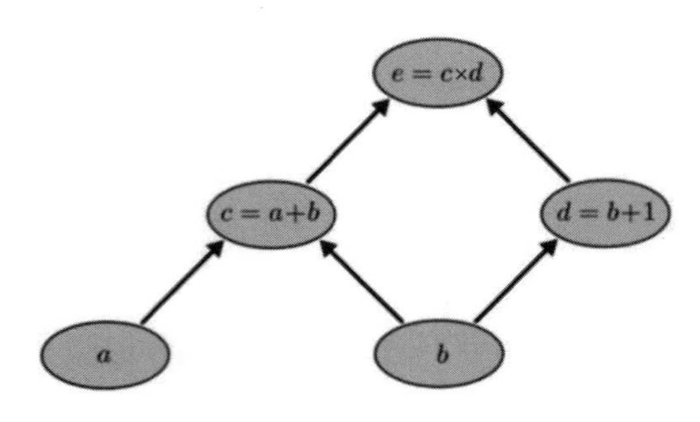

图 4-14　计算偏导数

本例中为了求得最终值 e 对各个点的梯度，需要将各个点与 e 联系在一起，例如期望求得 e 对输入点 a 的梯度，则只需求得：

$$\frac{\partial e}{\partial a}=\frac{\partial e}{\partial c}\times\frac{\partial c}{\partial a}$$

这样就把 e 与 a 的梯度联系在一起了，同理可得：

$$\frac{\partial e}{\partial b}=\frac{\partial e}{\partial c}\times\frac{\partial c}{\partial b}+\frac{\partial e}{\partial d}\times\frac{\partial d}{\partial b}$$

用图表示如图 4-15 所示。

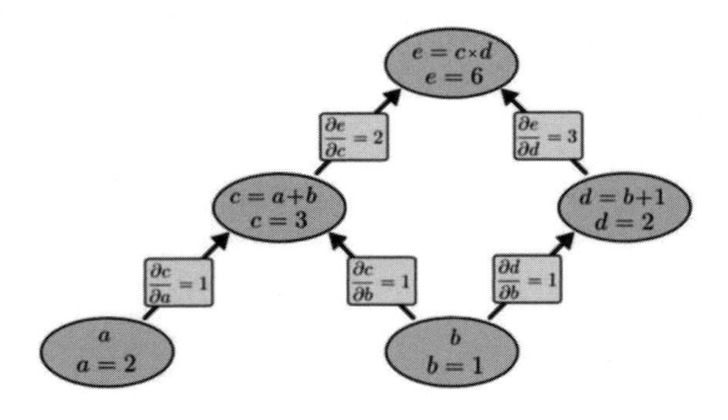

图 4-15　链式法则的应用

这样做的好处是显而易见的，求 e 对 a 的偏导数只要建立一个 e 到 a 的路径，图中经过 c，那么通过相关的求导链接就可以得到所需要的值。对于求 e 对 b 的偏导数，也只需要建立所有 e 到 b 的路径中的求导路径，从而获得需要的值。

4.3.3　反馈神经网络的原理与公式推导

在求导过程中，可能有读者已经注意到，如果拉长了求导过程或者增加了其中的单元，就会大大增加其中的计算过程，即很多偏导数的求导过程会被反复计算，因此在实际应用中对于权值达到十万或者百万以上的神经网络来说，这样的重复冗余所导致的计算量是很大的。

同样是为了求得对权重的更新，反馈神经网络算法将训练误差 E 看作以权重向量每个元素为变量的高维函数，通过不断更新权重寻找训练误差的最低点，按误差函数梯度下降的方向更新权值。

提示： 反馈神经网络算法的具体计算公式在本小节后半部分进行推导。

首先求得最后的输出层与真实值之间的差距，如图 4-16 所示。

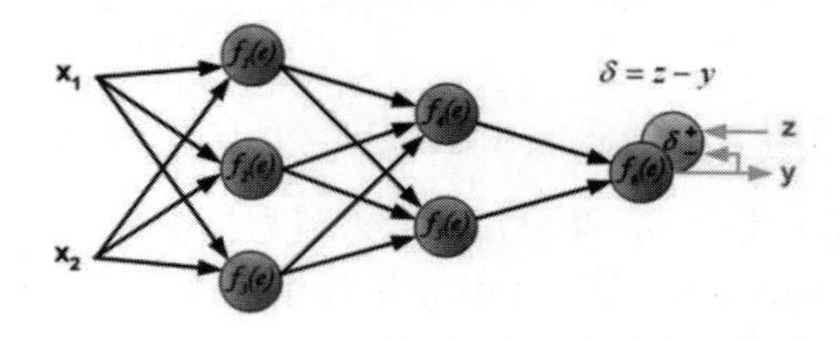

图 4-16　反馈神经网络最终误差的计算

之后以计算出的测量值与真实值为起点，反向传播到上一个节点，并计算出节点的误差值，如图 4-17 所示。

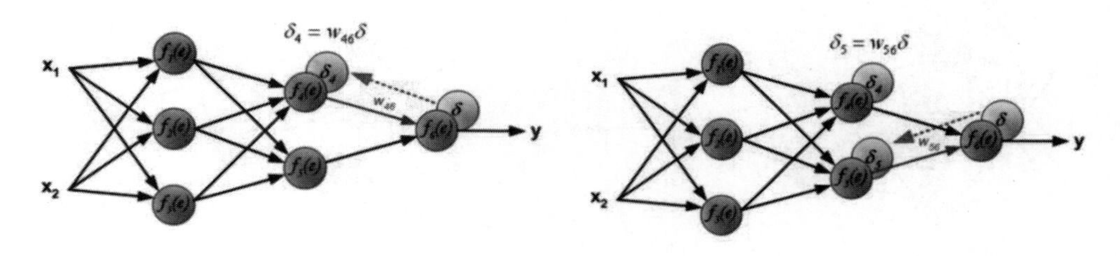

图 4-17　反馈神经网络输出层误差的反向传播

以后将计算出的节点误差重新设置为起点，依次向后传播误差，如图 4-18 所示。

注意： 对于隐藏层，误差并不是像输出层一样由单个节点确定的，而是由多个节点确定的，因此对它的计算要求得所有的误差值之和。

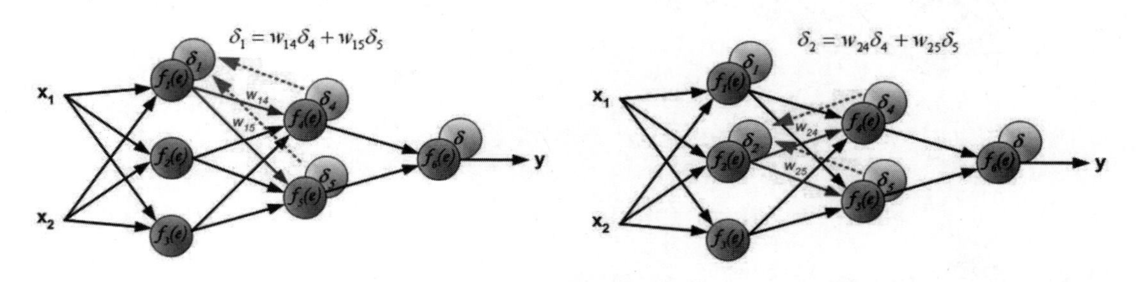

图 4-18　反馈神经网络隐藏层误差的反向传播

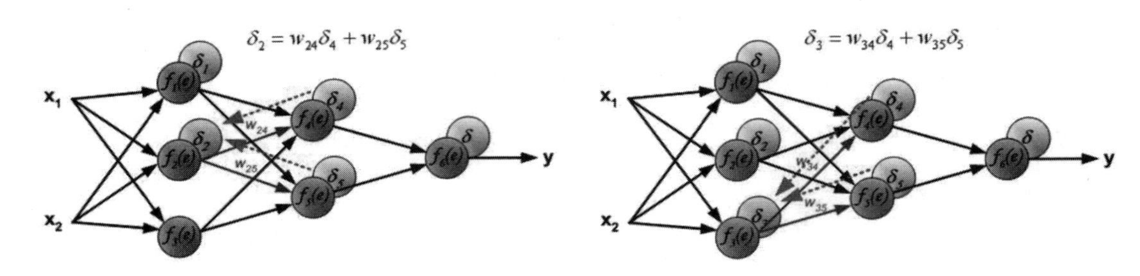

图 4-18　反馈神经网络隐藏层误差的反向传播（续）

通俗地解释，一般情况下误差的产生是由于输入值与权重的计算产生了错误，而输入值往往是固定不变的，因此对于误差的调节，需要对权重进行更新。而权重的更新又是以输入值与真实值的偏差为基础的，当最终层的输出误差被反向一层一层地传递回来后，每个节点都会被相应地分配适合其所处的神经网络地位的误差，即只需要更新其所需承担的误差量，如图 4-19 所示。

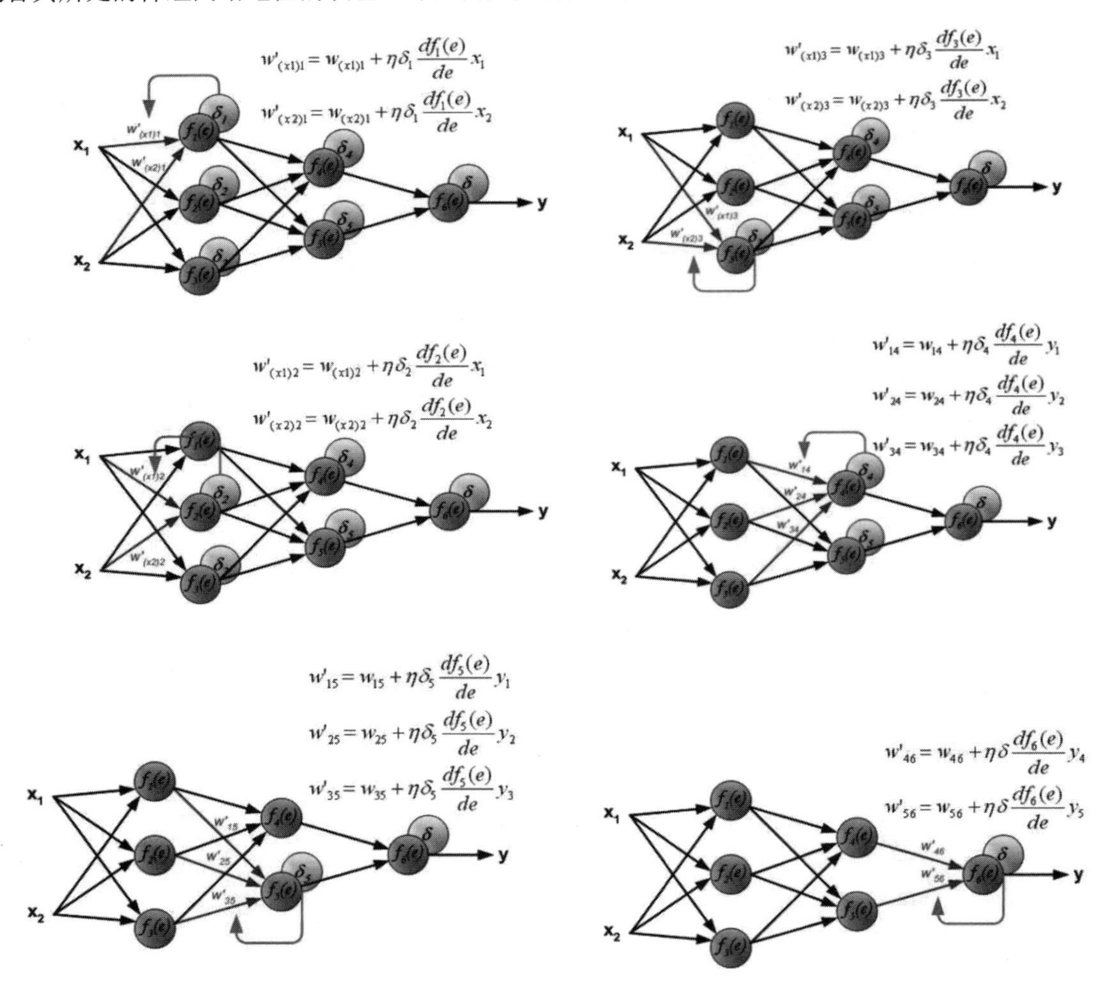

图 4-19　反馈神经网络权重的更新

即在每一层，需要维护输出对当前层的微分值，该微分值相当于被复用于之前每一层中权值的微分计算。因此，空间复杂度没有变化。同时，也没有重复计算，每一个微分值都在之后的迭代中使用。

下面介绍公式的推导。公式的推导需要使用一些高等数学的知识，因此读者可以自由选择学习。

首先进行算法的分析，前面已经讲过，对于反馈神经网络算法，主要需要知道输出值与真实值之间的差值。

- 对于输出层单元，误差项是真实值与模型计算值之间的差值。
- 对于隐藏层单元，由于缺少直接的目标值来计算隐藏层单元的误差，因此需要以间接的方式来计算隐藏层的误差项，对受隐藏层单元影响的每一个单元的误差进行加权求和。
- 权值的更新方面，主要依靠学习速率、该权值对应的输入以及单元的误差项。

1. 前向传播算法

对于前向传播的值传递，隐藏层输出值定义如下：

$$a_h^{Hl} = W_h^{Hl} \times X_i$$
$$b_h^{Hl} = f(a_h^{Hl})$$

其中 X_i 是当前节点的输入值，W_h^{Hl} 是连接到此节点的权重，a_h^{Hl} 是输出值。f 是当前阶段的激活函数，b_h^{Hl} 为当前节点的输入值经过计算后被激活的值。

而对于输出层，定义如下：

$$a_k = \sum W_{hk} \times b_h^{Hl}$$

其中 W_{hk} 为输入的权重，b_h^{Hl} 为将节点输入数据经过计算后的激活值作为输入值。这里将所有输入值进行权重计算后求得的值作为神经网络的最后输出值 a_k。

2. 反向传播算法

与前向传播类似，首先需要定义两个值：δ_k 与 δ_h^{Hl}：

$$\delta_k = \frac{\partial L}{\partial a_k} = (Y - T)$$

$$\delta_h^{Hl} = \frac{\partial L}{\partial a_h^{Hl}}$$

其中 δ_k 为输出层的误差项，其计算值为真实值与模型计算值之间的差值。Y 是计算值，T 是真实值。δ_h^{Hl} 为输出层的误差。

提示：对于 δ_k 与 δ_h^{Hl} 来说，无论定义在哪个位置，都可以看作当前的输出值对于输入值的梯度计算。

通过前面的分析可以知道，所谓的神经网络反馈算法，就是逐层地将最终误差进行分解，即每一层只与下一层打交道，如图4-20所示。那么，据此可以假设每一层均为输出层的前一个层级，通过计算前一个层级与输出层的误差得到权重的更新。

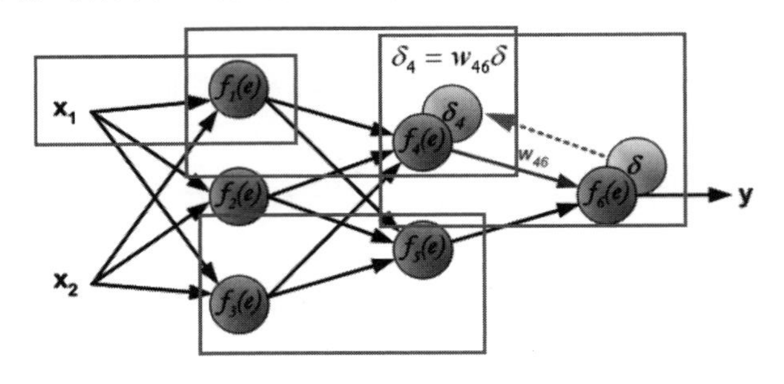

图 4-20　权重的逐层反向传导

因此，反馈神经网络计算公式定义为：

$$
\begin{aligned}
\delta_h^{Hl} &= \frac{\partial L}{\partial a_h^{Hl}} \\
&= \frac{\partial L}{\partial b_h^{Hl}} \times \frac{\partial b_h^{Hl}}{\partial a_h^{Hl}} \\
&= \frac{\partial L}{\partial b_h^{Hl}} \times f'(a_h^{Hl}) \\
&= \frac{\partial L}{\partial a_k} \times \frac{\partial a_k}{\partial b_h^{Hl}} \times f'(a_h^{Hl}) \\
&= \delta_k \times \sum W_{hk} \times f'(a_h^{Hl}) \\
&= \sum W_{hk} \times \delta_k \times f'(a_h^{Hl})
\end{aligned}
$$

即当前层的输出值对误差的梯度可以通过下一层的误差与权重和输入值的梯度乘积获得。若公式 $\sum W_{hk} \times \delta_k \times f'(a_h^{Hl})$ 中的 δ_k 为输出层，则可以通过 $\delta_k = \frac{\partial L}{\partial a_k} = (Y-T)$ 求得，若 δ_k 为非输出层，则可使用逐层反馈的方式求得。

提示： 这里一定要注意，对于 δ_k 与 δ_h^{Hl} 来说，其计算结果都是当前的输出值对于输入值的梯度计算，是权重更新过程中一个非常重要的数据计算内容。

也可以将前面的公式表示为：

$$\delta^l = \sum W_{ij}^l \times \delta_j^{l+1} \times f'(a_i^l)$$

可以看到，通过更为泛化的公式，可以把当前层的输出对输入的梯度计算转换成求下一个层级的梯度计算值。

3. 权重的更新

反馈神经网络计算的目的是对权重的更新，因此与梯度下降算法类似，其更新可以仿照梯度下降对权值的更新公式：

$$\theta=\theta-a(f(\theta)-y_i)x_i$$

即：

$$W_{ji}=W_{ji}+a\times\delta_j^l\times x_{ji}$$

$$b_{ji}=b_{ji}+a\times\delta_j^l$$

其中 ji 表示反向传播时对应的节点系数，通过对 δ_j^l 的计算，就可以更新对应的权重值。W_{ji} 的计算公式如上所示。而对于没有推导的 b_{ji}，其推导过程与 W_{ji} 类似，但是在推导过程中输入值是被消去的，请读者自行学习。

4.3.4 反馈神经网络原理的激活函数

现在回到反馈神经网络的函数：

$$\delta^l=\sum W_{ij}^l\times\delta_j^{l+1}\times f'(a_i^l)$$

对于此公式中的 W_{ij}^l 和 δ_j^{l+1} 以及需要计算的目标 δ^l 已经做了较为详尽的解释。但是一直没有对 $f'(a_i^l)$ 做出介绍。

回到前面生物神经元的图示，传递进来的电信号通过神经元进行传递，由于神经元的突触强弱是有一定的敏感度的，因此只会对超过一定范围的信号进行反馈，即这个电信号必须大于某个阈值，神经元才会被激活引起后续的传递。

在训练模型中同样需要设置神经元的阈值，即神经元被激活的频率用于传递相应的信息，模型中这种能够确定是否为当前神经元节点的函数被称为激活函数，如图 4-21 所示。

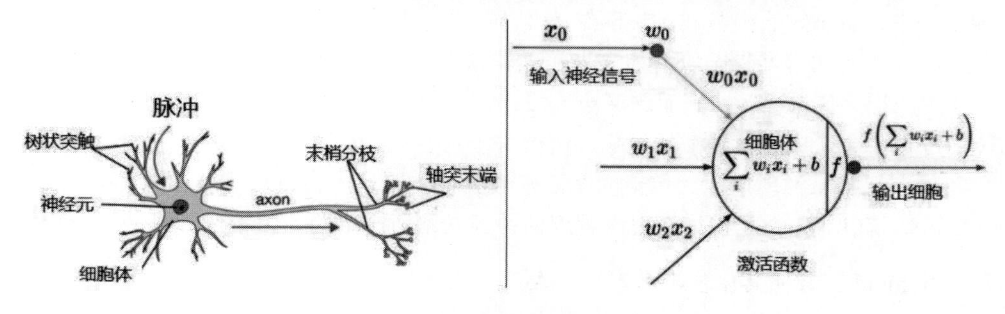

图 4-21　激活函数示意图

激活函数代表了生物神经元中接收到的信号的强度，目前应用范围较广的是 Sigmoid 函数。因为其在运行过程中只接收一个值，所以输出也是一个经过公式计算的值，且其输出值的范围为 0~1。

$$y=\frac{1}{1+\mathrm{e}^{-x}}$$

其图形如图 4-22 所示。

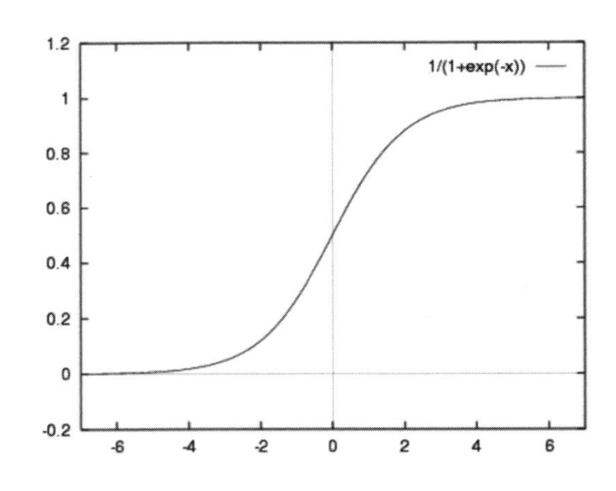

图 4-22　Sigmoid 激活函数图

而其倒函数的求法也较为简单，即：

$$y' = \frac{e^{-x}}{(1+e^{-x})^2}$$

换一种表示方式为：

$$f(x)' = f(x) \times (1 - f(x))$$

Sigmoid 输入一个实值的数，之后将其压缩到 0~1。特别是对于较大值的负数被映射成 0，而大的正数被映射成 1。

顺便讲一下，Sigmoid 函数在神经网络模型中占据了很长时间的统治地位，但是目前已经不常使用，主要原因是其非常容易区域饱和，当输入非常大或者非常小的时候，Sigmoid 会产生一个平缓区域，其中的梯度值几乎为 0，而这又会造成在梯度传播过程中产生接近 0 的传播梯度。这样在后续的传播过程中会造成梯度消散的现象，因此并不适合现代的神经网络模型使用。

除此之外，近年来涌现出了大量新的激活函数模型，例如 Maxout、Tanh 和 ReLU 模型，这些都是为了解决传统的 Sigmoid 模型在更深程度的神经网络所产生的各种不良影响。

提示：Sigmoid 函数的具体使用和影响会在第 5 章详细介绍。

4.3.5　反馈神经网络原理的 Python 实现

经过前面的介绍，读者应该对神经网络的算法和描述有了一定的理解，本小节将使用 Python 代码实现一个反馈神经网络。

为了简化起见，这里的神经网络被设置成三层，即只有一个输入层、一个隐藏层以及最终的输出层。

（1）辅助函数的确定：

```
def rand(a, b):
    return (b - a) * random.random() + a
```

```
def make_matrix(m,n,fill=0.0):
   mat = []
   for i in range(m):
      mat.append([fill] * n)
   return mat
def sigmoid(x):
   return 1.0 / (1.0 + math.exp(-x))
def sigmod_derivate(x):
   return x * (1 - x)
```

代码首先定义了随机值，使用 random 包中的 random 函数生成了一系列随机数，之后的 make_matrix 函数生成了相对应的矩阵。sigmoid 和 sigmod_derivate 分别是激活函数和激活函数的导函数。这也是前文所定义的内容。

（2）进入 BP 神经网络类的正式定义，类的定义需要对数据进行内容的设定。

```
def __init__(self):
   self.input_n = 0
   self.hidden_n = 0
   self.output_n = 0
   self.input_cells = []
   self.hidden_cells = []
   self.output_cells = []
   self.input_weights = []
   self.output_weights = []
```

init 函数是数据内容的初始化，即在其中设置了输入层、隐藏层以及输出层中节点的个数；各个 cell 数据是各个层中节点的数值；weights 数据代表各个层的权重。

（3）使用 setup 函数对 init 函数中设定的数据进行初始化。

```
   def setup(self,ni,nh,no):
      self.input_n = ni + 1
      self.hidden_n = nh
      self.output_n = no
      self.input_cells = [1.0] * self.input_n
      self.hidden_cells = [1.0] * self.hidden_n
      self.output_cells = [1.0] * self.output_n
      self.input_weights = make_matrix(self.input_n,self.hidden_n)
      self.output_weights = make_matrix(self.hidden_n,self.output_n)
      # random activate
      for i in range(self.input_n):
         for h in range(self.hidden_n):
            self.input_weights[i][h] = rand(-0.2, 0.2)
      for h in range(self.hidden_n):
         for o in range(self.output_n):
            self.output_weights[h][o] = rand(-2.0, 2.0)
```

需要注意，输入层节点的个数被设置成 ni+1，这是由于其中包含 bias 偏置数；各个节点与 1.0 相乘是初始化节点的数值；各个层的权重值根据输入层、隐藏层以及输出层中节点的个数被初始化并被赋值。

（4）定义完各个层的数目后，下面进入正式的神经网络内容的定义。首先是对神经网络前向的计算。

```
def predict(self,inputs):
    for i in range(self.input_n - 1):
        self.input_cells[i] = inputs[i]
    for j in range(self.hidden_n):
        total = 0.0
        for i in range(self.input_n):
            total += self.input_cells[i] * self.input_weights[i][j]
        self.hidden_cells[j] = sigmoid(total)
    for k in range(self.output_n):
        total = 0.0
        for j in range(self.hidden_n):
            total += self.hidden_cells[j] * self.output_weights[j][k]
        self.output_cells[k] = sigmoid(total)
    return self.output_cells[:]
```

代码段中将数据输入函数中，通过隐藏层和输出层的计算，最终以数组的形式输出。案例的完整代码如下。

【程序 4-3】

```
import numpy as np
import math
import random
def rand(a, b):
    return (b - a) * random.random() + a
def make_matrix(m,n,fill=0.0):
    mat = []
    for i in range(m):
        mat.append([fill] * n)
    return mat
def sigmoid(x):
    return 1.0 / (1.0 + math.exp(-x))
def sigmod_derivate(x):
    return x * (1 - x)
class BPNeuralNetwork:
    def __init__(self):
        self.input_n = 0
        self.hidden_n = 0
        self.output_n = 0
        self.input_cells = []
        self.hidden_cells = []
```

```
        self.output_cells = []
        self.input_weights = []
        self.output_weights = []
    def setup(self,ni,nh,no):
        self.input_n = ni + 1
        self.hidden_n = nh
        self.output_n = no
        self.input_cells = [1.0] * self.input_n
        self.hidden_cells = [1.0] * self.hidden_n
        self.output_cells = [1.0] * self.output_n
        self.input_weights = make_matrix(self.input_n,self.hidden_n)
        self.output_weights = make_matrix(self.hidden_n,self.output_n)
        # random activate
        for i in range(self.input_n):
            for h in range(self.hidden_n):
                self.input_weights[i][h] = rand(-0.2, 0.2)
        for h in range(self.hidden_n):
            for o in range(self.output_n):
                self.output_weights[h][o] = rand(-2.0, 2.0)
    def predict(self,inputs):
        for i in range(self.input_n - 1):
            self.input_cells[i] = inputs[i]
        for j in range(self.hidden_n):
            total = 0.0
            for i in range(self.input_n):
                total += self.input_cells[i] * self.input_weights[i][j]
            self.hidden_cells[j] = sigmoid(total)
        for k in range(self.output_n):
            total = 0.0
            for j in range(self.hidden_n):
                total += self.hidden_cells[j] * self.output_weights[j][k]
            self.output_cells[k] = sigmoid(total)
        return self.output_cells[:]
    def back_propagate(self,case,label,learn):
        self.predict(case)
        #计算输出层的误差
        output_deltas = [0.0] * self.output_n
        for k in range(self.output_n):
            error = label[k] - self.output_cells[k]
            output_deltas[k] = sigmod_derivate(self.output_cells[k]) * error
        #计算隐藏层的误差
        hidden_deltas = [0.0] * self.hidden_n
        for j in range(self.hidden_n):
            error = 0.0
            for k in range(self.output_n):
                error += output_deltas[k] * self.output_weights[j][k]
            hidden_deltas[j] = sigmod_derivate(self.hidden_cells[j]) * error
        #更新输出层的权重
```

```
        for j in range(self.hidden_n):
            for k in range(self.output_n):
                self.output_weights[j][k] += learn * output_deltas[k] *
self.hidden_cells[j]
        #更新隐藏层的权重
        for i in range(self.input_n):
            for j in range(self.hidden_n):
                self.input_weights[i][j] += learn * hidden_deltas[j] *
self.input_cells[i]
        error = 0
        for o in range(len(label)):
            error += 0.5 * (label[o] - self.output_cells[o]) ** 2
        return error
    def train(self,cases,labels,limit = 100,learn = 0.05):
        for i in range(limit):
            error = 0
            for i in range(len(cases)):
                label = labels[i]
                case = cases[i]
                error += self.back_propagate(case, label, learn)
        pass
    def test(self):
        cases = [
            [0, 0],
            [0, 1],
            [1, 0],
            [1, 1],
        ]
        labels = [[0], [1], [1], [0]]
        self.setup(2, 5, 1)
        self.train(cases, labels, 10000, 0.05)
        for case in cases:
            print(self.predict(case))
if __name__ == '__main__':
    nn = BPNeuralNetwork()
    nn.test()
```

4.4 本章小结

本章是深度学习最为基础的内容，向读者完整地介绍了深度学习的基础起始知识——BP 神经网络的原理和实现，可以说深度学习所有的后续发展都是基于对 BP 神经网络的修正而来的。

在后续章节中，作者会带领读者了解更多的神经网络。

第 5 章 基于 PyTorch 卷积层的 MNIST 分类实战

第 3 章使用多层感知机完成了 MNIST 分类实战的演示。多层感知机是一种基于对目标数据整体分类的计算方法，虽然从演示效果来看，多层感知机可以较好地完成项目目标，对数据进行完整的分类。但是使用多层感知机需要在模型中使用大规模的参数，同时由于多层感知机是对数据进行总体性的处理，从而无可避免地会忽略数据局部特征的处理和掌握，因此，我们需要一种新的能够对输入数据的局部特征进行抽取和计算的工具，如图 5-1 所示。

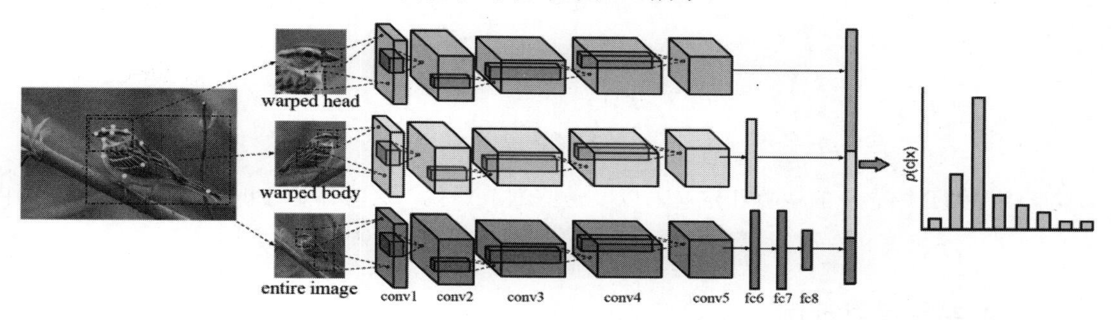

图 5-1　对输入数据的局部特征进行抽取和计算

卷积神经网络是从信号处理衍生过来的一种对数字信号处理的方式，发展到图像信号处理上演变成一种专门用来处理具有矩阵特征的网络结构处理方式。卷积神经网络在很多应用上都有独特的优势，甚至可以说是无可比拟的优势，例如音频的处理和图像的处理。

本章将首先介绍什么是卷积神经网络，卷积实际上是一种不太复杂的数学运算，即一种特殊的线性运算形式。然后会介绍“池化”这一概念，这是卷积神经网络中必不可少的操作。另外，为了消除过拟合，还会介绍 drop-out 这一常用的方法。这些是让卷积神经网络运行得更加高效的常用方法。

5.1 卷积运算的基本概念

在数字图像处理中有一种基本的处理方法——线性滤波。它将待处理的二维数字看作一个大型矩阵，图像中的每个像素可以看作矩阵中的每个元素，像素的大小就是矩阵中的元素值。

而使用的滤波工具是另一个小型矩阵，这个矩阵被称为卷积核。卷积核的大小远小于图像矩阵，而具体的计算方式就是对于图像大矩阵中的每个像素，计算其周围的像素和卷积核对应位置的乘积，之后将结果相加，最终得到的值就是该像素的值，这样就完成了一次卷积。最简单的图像卷积方式如图 5-2 所示。

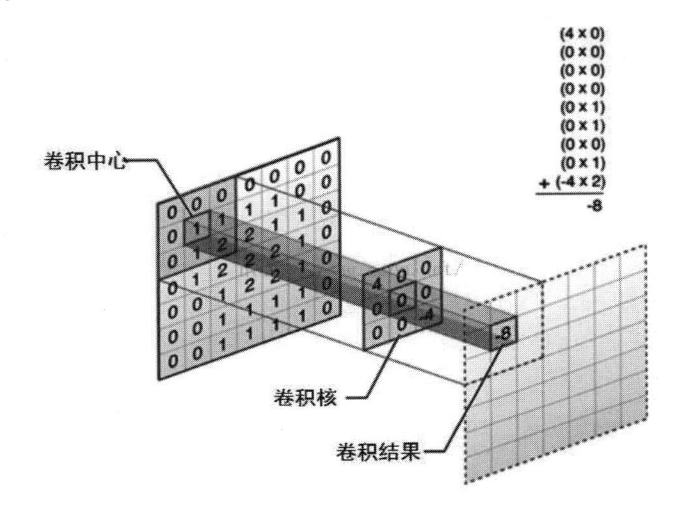

图 5-2　卷积运算

本节将详细介绍卷积的运算和定义，以及一些细节调整，这些都是卷积使用中必不可少的内容。

5.1.1 基本卷积运算示例

前面已经讲过了，卷积实际上是使用两个大小不同的矩阵进行的一种数学运算。为了便于读者理解，我们从一个例子开始介绍。

对高速公路上的跑车位置进行追踪，这是卷积神经网络图像处理的一个非常重要的应用。摄像头接收到的信号被计算为 $x(t)$，表示跑车在路上时刻 t 的位置。

但是实际的处理没那么简单，因为在自然界无时无刻不面临各种影响和摄像头传感器的滞后。因此，为了得到跑车位置的实时数据，采用的方法就是对测量结果进行均值化处理。对于运动中的目标，采样时间越长，由于滞后性的原因，定位的准确率越低，而采样时间越短，越接近真实值。因此，可以对不同的时间段赋予不同的权重，即通过一个权值定义来计算，表示为：

$$s(t)=\int x(a)\omega(t-a)\mathrm{d}a$$

这种运算方式被称为卷积运算。换个符号表示为：

$$s(t) = (x * \omega)(t)$$

在卷积公式中，第一个参数 x 被称为输入数据，而第二个参数 ω 被称为核函数，$s(t)$ 是输出，即特征映射。

对于稀疏矩阵来说，卷积网络具有稀疏性，即卷积核的大小远远小于输入数据矩阵的大小。例如，当输入一个图片信息时，数据的大小可能为上万的结构，但是使用的卷积核只有几十，这样能够在计算后获取更少的参数特征，极大地减少后续的计算量。稀疏矩阵如图 5-3 所示。

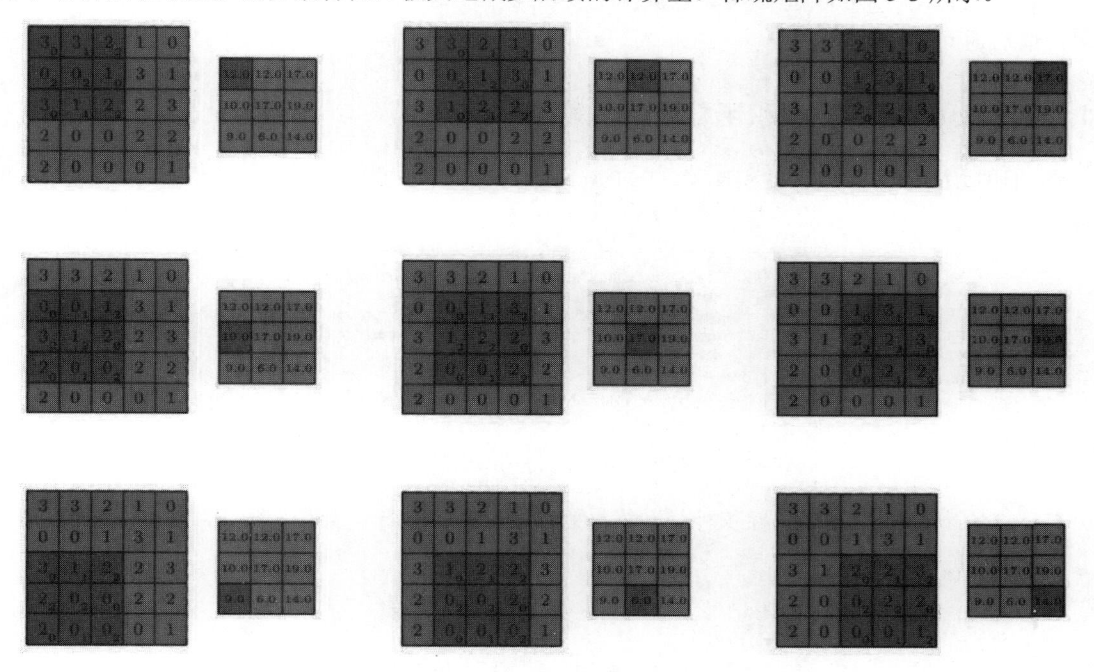

图 5-3　稀疏矩阵

在传统的神经网络中，每个权重只对其连接的输入输出起作用，当其连接的输入输出元素结束后就不会再用到。而参数共享指的是在卷积神经网络中，核的每一个元素都被用在输入的每一个位置上，在这个过程中只需学习一个参数集合，就能把这个参数应用到所有的图片元素中。卷积计算示例代码如下：

```
import struct
import matplotlib.pyplot as plt
import  numpy as np
dateMat = np.ones((7,7))
kernel = np.array([[2,1,1],[3,0,1],[1,1,0]])
def convolve(dateMat,kernel):
    m,n = dateMat.shape
    km,kn = kernel.shape
    newMat = np.ones(((m - km + 1),(n - kn + 1)))
    tempMat = np.ones(((km),(kn)))
    for row in range(m - km + 1):
        for col in range(n - kn + 1):
```

```
            for m_k in range(km):
                for n_k in range(kn):
                    tempMat[m_k,n_k] = dateMat[(row + m_k),(col + n_k)] *
kernel[m_k,n_k]
            newMat[row,col] = np.sum(tempMat)
    return newMat
```

上面代码使用 Python 基础运算包实现了卷积操作，这里卷积核从左到右、从上到下进行卷积计算，最后返回新的矩阵。

5.1.2 PyTorch 2.0 中卷积函数实现详解

前面通过 Python 实现了卷积计算，PyTorch 为了框架计算的迅捷，同样使用了专门的高级 API 函数 Conv2d(Conv)作为卷积计算函数，如图 5-4 所示。

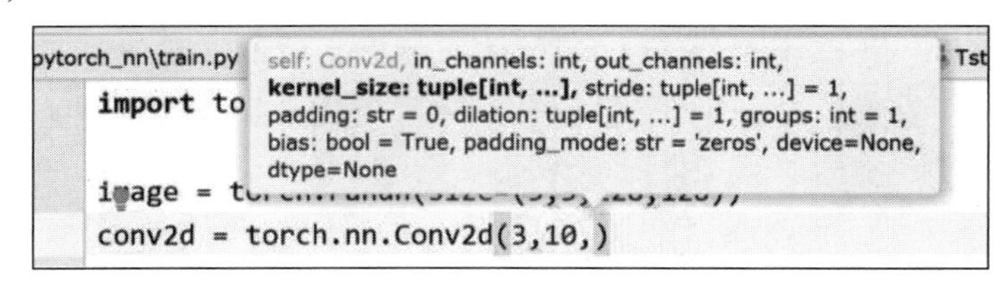

图 5-4　使用 Conv2d(Conv)作为卷积计算函数

Conv2d(Conv)函数是搭建卷积神经网络最为核心的函数之一，其说明如下：

```
class Conv2d(_ConvNd):
    …
    def __init__(
        self, in_channels: int, out_channels: int, kernel_size: _size_2_t,
        stride: _size_2_t = 1, padding: Union[str, _size_2_t] = 0,
        dilation: _size_2_t = 1,groups: int = 1,
        bias: bool = True,
        padding_mode: str = 'zeros',  # TODO: refine this type
        device=None,
        dtype=None
    ) -> None:
```

Conv2d 是 PyTorch 的卷积层自带的函数，最重要的 5 个参数如下：

- in_channels：输入的卷积核数目。
- out_channels：输出的卷积核数目。
- kernel_size：卷积核大小，它要求是一个输入向量，具有[filter_height, filter_width]这样的维度，具体含义是[卷积核的高度，卷积核的宽度]，要求类型与参数input相同。
- strides：步进大小，卷积时在图像每一维的步长，这是一个一维的向量，第一维和第四维默认为1，而第三维和第四维分别是平行和竖直滑行的步进长度。
- padding：填充方式，int类型的量，只能是1或0，这个值决定了不同的卷积方式。

一个使用卷积计算的示例如下：

```
import torch
image = torch.randn(size=(5,3,128,128))
#下面是定义的卷积层示例
"""
输入维度：3
输出维度：10
卷积核大小：基本写法是[3,3]，这里简略写法 3 代表卷积核的长和宽大小一致
步长：2
补偿方式：维度不变补偿
"""
conv2d = torch.nn.Conv2d(3,10,kernel_size=3,stride=1,padding=1)
image_new = conv2d(image)
print(image_new.shape)
```

上面的代码段展示了一个使用TensorFlow 高级API进行卷积计算的例子，在这里随机生成了5个[3,128,128]大小的矩阵，之后使用 1 个大小为[3,3]的卷积核对其进行计算，打印结果如下：

```
torch.Size([5, 10, 128, 128])
```

可以看到，这是计算后生成的新图形，其大小根据设置没有变化，这是由于我们所使用的padding 补偿方式将其按原有大小进行补偿。具体来说，这是由于卷积在工作时，边缘被处理消失，因此生成的结果小于原有的图像。

但是有时需要生成的卷积结果和原输入矩阵的大小一致，因此需要将参数 padding 的值设为 1，此时表示图像边缘将由一圈 0 补齐，使得卷积后的图像大小和输入大小一致，示意如图 5-5 所示。

```
00000000000
0 xxxxxxxxx 0
0 xxxxxxxxx 0
0 xxxxxxxxx 0
00000000000
```

图 5-5　示意图

从图中可以看到，这里 x 是图片的矩阵信息，外面一圈是补齐的 0，0 在卷积处理时对最终结果没有任何影响。这里略微对其进行修改，更多的参数调整请读者自行调试。

下面我们修改一下卷积核 stride，也就是步进的大小，代码如下：

```
import torch
image = torch.randn(size=(5,3,128,128))
conv2d = torch.nn.Conv2d(3,10,kernel_size=3,stride=2,padding=1)
image_new = conv2d(image)
print(image_new.shape)
```

我们使用同样大小的输入数据修正了卷积层的步进距离，最终结果如下：

```
torch.Size([5, 10, 64, 64])
```

下面对这个情况进行总结，经过卷积计算后，图像的大小变化可以由如下公式进行确定：

$$N=(W-F+2P)//S+1$$

- 输入图片大小为$W\times W$。
- Filter大小为$F\times F$。
- 步长为S。
- padding的像素数为P，一般情况下P=1或0（参考PyTorch）。

把上述数据代入公式可得（注意取模计算）：

$$N=(128-3+2)//2+1$$

需要注意的是，在这里是取模计算，因此127//2 = 63。

5.1.3 池化运算

在通过卷积获得了特征（Feature）之后，下一步利用这些特征进行分类。理论上讲，人们可以用所有提取到的特征来训练分类器，例如推导 Softmax 推导分类器，但这样做会面临计算量的挑战。因此，为了降低计算量，我们尝试利用神经网络的“参数共享”这一特性。

这也就意味着在一个图像区域有用的特征极有可能在另一个区域同样适用。因此，为了描述大的图像，一个很自然的想法就是对不同位置的特征进行聚合统计，例如特征提取可以计算图像一个区域上的某个特定特征的平均值（或最大值）。这些概要统计特征不仅具有低得多的维度（相比使用所有提取得到的特征），还会改善结果（不容易过拟合）。这种聚合的操作就叫作池化（Pooling），有时也称为平均池化或者最大池化（取决于计算池化的方法）。

例如，特征提取可以计算图像一个区域上的某个特定特征的平均值（或最大值），如图 5-6 所示。

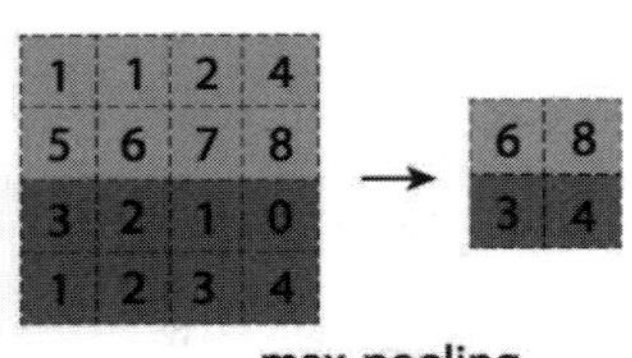

图 5-6　max-pooling 后的图片

如果选择图像中的连续范围作为池化区域，并且只是池化相同（重复）的隐藏单元产生的特征，那么这些池化单元就具有平移不变性（Translation Invariant）。这就意味着即使图像经历了一个小的平移，依然会产生相同的（池化的）特征。在很多任务（例如物体检测、声音识别）中，我们都更希望得到具有平移不变性的特征，因为即使图像经过了平移，样例（图像）的标记仍然保持不变。

在 PyTorch 2.0 中，池化运算的函数如下：

```
class AvgPool2d(_AvgPoolNd):
    ...
    def __init__(self, kernel_size: _size_2_t, stride: Optional[_size_2_t] =
```

```
None, padding: _size_2_t = 0, ceil_mode: bool = False, count_include_pad: bool =
True, divisor_override: Optional[int] = None) -> None:
```

重要的参数如下：

- kernel_size：池化窗口的大小，默认大小一般是[2, 2]。
- strides：和卷积类似，窗口在每一个维度上滑动的步长，默认大小一般是[2,2]。
- padding：和卷积类似，可以取1或0，返回一个Tensor，类型不变，shape仍然是[batch, channel,height, width]这种形式。

池化的一个非常重要的作用是能够帮助输入的数据表示近似不变性。平移不变性指的是对输入的数据进行少量平移时，经过池化后的输出结果并不会发生改变。局部平移不变性是一个很有用的性质，尤其是当关心某个特征是否出现而不关心它出现的具体位置时。

例如，当判定一幅图像中是否包含人脸时，并不需要判定眼睛的位置，只需要知道有一只眼睛出现在脸部的左侧，另一只眼睛出现在脸部的右侧就可以了。使用池化层的代码如下：

```
import torch
image = torch.randn(size=(5,3,28,28))
pool = torch.nn.AvgPool2d(kernel_size=3,stride=2,padding=0)
image_pooled = pool(image)
print(image_pooled.shape)
```

除此之外，PyTorch 2.0 中还提供了一种新的池化层——全局池化层，使用方法如下：

```
import torch
image = torch.randn(size=(5,3,28,28))
image_pooled = torch.nn.AdaptiveAvgPool2d(1)(image)
print(image_pooled.shape)
```

这个函数的作用是对输入的图形进行全局池化，也就是在每个 channel 上对图形整体进行归一化的池化计算，结果请读者自行打印验证。

5.1.4 Softmax 激活函数

Softmax 函数在前面已经介绍过了，并且笔者使用 NumPy 自定义实现了 Softmax 模型的功能和函数。Softmax 是一个对概率进行计算的模型，因为在真实的计算模型系统中，对一个实物的判定并不是 100%的，而是只有一定的概率，并且在所有的结果标签上都可以求出一个概率。

$$f(x)=\sum_{i}^{j} w_{ij}x_j + b$$

$$\text{Softmax}=\frac{e^{x_i}}{\sum_{0}^{j} e^{x_j}}$$

$$y=\text{Softmax}(f(x))=\text{Softmax}(w_{ij}x_j + b)$$

其中第一个公式是人为定义的训练模型，这里采用输入数据与权重的乘积并加上一个偏置 b 的方式。偏置 b 存在的意义是加上一定的噪声。

对于求出的 $f(x)=\sum_{i}^{j} w_{ij}x_j+b$，Softmax 的作用是将其转换成概率。换句话说，这里的 Softmax 可以被看作一个激励函数，将计算的模型输出转换为在一定范围内的数值，并且在总体中这些数值的和为 1，而每个单独的数据结果都有其特定的概率分布。

用更为正式的语言表述，就是 Softmax 是模型函数定义的一种形式：把输入值当成幂指数求值，再正则化这些结果值。而这个幂运算表示更大的概率计算结果对应更大的假设模型里面的乘数权重值。反之，拥有更少的概率计算结果意味着在假设模型里面拥有更小的乘数权重值。

假设模型中的权值不可以是 0 或者负值。softmax 会正则化这些权重值，使它们的总和等于 1，以此构造一个有效的概率分布。

对于最终的公式 s 来说，可以将其认为是如图 5-7 所示的形式。

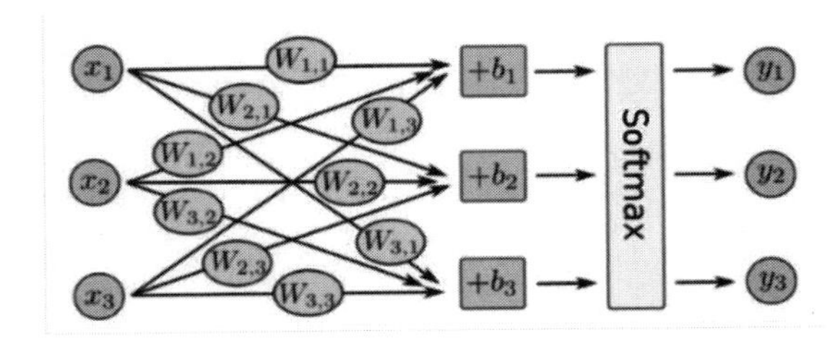

图 5-7　Softmax 的计算形式

图 5-5 演示了 Softmax 的计算公式，这实际上就是对输入的数据与权重的乘积进行 Softmax 计算得到的结果。将其用数学方法表示如图 5-8 所示。

$$\begin{bmatrix} y_1 \\ y_2 \\ y_3 \end{bmatrix} = \text{Softmax}\left(\begin{bmatrix} W_{1,1} & W_{1,2} & W_{1,3} \\ W_{2,1} & W_{2,2} & W_{2,3} \\ W_{3,1} & W_{3,2} & W_{3,3} \end{bmatrix} \cdot \begin{bmatrix} x_1 \\ x_2 \\ x_3 \end{bmatrix} + \begin{bmatrix} b_1 \\ b_2 \\ b_3 \end{bmatrix} \right)$$

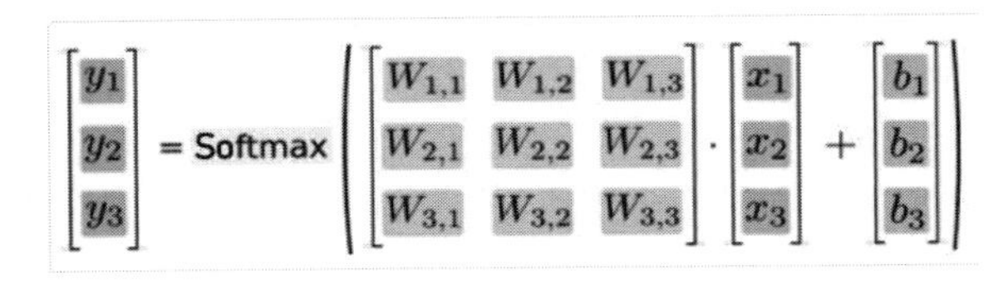

图 5-8　Softmax 矩阵表示

将这个计算过程用矩阵的形式表示出来，即矩阵乘法和向量加法，这样有利于使用 TensorFlow 内置的数学公式进行计算，可以极大地提高程序的效率。

5.1.5　卷积神经网络的原理

前面介绍了卷积运算的基本原理和概念，从本质上来说，卷积神经网络就是将图像处理中的二维离散卷积运算和神经网络相结合。这种卷积运算可以用于自动提取特征，而卷积神经网络主要应用于二维图像的识别。下面采用图示的方法更加直观地介绍卷积神经网络的工作原理。

一个卷积神经网络一般包含一个输入层、一个卷积层和一个输出层，但是在真正使用的时候会使用多层卷积神经网络不断地提取特征，特征越抽象，越有利于识别（分类）。通常卷积神经网络包含池化层、全连接层，最后接输出层。

图 5-9 展示了一幅图片进行卷积神经网络处理的过程。其中主要包含 4 个步骤：

（1）图像输入层：获取输入的数据图像。

（2）卷积层：对图像特征进行提取。

（3）池化 Pooling 层：用于缩小在卷积时获取的图像特征。

（4）全连接层：用于对图像进行分类。

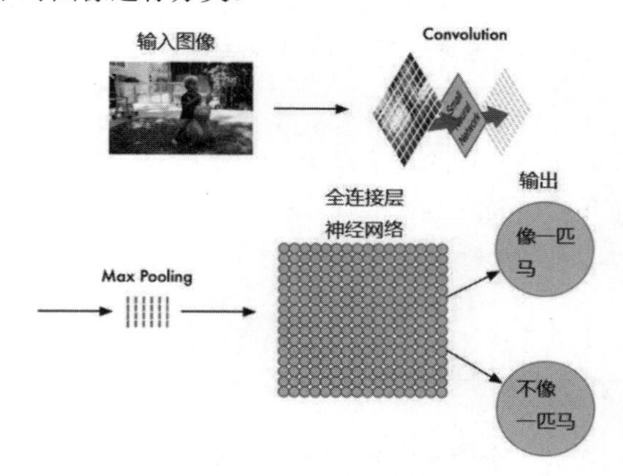

图 5-9 卷积神经网络处理图像的步骤

这几个步骤依次进行，分别具有不同的作用。经过卷积层的图像被卷积核提取后获得分块的、同样大小的图片，如图 5-10 所示。

图 5-10 卷积处理的分解图像

可以看到，经过卷积处理后的图像被分为若干幅大小相同的、只具有局部特征的图片。图5-11表示对分解后的图片使用一个小型神经网络进行进一步的处理，即将二维矩阵转换成一维数组。

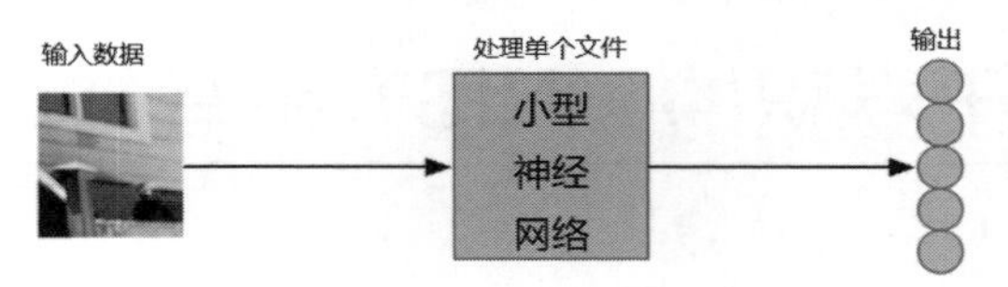

图 5-11 分解后图像的处理

需要说明的是，在这个步骤，也就是对图片进行卷积化处理时，卷积算法对所有分解后的局部特征进行同样的计算，这个步骤称为权值共享。这样做的依据如下：

- 对图像等数组数据来说，局部数组的值经常是高度相关的，可以形成容易被探测到的独特的局部特征。
- 图像和其他信号的局部统计特征与其位置是不太相关的，如果特征图能在图片的一个部分出现，那么也能出现在其他地方。所以不同位置的单元共享同样的权重，并在数组的不同部分探测相同的模式。

在数学上，这种由一个特征图执行的过滤操作是一个离散的卷积，卷积神经网络由此得名。

池化层的作用是对获取的图像特征进行缩减，从前面的例子中可以看到，使用[2,2]大小的矩阵来处理特征矩阵，使得原有的特征矩阵可以缩减到 1/4 大小，特征提取的池化效应如图 5-12 所示。

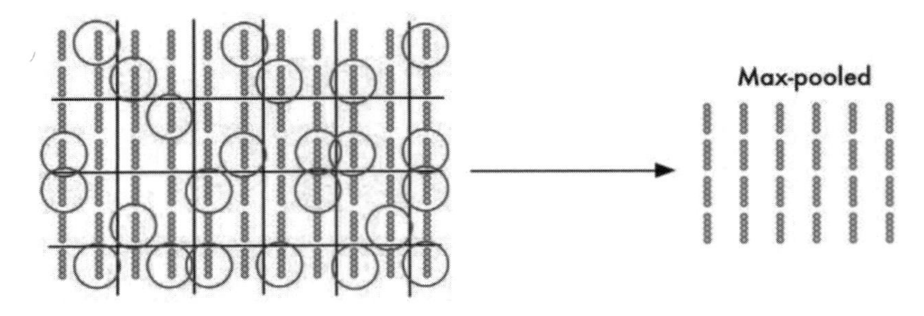

图 5-12　池化处理后的图像

经过池化处理后的矩阵作为下一层神经网络的输入，使用一个全连接层对输入的数据进行分类计算（见图 5-13），从而计算出这个图像对应位置最大的概率类别。

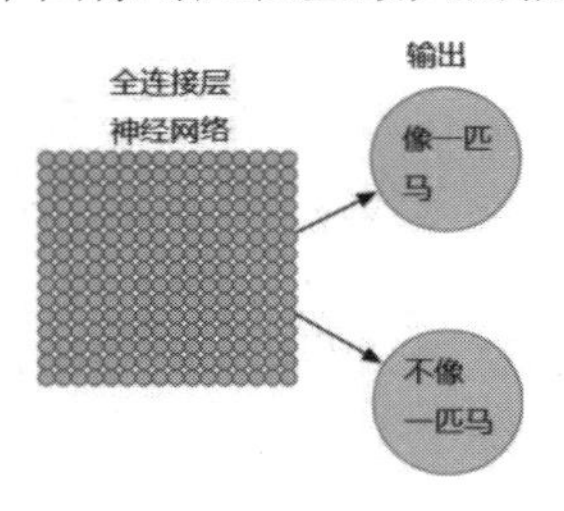

图 5-13　全连接层判断

采用较为通俗的语言概括，卷积神经网络是一个层级递增的结构，也可以将其认为是一个人在读报纸，首先一字一句地读取，之后整段地理解，最后获得全文的表述。卷积神经网络也是从边缘、结构和位置等一起感知物体的形状。

5.2　实战：基于卷积的 MNIST 手写体分类

前面实现了基于多层感知机的 MNIST 手写体识别，本章将实现以卷积神经网络完成的 MNIST 手写体识别。

5.2.1　数据准备

在本例中，依旧使用 MNIST 数据集，对这个数据集的数据和标签介绍，前面的章节已详细说明过了，相对于前面章节直接对数据进行“折叠”处理，这里需要显式地标注出数据的通道，代码如下：

```
import numpy as np
import einops.layers.torch as elt
#载入数据
x_train = np.load("../dataset/mnist/x_train.npy")
y_train_label = np.load("../dataset/mnist/y_train_label.npy")
x_train = np.expand_dims(x_train,axis=1)    #在指定维度上进行扩充
print(x_train.shape)
```

这里是对数据的修正，np.expand_dims 的作用是在指定维度上进行扩充，这里在第二维（也就是 PyTorch 的通道维度）进行扩充，结果如下：

```
(60000, 1, 28, 28)
```

5.2.2　模型设计

下面使用 PyTorch 2.0 框架对模型进行设计，在本例中将使用卷积层对数据进行处理，完整的模型如下：

```
import torch
import torch.nn as nn
import numpy as np
import einops.layers.torch as elt
class MnistNetword(nn.Module):
    def __init__(self):
        super(MnistNetword, self).__init__()
        #前置的特征提取模块
        self.convs_stack = nn.Sequential(
            nn.Conv2d(1,12,kernel_size=7),    #第一个卷积层
            nn.ReLU(),
            nn.Conv2d(12,24,kernel_size=5),   #第二个卷积层
            nn.ReLU(),
            nn.Conv2d(24,6,kernel_size=3)     #第三个卷积层
        )
        #最终分类器层
        self.logits_layer = nn.Linear(in_features=1536,out_features=10)
    def forward(self,inputs):
        image = inputs
        x = self.convs_stack(image)
        #elt.Rearrange 的作用是对输入数据的维度进行调整，读者可以使用 torch.nn.Flatten
函数完成此工作
        x = elt.Rearrange("b c h w -> b (c h w)")(x)
        logits = self.logits_layer(x)
```

```
        return logits
model = MnistNetword()
torch.save(model,"model.pth")
```

这里首先设定了 3 个卷积层作为前置的特征提取层，最后一个全连接层作为分类器层，需要注意的是，对于分类器的全连接层，输入维度需要手动计算，当然读者可以一步一步尝试打印特征提取层的结果，依次将结果作为下一层的输入维度。最后对模型进行保存，读者可以使用前面章节中介绍的 Netro 软件对维度进行展示，结果如图 5-14 所示。

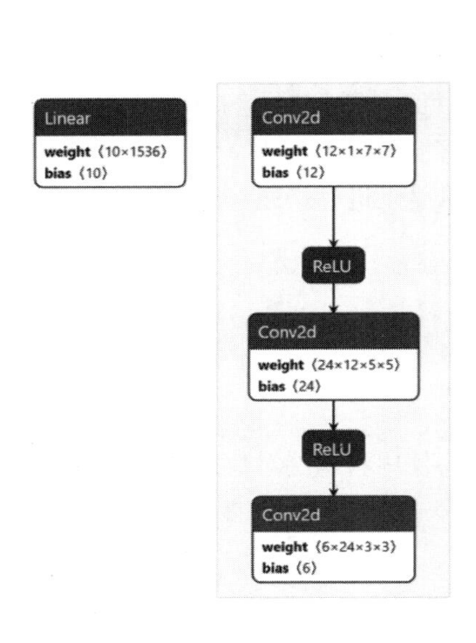

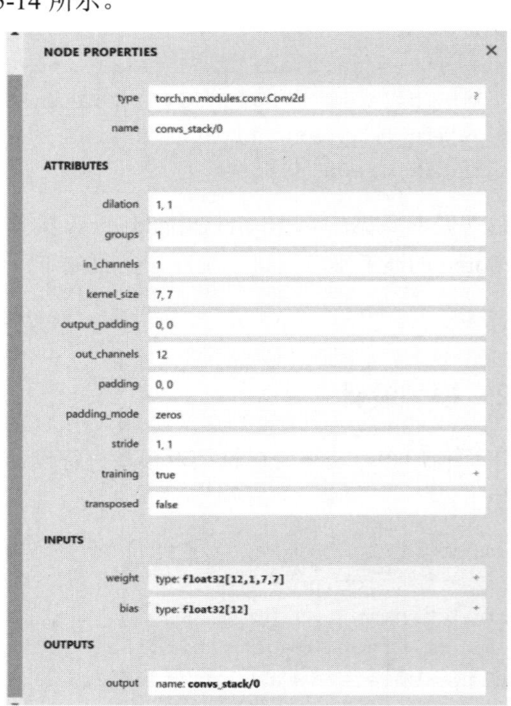

图 5-14　使用 Netro 软件对维度进行展示

可以可视化地看到整体模型的结构与显示，这里对每个维度都进行了展示，感兴趣的读者可以自行查阅。

5.2.3　基于卷积的 MNIST 分类模型

下面进入本章的最后示例部分，也就是 MNIST 手写体的分类。完整的训练代码如下：

```
import torch
import torch.nn as nn
import numpy as np
import einops.layers.torch as elt
#载入数据
x_train = np.load("../dataset/mnist/x_train.npy")
y_train_label = np.load("../dataset/mnist/y_train_label.npy")
x_train = np.expand_dims(x_train,axis=1)
```

```
print(x_train.shape)
class MnistNetword(nn.Module):
    def __init__(self):
        super(MnistNetword, self).__init__()
        self.convs_stack = nn.Sequential(
            nn.Conv2d(1,12,kernel_size=7),
            nn.ReLU(),
            nn.Conv2d(12,24,kernel_size=5),
            nn.ReLU(),
            nn.Conv2d(24,6,kernel_size=3)
        )
        self.logits_layer = nn.Linear(in_features=1536,out_features=10)
    def forward(self,inputs):
        image = inputs
        x = self.convs_stack(image)
        x = elt.Rearrange("b c h w -> b (c h w)")(x)
        logits = self.logits_layer(x)
        return logits
device = "cuda" if torch.cuda.is_available() else "cpu"
#注意记得将model 发送到 GPU 计算
model = MnistNetword().to(device)
model = torch.compile(model)
loss_fn = nn.CrossEntropyLoss()
optimizer = torch.optim.SGD(model.parameters(), lr=1e-4)
batch_size = 128
for epoch in range(42):
    train_num = len(x_train)//128
    train_loss = 0.
    for i in range(train_num):
        start = i * batch_size
        end = (i + 1) * batch_size
        x_batch = torch.tensor(x_train[start:end]).to(device)
        y_batch = torch.tensor(y_train_label[start:end]).to(device)
        pred = model(x_batch)
        loss = loss_fn(pred, y_batch)
        optimizer.zero_grad()
        loss.backward()
        optimizer.step()
        train_loss += loss.item()  # 记录每个批次的损失值
    # 计算并打印损失值
    train_loss /= train_num
    accuracy = (pred.argmax(1) == y_batch).type(torch.float32).sum().item() / 
batch_size
    print("epoch: ",epoch,"train_loss:", 
round(train_loss,2),"accuracy:",round(accuracy,2))
```

在这里，我们使用了本章新定义的卷积神经网络模块作为局部特征抽取，而对于其他的损失函数以及优化函数，只使用了与前期一样的模式进行模型训练。最终结果如图5-15所示，请读者自行验证。

```
epoch:  0 train_loss: 2.3 accuracy: 0.15
epoch:  1 train_loss: 2.3 accuracy: 0.16
epoch:  2 train_loss: 2.29 accuracy: 0.24
epoch:  3 train_loss: 2.29 accuracy: 0.27
epoch:  4 train_loss: 2.29 accuracy: 0.34
epoch:  5 train_loss: 2.28 accuracy: 0.35
epoch:  6 train_loss: 2.28 accuracy: 0.37
epoch:  7 train_loss: 2.27 accuracy: 0.38
epoch:  8 train_loss: 2.26 accuracy: 0.41
epoch:  9 train_loss: 2.24 accuracy: 0.45
epoch:  10 train_loss: 2.23 accuracy: 0.48
```

图 5-15 模型训练的最终结果

5.3 PyTorch 2.0 的深度可分离膨胀卷积详解

在本章开始时就说明了，相对于多层感知机来说，卷积神经网络能够对输入特征局部进行计算，同时能够节省大量的待训练参数，本节将介绍更为深入的内容，即本章的进阶部分——深度可分离膨胀卷积。

需要说明的是，本例中的深度可分离膨胀卷积可以按功能分为深度、可分离、膨胀和卷积。

在讲解之前，首先回到PyTorch 2.0中的卷积定义类：

```
class Conv2d(_ConvNd):
    …
    def __init__(
        self, in_channels: int, out_channels: int, kernel_size: _size_2_t, stride: _size_2_t = 1,
        padding: Union[str, _size_2_t] = 0,dilation: _size_2_t = 1,groups: int = 1, bias: bool = True,
        padding_mode: str = 'zeros',  # TODO: refine this type
        device=None,
        dtype=None
    ) -> None:
```

前面讲解了卷积类中常用的输入输出维度（in_channels,out_channels）的定义、卷积核（kernel_size）以及（stride）大小的设置，而对于其他部分的参数定义却没有详细说明，本节将通过对深度可分离膨胀卷积的讲解更为细致地说明卷积类的定义与使用。

5.3.1　深度可分离卷积的定义

普通的卷积其实可以分为两个步骤来计算：

（1）跨通道计算。

（2）平面内计算。

这是由于卷积的局部跨通道计算的性质所形成的，一个非常简单的思想是，能否使用另一种方法将这部分计算过程分开计算，从而获得参数数据量的减少。

答案是可以的，可以使用深度可分离卷积，总体如图 5-16 所示。

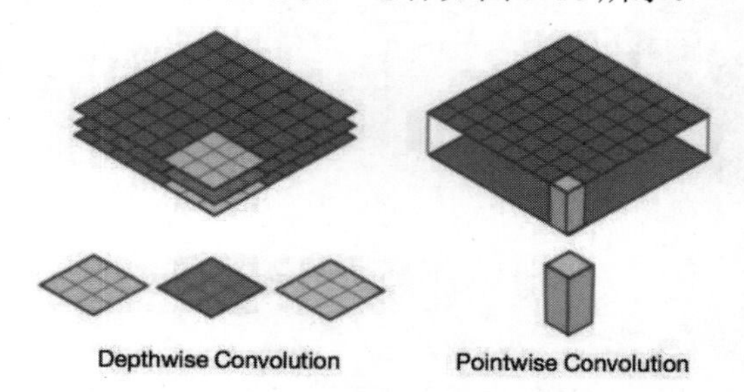

图 5-16　深度可分离卷积

在进行深度卷积的时候，每个卷积核只关注单个通道的信息，而在分离卷积中，每个卷积核可以联合多个通道的信息。这在 PyTorch 2.0 中的具体实现如下：

```
#group=3 是依据通道数设置的分离卷积数
Conv2d(in_channels=3, out_channels=3, kernel_size=3, groups=3) #这是第一步完成的跨通道计算
Conv2d(in_channels=4, out_channels=4, kernel_size=1)        #完成平面内的计算
```

可以看到，此时我们在传统的卷积层定义上额外增加了 groups=3 的定义，这是根据通道数对卷积类的定义进行划分的。下面通过一个具体的例子说明常规卷积与深度可分离卷积的区别。

常规卷积操作如图 5-17 所示。

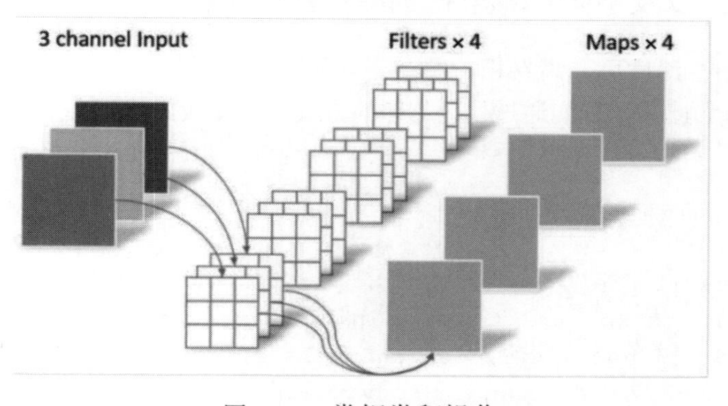

图 5-17　常规卷积操作

假设输入层为一个大小为 28×28 像素、三通道的彩色图片。经过一个包含 4 个卷积核的卷积层，卷积核尺寸为 3×3×3。最终会输出具有 4 个通道数据的特征向量，而尺寸大小由卷积函数中的参数

padding 设置决定。

在深度可分离卷积操作中，深度卷积操作有以下两个步骤完成。

（1）分离卷积的独立计算。

如图 5-18 所示，深度卷积使用的是 3 个尺寸为 3×3 的卷积核，经过该操作之后，输出的特征图尺寸为 28×28×3（padding=1）。

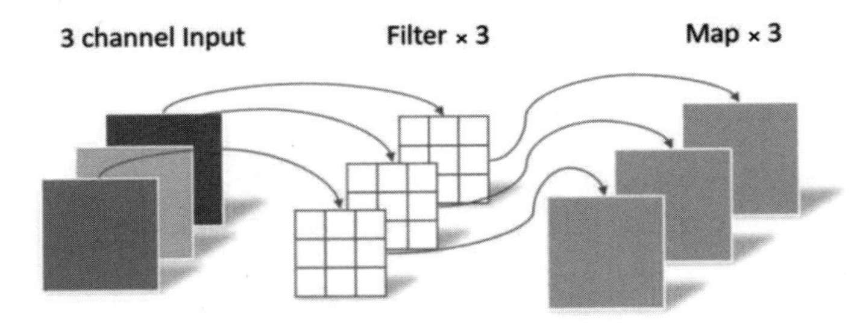

图 5-18　分离卷积的独立计算

（2）堆积多个可分离卷积计算。

如图 5-19 所示，输入是第一步的输出。可以看到图 5-19 中使用了 4 个独立的通道完成，经过此步骤后，由第一个步骤输入的特征图在 4 个独立的通道计算下输出维度变为 28×28×3。

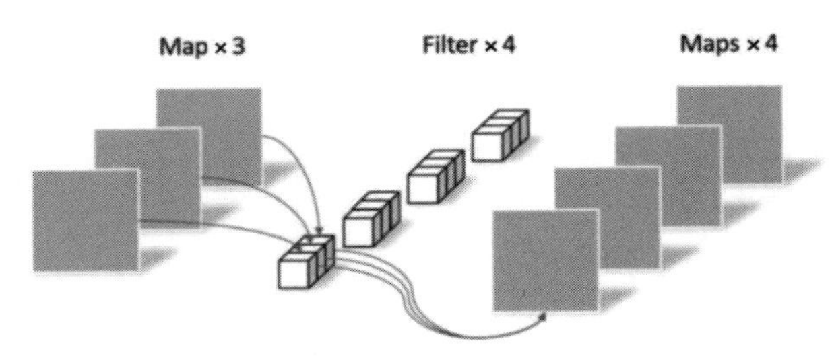

图 5-19　堆积多个可分离卷积计算

5.3.2　深度的定义以及不同计算层待训练参数的比较

前面向读者介绍了深度可分离卷积，并在一开始的时候就提到了深度可分离卷积可以减少待训练参数，事实是否如此呢？我们通过代码打印的方式进行比较，代码如下：

```
import torch
from torch.nn import Conv2d,Linear

linear = Linear(in_features=3*28*28, out_features=3*28*28)
linear_params = sum(p.numel() for p in linear.parameters() if p.requires_grad)
conv = Conv2d(in_channels=3, out_channels=3, kernel_size=3)
params = sum(p.numel() for p in conv.parameters() if p.requires_grad)
depth_conv = Conv2d(in_channels=3, out_channels=3, kernel_size=3, groups=3)
point_conv = Conv2d(in_channels=3, out_channels=3, kernel_size=1)
# 需要注意的是，这里是先实现 depth，然后进行逐点卷积，从而两者结合，就得到了深度分离卷积
depthwise_separable_conv = torch.nn.Sequential(depth_conv, point_conv)
```

```
    params_depthwise = sum(p.numel() for p in depthwise_separable_conv.parameters()
if p.requires_grad)
    print(f"多层感知机使用的参数为 {params} parameters.")
    print("----------------")
    print(f"普通卷积层使用的参数为 {params} parameters.")
    print("----------------")
    print(f"深度可分离卷积使用的参数为 {params_depthwise} parameters.")
```

在上面的代码段中，依次准备了多层感知机、普通卷积层以及深度可分离卷积，对其输出待训练参数，结果如图 5-20 所示。

```
多层感知机使用的参数为 84 parameters.
----------------
普通卷积层使用的参数为 84 parameters.
----------------
深度可分离卷积使用的参数为 42 parameters.
```

图 5-20　深度可分离卷积可以减少待训练参数

从图 5-20 中参数的输出可以很明显地看到，随着采用不同的计算层，待训练参数也会随之变化，即使一个普通的深度可分离卷积层也能减少一半的参数使用量。

5.3.3　膨胀卷积详解

经过前面对 PyTorch 2.0 中卷积的说明，读者应该了解了 group 参数的含义，此时还有一个不常用的参数 dilation，用于决定卷积层在计算时的膨胀系数。

dilation 有点类似于 stride，实际含义为：每个点之间有空隙的过滤器，即为 dilation。如图 5-21 所示，简单地说，膨胀卷积通过在卷积核中增加空洞，可以增加单位面积中计算的大小，从而扩大模型的计算视野。

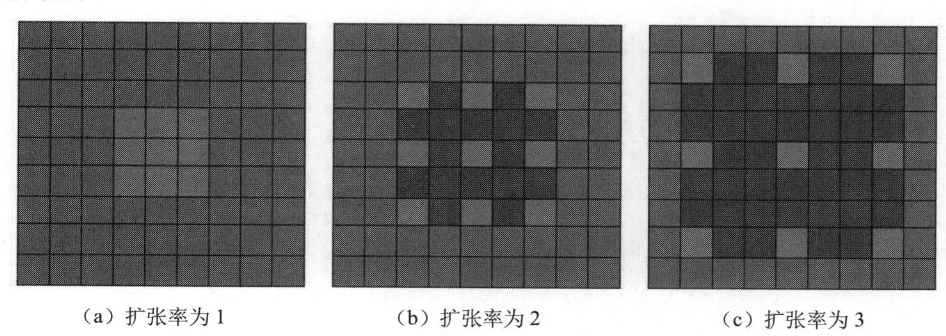

（a）扩张率为 1　　（b）扩张率为 2　　（c）扩张率为 3

图 5-21　膨胀卷积

卷积核的膨胀系数（空洞的大小）在每一层是不同的，一般可以取 1, 2, 4, 8, …，即前一层的两倍。注意，膨胀卷积的上下文大小和层数是呈指数相关的，可以通过比较少的卷积层得到更大的计算面积。使用膨胀卷积的方法如下：

```
#注意这里 dilation 被设置为 2
depth_conv = Conv2d(in_channels=3, out_channels=3, kernel_size=3,
```

```
groups=3,dilation=2)
    point_conv = Conv2d(in_channels=3, out_channels=3, kernel_size=1)
    # 深度可分离膨胀卷积的定义
    depthwise_separable_conv = torch.nn.Sequential(depth_conv, point_conv)
```

需要注意的是，在卷积层的定义中，只有 dilation 被设置成大于或等于 2 的整数才能实现膨胀卷积。而对于其参数大小的计算，读者可以自行完成。

5.4 实战：基于深度可分离膨胀卷积的 MNIST 手写体识别

下面进入实战部分，基于前期介绍的深度可分离膨胀卷积完成实战的 MNIST 手写体的识别。

首先进行模型的定义，在这里我们预期使用自定义的卷积替代部分原生卷积完成模型的设计，代码如下：

```
    import torch
    import torch.nn as nn
    import numpy as np
    import einops.layers.torch as elt
    #下面是自定义的深度可分离膨胀卷积的定义
    depth_conv = nn.Conv2d(in_channels=12, out_channels=12, kernel_size=3,
groups=6,dilation=2)
    point_conv = nn.Conv2d(in_channels=12, out_channels=24, kernel_size=1)
    depthwise_separable_conv = torch.nn.Sequential(depth_conv, point_conv)

    class MnistNetword(nn.Module):
        def __init__(self):
            super(MnistNetword, self).__init__()
            self.convs_stack = nn.Sequential(
                nn.Conv2d(1,12,kernel_size=7),
                nn.ReLU(),
                depthwise_separable_conv,     #使用自定义卷积替代了原生卷积层
                nn.ReLU(),
                nn.Conv2d(24,6,kernel_size=3)
            )

            self.logits_layer = nn.Linear(in_features=1536,out_features=10)

        def forward(self,inputs):
            image = inputs
            x = self.convs_stack(image)
            x = elt.Rearrange("b c h w -> b (c h w)")(x)
            logits = self.logits_layer(x)
            return logits
```

可以看到，我们在中层部分使用自定义卷积层替代了部分原生卷积层。完整的训练代码如下：

```
import torch
import torch.nn as nn
import numpy as np
import einops.layers.torch as elt

#载入数据
x_train = np.load("../dataset/mnist/x_train.npy")
y_train_label = np.load("../dataset/mnist/y_train_label.npy")
x_train = np.expand_dims(x_train,axis=1)
print(x_train.shape)

depth_conv = nn.Conv2d(in_channels=12, out_channels=12, kernel_size=3, groups=6,dilation=2)
point_conv = nn.Conv2d(in_channels=12, out_channels=24, kernel_size=1)
# 深度可分离膨胀卷积的定义
depthwise_separable_conv = torch.nn.Sequential(depth_conv, point_conv)
class MnistNetword(nn.Module):
    def __init__(self):
        super(MnistNetword, self).__init__()
        self.convs_stack = nn.Sequential(
            nn.Conv2d(1,12,kernel_size=7),
            nn.ReLU(),
            depthwise_separable_conv,
            nn.ReLU(),
            nn.Conv2d(24,6,kernel_size=3)
        )
        self.logits_layer = nn.Linear(in_features=1536,out_features=10)

    def forward(self,inputs):
        image = inputs
        x = self.convs_stack(image)
        x = elt.Rearrange("b c h w -> b (c h w)")(x)
        logits = self.logits_layer(x)
        return logits

device = "cuda" if torch.cuda.is_available() else "cpu"
#注意记得将model发送到GPU计算
model = MnistNetword().to(device)
model = torch.compile(model)
loss_fn = nn.CrossEntropyLoss()
optimizer = torch.optim.SGD(model.parameters(), lr=1e-4)

batch_size = 128
```

```
    for epoch in range(63):
        train_num = len(x_train)//128
        train_loss = 0.
        for i in range(train_num):
            start = i * batch_size
            end = (i + 1) * batch_size
            x_batch = torch.tensor(x_train[start:end]).to(device)
            y_batch = torch.tensor(y_train_label[start:end]).to(device)
            pred = model(x_batch)
            loss = loss_fn(pred, y_batch)

            optimizer.zero_grad()
            loss.backward()
            optimizer.step()
            train_loss += loss.item()  # 记录每个批次的损失值

        # 计算并打印损失值
        train_loss /= train_num
        accuracy = (pred.argmax(1) == y_batch).type(torch.float32).sum().item() /
batch_size
        print("epoch: ",epoch,"train_loss:",
round(train_loss,2),"accuracy:",round(accuracy,2))
```

最终计算结果请读者自行学习完成。

5.5 本章小结

本章内容是 PyTorch 2.0 中一个非常重要的部分，详细介绍了后期最为常用的 API 使用，以及使用卷积对 MNIST 数据集进行识别的实战过程。这个 MNIST 手写体识别是一个入门案例，但是包含技术层面的内容非常多，例如使用多种不同的层和类构建一个较为复杂的卷积神经网络。最后还介绍了深度可分离膨胀卷积。

除此之外，通过演示自定义层的方法向读者说明了一个新的编程范式的使用，即通过 block 的形式对模型进行组合，这在深度学习领域有一个专门的名称叫“残差卷积”。这是一种非常优雅的模型设计模式。

本章的内容非常重要，希望读者认真学习。

第 6 章

PyTorch 数据处理与模型可视化

前面的章节讲解了 PyTorch 2.0 模型与训练方面的内容，相信读者已经有能力完成一定难度的深度学习应用项目。读者可能感觉到了，在前期的学习中，更多的是对 PyTorch 2.0 模型本身的了解，而对其他部分介绍较少，特别是数据处理部分，一直都是使用 NumPy 工具包对数据进行处理，因此缺乏一个贴合 PyTorch 自身的数据处理器。

有鉴于此，PyTorch 2.0 版本提供了专门的数据下载、数据处理包，即 torch.utils.data 工具包，使用这个包中的数据处理工具可以极大地提高开发效率和质量。torch.utils.data 包中提供的数据处理工具箱如图 6-1 所示。

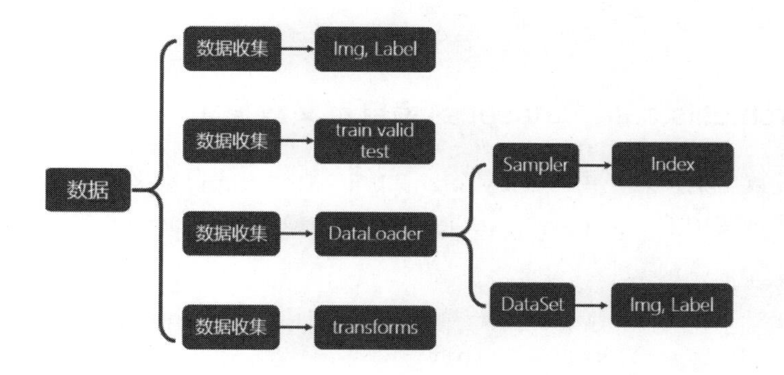

图 6-1　torch.utils.data 包中提供的数据处理工具箱

图 6-1 展示的是基于 PyTorch 2.0 数据处理工具箱的总体框架，其中 3 个重要工具介绍如下。

- DataLoader：定义一个新的迭代器，实现批量（Batch）读取，打乱数据（Shuffle）并提供并行加速等功能。
- Dataset：是一个抽象类，其他数据需要继承这个类，并且覆写其中的两个方法：__getitem__ 和__len__。
- Sampler：提供多种采样方法的函数。

下面基于 PyTorch 2.0 提供的 torch.utils.data 数据处理工具箱进行讲解。

6.1 用于自定义数据集的 torch.utils.data 工具箱使用详解

本章开头我们提到 torch.utils.data 工具箱提供了 Dataset、DataLoader 以及 Sampler 类，其作用都是对采集的数据进行处理，但是 Dataset 在输出时每次只能输出一个样本，而 DataLoader 可以弥补这一缺陷，实现批量乱序输出样本，如图 6-2 所示。

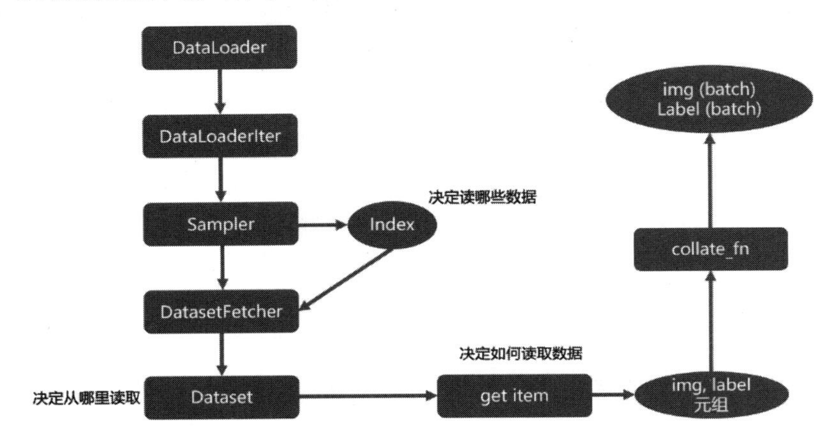

图 6-2　DataLoader 批量乱序输出样本

6.1.1 使用 torch.utils.data.Dataset 封装自定义数据集

我们从自定义数据集开始介绍。在 PyTorch 2.0 中，数据集的自定义使用需要继承 torch.utils.data.Dataset 类，之后实现其中的__getitem__、__len__方法。最基本的 Dataset 类架构如下：

```
class Dataset():
    def __init__(self, transform=None): #注意 transform 参数会在 6.1.2 节介绍
        super(Dataset, self).__init__()

    def __getitem__(self, index):
        pass

    def __len__(self):
        pass
```

可以清楚地看到，Dataset 除了基本的 init 函数外，还需要填充两个额外的函数，分别是__getitem__和__len__。这是仿照 Python 中数据 list 的写法对其进行定义的，其使用方法如下：

```
data = Customer(Dataset)[index]      #打印出 index 序号对应的数据
```

```
length = len(Customer(Dataset))      #打印出数据集总长度
```

下面以前面章节中一直使用的 MNIST 数据集为例进行介绍。

1. init的初始化方法

在对数据进行输出之前，首先将数据加载到 Dataset 类中，加载的方法是直接按数据读取的方案使用 NumPy 载入。当然，读者也可以使用其他读取数据的技术来获取数据。在这里，我们所使用的数据读取代码如下：

```
def __init__(self, transform=None):     #注意 transform 参数会在 6.1.2 节介绍
    super(MNIST_Dataset, self).__init__()
    # 载入数据
    self.x_train = np.load("../dataset/mnist/x_train.npy")
    self.y_train_label = np.load("../dataset/mnist/y_train_label.npy")
```

2. __getitem__与__len__方法

首先是对数据的获取，__getitem__是 Dataset 父类中内置的数据迭代输出的方法，在这里只需要显式地提供此方法的实现即可，代码如下：

```
def __getitem__(self, item):
    image =  (self.x_train[item])
    label =  (self.y_train_label[item])
    return image,label
```

而__len__方法用于获取数据的长度，在这里直接返回标签的长度即可，代码如下：

```
def __len__(self):
    return len(self.y_train_label)
```

完整的自定义 MNIST_Dataset 数据输出的代码如下：

```
class MNIST_Dataset(torch.utils.data.Dataset):
    def __init__(self):
        super(MNIST_Dataset, self).__init__()
        # 载入数据
        self.x_train = np.load("../dataset/mnist/x_train.npy")
        self.y_train_label = np.load("../dataset/mnist/y_train_label.npy")

    def __getitem__(self, item):
        image =  self.x_train[item]
        label =  self.y_train_label[item]
        return image,label

    def __len__(self):
        return len(self.y_train_label)
```

最后建议按照本小节开始介绍的方法输出数据结果。

6.1.2　改变数据类型的 Dataset 类中 transform 的使用

我们获取的输入数据，PyTorch 2.0 不能直接使用，因此最少需要一种转换方法将初始化载入的数据转换成我们所需要的样式。

1. 将自定义载入的参数转换为PyTorch 2.0专用的tensor类

这一步很简单，只需要额外提供对于输入输出类的处理方法即可，代码如下：

```
class ToTensor:
    def __call__(self, inputs, targets):  #可调用对象
        return torch.tensor(inputs), torch.tensor(targets)
```

这里所提供的 ToTensor 类的作用是对输入的数据进行调整，需要读者注意的是，这个类的输入输出数据结构和类型需要与自定义 Dataset 类中的 def __getitem__数据结构和类型相一致。

2. 新的自定义Dataset类

对于原本自定义的 Dataset 类的定义，需要对其进行修正，新的数据读取类的定义如下：

```
class MNIST_Dataset(torch.utils.data.Dataset):
    def __init__(self,transform = None):    #在定义时需要定义 transform 的参数
        super(MNIST_Dataset, self).__init__()
        # 载入数据
        self.x_train = np.load("../dataset/mnist/x_train.npy")
        self.y_train_label = np.load("../dataset/mnist/y_train_label.npy")

        self.transform = transform          #需要显式地提供 transform 类

    def __getitem__(self, index):
        image = (self.x_train[index])
        label = (self.y_train_label[index])

        #通过判定 transform 类的存在对其进行调用
        if self.transform:
            image,label = self.transform(image,label)
        return image,label

    def __len__(self):
        return len(self.y_train_label)
```

在这里读者需要显式地提供自定义 Dataset 类中 transform 的定义与具体使用位置和操作。因此，要注意自定义的 transform 类需要与 getitem 函数的输出结构相一致。

一个需要显式地提供 transform 的自定义 Dataset 类使用如下：

```
import numpy as np
import torch
```

```
class ToTensor:
    def __call__(self, inputs, targets):   #可调用对象
        return torch.tensor(inputs), torch.tensor(targets)

class MNIST_Dataset(torch.utils.data.Dataset):
    def __init__(self,transform = None):    #在定义时需要定义 transform 的参数
        super(MNIST_Dataset, self).__init__()
        # 载入数据
        self.x_train = np.load("../dataset/mnist/x_train.npy")
        self.y_train_label = np.load("../dataset/mnist/y_train_label.npy")
        self.transform = transform          #需要显式地提供 transform 类

    def __getitem__(self, index):
        image = (self.x_train[index])
        label = (self.y_train_label[index])

        #通过判定 transform 类的存在对其进行调用
        if self.transform:
            image,label = self.transform(image,label)
        return image,label

    def __len__(self):
        return len(self.y_train_label)

mnist_dataset = MNIST_Dataset()
image,label = (mnist_dataset[1024])
print(type(image), type(label))
print("----------------------------------")
mnist_dataset = MNIST_Dataset(transform=ToTensor())
image,label = (mnist_dataset[1024])
print(type(image), type(label))
```

在这里作者做了尝试，对同一个 Dataset 类分别传入了 None 和具体实现的 transform 函数，最终结果如图 6-3 所示。

```
<class 'numpy.ndarray'> <class 'numpy.uint8'>
----------------------------------
<class 'torch.Tensor'> <class 'torch.Tensor'>
```

图 6-3　比较结果

可以清楚地看到传入 transform 后数据的结构，transform 的存在使其数据结构有了很大的变化。

3. 修正数据输出的维度

在 transform 类中，还可以进行更为复杂的操作，例如对维度进行转换，代码如下：

```
class ToTensor:
```

```
    def __call__(self, inputs, targets):   #可调用对象
        inputs = np.reshape(inputs,[28*28])
        return torch.tensor(inputs), torch.tensor(targets)
```

可以看到，我们根据输入大小的维度进行折叠操作，从而为后续的模型输出提供合适的数据维度格式。此时读者可以使用如下方法打印出新的输出数据维度，代码如下：

```
mnist_dataset = MNIST_Dataset(transform=ToTensor())
image,label = (mnist_dataset[1024])
print(type(image), type(label))
print(image.shape)
```

4. 依旧无法使用自定义的数据对模型进行训练

相信读者学到此部分，一定信心满满地想将刚学习到的内容应用到深度学习训练中。但是遗憾的是，到目前为止，使用自定义数据集的模型还无法运行，这是由于 PyTorch 2.0 在效能方面以及损失函数的计算方式上对此进行了限制，读者可以运行以下程序进行验证。鼓励有能力的读者自行查找错误进行修正，下一节会对其进行更正。

```
#注意下面这段代码无法正常使用，仅供演示
import numpy as np
import torch

#device = "cpu"#PyTorch 的特性，需要指定计算的硬件，如果没有 GPU，就使用 CPU 进行计算
device = "cuda"#在这里默认使用 GPU，如果读者出现运行问题，可以将其改成 CPU 模式

class ToTensor:
    def __call__(self, inputs, targets):   #可调用对象
        inputs = np.reshape(inputs,[1,-1])
        targets = np.reshape(targets, [1, -1])
        return torch.tensor(inputs), torch.tensor(targets)

#注意下面这段代码无法正常使用，仅供演示
class MNIST_Dataset(torch.utils.data.Dataset):
    def __init__(self,transform = None):    #在定义时需要定义 transform 的参数
        super(MNIST_Dataset, self).__init__()
        # 载入数据
        self.x_train = np.load("../dataset/mnist/x_train.npy")
        self.y_train_label = np.load("../dataset/mnist/y_train_label.npy")
        self.transform = transform          #需要显式地提供 transform 类

    def __getitem__(self, index):
        image = (self.x_train[index])
        label = (self.y_train_label[index])
        #通过判定 transform 类的存在对其进行调用
        if self.transform:
            image,label = self.transform(image,label)
```

```
        return image,label

    def __len__(self):
        return len(self.y_train_label)

#注意下面这段代码无法正常使用，仅供演示
mnist_dataset = MNIST_Dataset(transform=ToTensor())

import os
os.environ['CUDA_VISIBLE_DEVICES'] = '0' #指定 GPU 编号
import torch
import numpy as np
batch_size = 320                                        #设定每次训练的批次数
epochs = 1024                                           #设定训练次数

#设定多层感知机网络模型
class NeuralNetwork(torch.nn.Module):
    def __init__(self):
        super(NeuralNetwork, self).__init__()
        self.flatten = torch.nn.Flatten()
        self.linear_relu_stack = torch.nn.Sequential(
            torch.nn.Linear(28*28,312),
            torch.nn.ReLU(),
            torch.nn.Linear(312, 256),
            torch.nn.ReLU(),
            torch.nn.Linear(256, 10)
        )
    def forward(self, input):
        x = self.flatten(input)
        logits = self.linear_relu_stack(x)

        return logits

model = NeuralNetwork()
model = model.to(device)                        #将计算模型传入 GPU 硬件等待计算
torch.save(model, './model.pth')
model = torch.compile(model)                    #PyTorch 2.0 的特性，加速计算速度
loss_fu = torch.nn.CrossEntropyLoss()
optimizer = torch.optim.Adam(model.parameters(), lr=2e-5)   #设定优化函数

#注意下面这段代码无法正常使用，仅供演示
#开始计算
for epoch in range(20):
    train_loss = 0
    for sample in (mnist_dataset):
```

```
        image = sample[0];label = sample[1]
        train_image = image.to(device)
        train_label = label.to(device)

        pred = model(train_image)
        loss = loss_fu(pred,train_label)

        optimizer.zero_grad()
        loss.backward()
        optimizer.step()
        train_loss += loss.item()  # 记录每个批次的损失值

    # 计算并打印损失值
    train_loss /= len(mnist_dataset)
    print("epoch: ",epoch,"train_loss:", round(train_loss,2))
```

这段代码看起来没有问题，但是实际上在运行时会报错，这是由于数据在输出时是逐个进行输出的，模型逐个数据计算损失函数时无法对其进行计算，同时这样的计算方法也会极大地限制 PyTorch 2.0 的计算性能，因此不建议采用这种方法直接对模型进行计算。

6.1.3 批量输出数据的 DataLoader 类详解

下面讲解 torch.utils.data 工具箱中最后一个工具，针对批量输出数据的 DataLoader 类。

首先需要说明的是，DataLoader 就是为了解决使用 Dataset 自定义封装的数据时无法对数据进行批量化处理的问题，使用起来非常简单，只需要将其包装在使用 Dataset 封装好的数据集外即可。代码如下：

```
...
mnist_dataset = MNIST_Dataset(transform=ToTensor())        #通过 Dataset 获取数据集
from torch.utils.data import DataLoader                     #导入 DataLoader
train_loader = DataLoader(mnist_dataset, batch_size=batch_size, shuffle=True)
#包装已封装好的数据集
```

实际上就这么简单，对于DataLoader的使用，首先导入对应的包，然后使用它包装已封装好的数据集即可。DataLoader 的定义如下：

```
class DataLoader(object):
    __initialized = False
    def __init__(self, dataset, batch_size=1, shuffle=False, sampler=None,
    def __setattr__(self, attr, val):
    def __iter__(self):
    def __len__(self):
```

与前面实现 Dataset 的不同之处在于：

- 我们一般不需要自己实现DataLoader的方法，只需要在构造函数中指定相应的参数即可，比如常见的batch_size、shuffle等参数。所以使用DataLoader十分简洁方便。

- DataLoader实际上是一个较为高层的封装类，它的功能是通过更底层的_DataLoader来完成的，但是_DataLoader类较为低层，这里就不展开叙述了。DataLoaderIter就是_DataLoaderIter的一个框架，用来传给_DataLoaderIter一堆参数，并把自己装进DataLoaderIter里。

对于DataLoader的使用现在只介绍那么多，下面是基于PyTorch 2.0数据处理工具箱对数据进行识别和训练的完整代码。

```
import numpy as np
import torch

#device = "cpu" #PyTorch 的特性，需要指定计算的硬件，如果没有 GPU，就使用 CPU 进行计算
device = "cuda" #在这里默认使用 GPU，如果出现运行问题，可以将其改成 CPU 模式

class ToTensor:
    def __call__(self, inputs, targets):   #可调用对象
        inputs = np.reshape(inputs,[28*28])
        return torch.tensor(inputs), torch.tensor(targets)

class MNIST_Dataset(torch.utils.data.Dataset):
    def __init__(self,transform = None):   #在定义时需要定义 transform 的参数
        super(MNIST_Dataset, self).__init__()
        # 载入数据
        self.x_train = np.load("../dataset/mnist/x_train.npy")
        self.y_train_label = np.load("../dataset/mnist/y_train_label.npy")

        self.transform = transform          #需要显式地提供 transform 类

    def __getitem__(self, index):
        image = (self.x_train[index])
        label = (self.y_train_label[index])

        #通过判定 transform 类的存在对其进行调用
        if self.transform:
            image,label = self.transform(image,label)
        return image,label

    def __len__(self):
        return len(self.y_train_label)

import torch
import numpy as np

batch_size = 320                          #设定每次训练的批次数
epochs = 42                               #设定训练次数

mnist_dataset = MNIST_Dataset(transform=ToTensor())
from torch.utils.data import DataLoader
```

```
train_loader = DataLoader(mnist_dataset, batch_size=batch_size)

#设定多层感知机网络模型
class NeuralNetwork(torch.nn.Module):
    def __init__(self):
        super(NeuralNetwork, self).__init__()
        self.flatten = torch.nn.Flatten()
        self.linear_relu_stack = torch.nn.Sequential(
            torch.nn.Linear(28*28,312),
            torch.nn.ReLU(),
            torch.nn.Linear(312, 256),
            torch.nn.ReLU(),
            torch.nn.Linear(256, 10)
        )
    def forward(self, input):
        x = self.flatten(input)
        logits = self.linear_relu_stack(x)

        return logits

model = NeuralNetwork()
model = model.to(device)                    #将计算模型传入GPU硬件等待计算
torch.save(model, './model.pth')
model = torch.compile(model)                #PyTorch 2.0的特性，加速计算速度
loss_fu = torch.nn.CrossEntropyLoss()
optimizer = torch.optim.Adam(model.parameters(), lr=2e-4)   #设定优化函数

#开始计算
for epoch in range(epochs):
    train_loss = 0
    for image,label in (train_loader):

        train_image = image.to(device)
        train_label = label.to(device)
        pred = model(train_image)
        loss = loss_fu(pred,train_label)

        optimizer.zero_grad()
        loss.backward()
        optimizer.step()
        train_loss += loss.item()  # 记录每个批次的损失值

    # 计算并打印损失值
    train_loss = train_loss/batch_size
    print("epoch: ", epoch, "train_loss:", round(train_loss, 2))
```

最终结果请读者自行打印完成。

6.2　基于 tensorboardX 的训练可视化展示

前面带领读者完成了对 PyTorch 2.0 中数据处理工具箱的使用，相信读者已经可以较好地对 PyTorch 2.0 的数据进行处理。tensorboardX 是一种 PyTorch 2.0 模型可视化组件，本节将讲解 tensorboardX 数据可视化的方法。

6.2.1　tensorboardX 的安装与简介

前面介绍了 Netron 的安装与使用，这是一种可视化 PyTorch 模型的方法，其好处是操作简单，可视性强。但是随之而来的是 Netron 组件对模型的展示效果并不是很准确，只能大致展示出模型的组件与结构。

tensorboardX 是专门为 PyTorch 2.0 进行模型展示与训练可视化设计的组件，可以记录模型训练过程中的数字、图像等内容，以方便研究人员观察神经网络训练过程。

tensorboardX 安装命令如下（注意一定要在前面安装的 Anaconda 或者 Miniconda 终端进行）：

```
pip install tensorboardX
```

这里作者在前面已经提醒了，这一步部分的操作一定要在终端中进行，基于 pip 的安装和后续操作都是这样。

6.2.2　tensorboardX 可视化组件的使用

tensorboardX 对模型的展示是最重要的作用之一，读者可以遵循以下步骤获得模型的展示效果。

1. 存储模型的计算过程

使用 tensorboardX 首先需要模拟一次模型的运算过程，代码如下：

```
#创建模型
model = NeuralNetwork()

# 模拟输入数据
input_data = (torch.rand(5, 784))
from tensorboardX import SummaryWriter
writer = SummaryWriter()

with writer:
    writer.add_graph(model,(input_data,))
```

可以看到，首先载入了已设计好的模型，然后模拟输入数据，在载入 tensorboardX 并建立读写类之后，将模型及运算过程加载到运行图中。

2. 查看默认位置的run文件夹

运行上面的代码后，程序会在当前平行目录下生成一个新的 runs 目录，这是存储和记录模型展示的文件夹，如图 6-4 所示。可以看到文件夹是以日期的形式生成新的目录的。

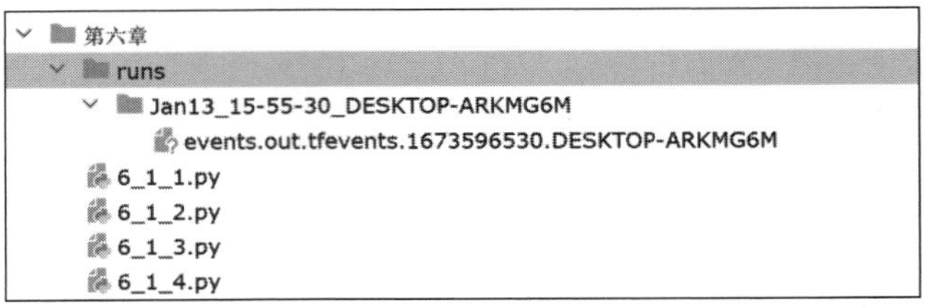

```
第六章
  runs
    Jan13_15-55-30_DESKTOP-ARKMG6M
      events.out.tfevents.1673596530.DESKTOP-ARKMG6M
  6_1_1.py
  6_1_2.py
  6_1_3.py
  6_1_4.py
```

图 6-4　runs 目录用于存储和记录模型展示

3. 使用Miniconda终端打开对应的目录

下面使用 Miniconda 终端打开刚才生成的目录，比如作者的目录情况如下所示。

```
(base)C:\Users\xiaohua>cd C:\Users\xiaohua\Desktop\jupyter_book\src\第六章
```

需要注意的是，这里打开的是 runs 文件夹的上一级目录，而不是 runs 文件夹本身。之后调用 tensorboardX 对模型进行展示，读者需要在刚才打开的文件夹中执行以下命令：

```
tensorboard --logdir runs
```

结果如图 6-5 所示。

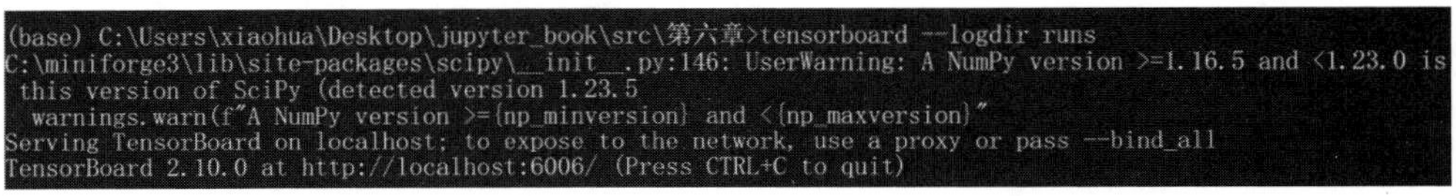

```
(base) C:\Users\xiaohua\Desktop\jupyter_book\src\第六章>tensorboard --logdir runs
C:\miniforge3\lib\site-packages\scipy\__init__.py:146: UserWarning: A NumPy version >=1.16.5 and <1.23.0 is
 this version of SciPy (detected version 1.23.5
  warnings.warn(f"A NumPy version >={np_minversion} and <{np_maxversion}"
Serving TensorBoard on localhost; to expose to the network, use a proxy or pass --bind_all
TensorBoard 2.10.0 at http://localhost:6006/ (Press CTRL+C to quit)
```

图 6-5　获取 HTTP 地址

可以看到此时程序在执行，并提供了一个 HTTP 地址。

4. 使用浏览器打开模型展示页面

下面阅读模型的展示页面，在这里使用了 Windows 自带的 Edge 浏览器，读者也可以尝试不同的浏览器，在其中输入图 6-6 中的 HTTP 地址，可以进入本地保存的存档页面，如图 6-7 所示。

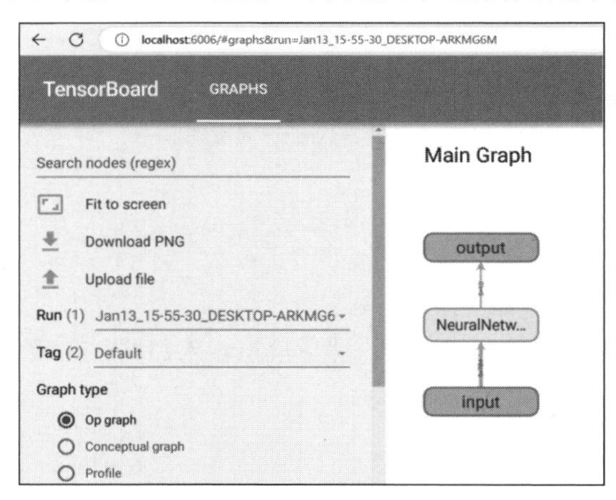

图 6-6　阅读模型的展示页面

可以看到这是模型的基本参数、输入输出以及基本模块的展示，之后读者可以双击模型主题部分，展开模型进行进一步的说明，如图 6-7 所示。更多操作建议读者自行尝试。

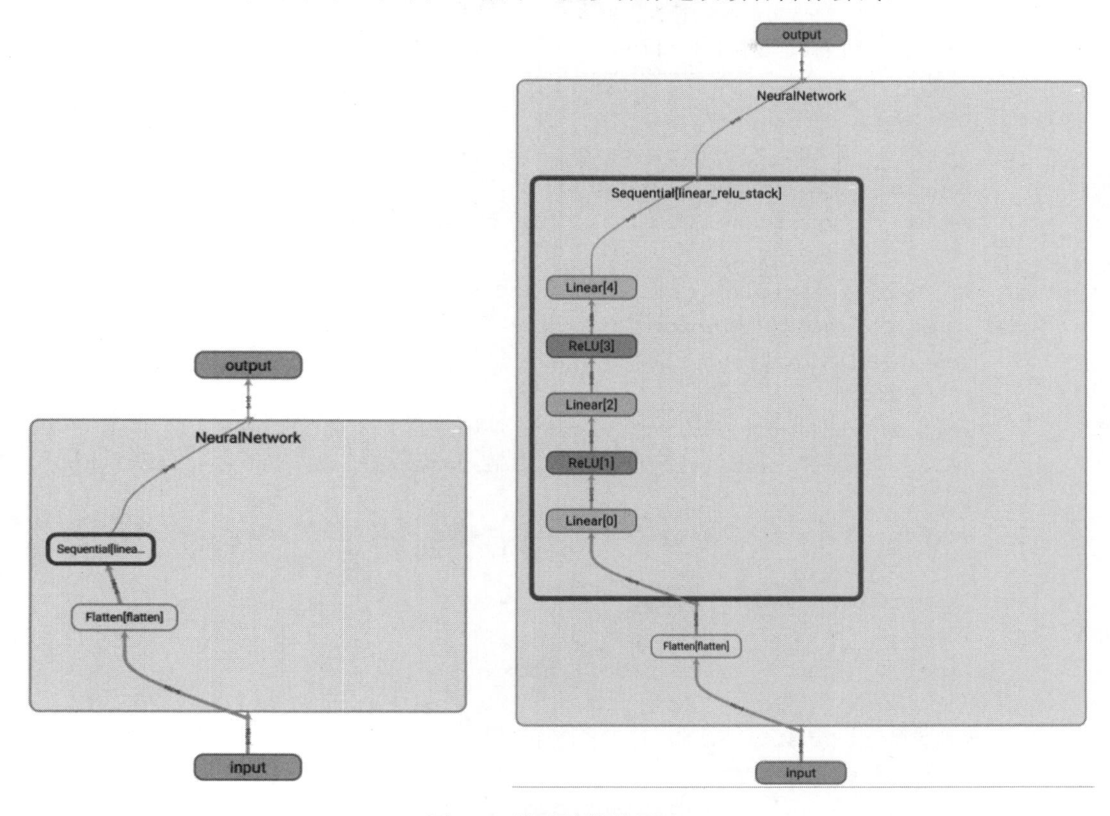

图 6-7 模型结构的展示

6.2.3 tensorboardX 对模型训练过程的展示

了解了模型结构的展示，有的读者还希望了解模型在训练过程中出现的一些问题和参数变化，tensorboardX 同样提供了此功能，记录并展示了模型在训练过程中损失值的变化，代码如下：

```
from tensorboardX import SummaryWriter
writer = SummaryWriter()
#开始计算
for epoch in range(epochs):
    …
    # 计算并打印损失值
    train_loss = train_loss/batch_size
    writer.add_scalars('evl', {'train_loss': train_loss}, epoch)
writer.close()
```

可以看到，使用 tensorboardX 对训练过程的参数记录非常简单，直接记录损失过程即可，而 epoch 作为横坐标标记也会被记录。完整的代码如下（作者故意调整了损失函数学习率）：

```
import torch

#device = "cpu" #PyTorch的特性，需要指定计算的硬件，如果没有GPU，就使用CPU进行计算
device = "cuda" #在这里默认使用GPU，如果出现运行问题，可以将其改成CPU模式

class ToTensor:
    def __call__(self, inputs, targets):  #可调用对象
        inputs = np.reshape(inputs,[28*28])
        return torch.tensor(inputs), torch.tensor(targets)

class MNIST_Dataset(torch.utils.data.Dataset):
    def __init__(self,transform = None):   #在定义时需要定义transform的参数
        super(MNIST_Dataset, self).__init__()
        # 载入数据
        self.x_train = np.load("../dataset/mnist/x_train.npy")
        self.y_train_label = np.load("../dataset/mnist/y_train_label.npy")

        self.transform = transform         #需要显式地提供transform类

    def __getitem__(self, index):
        image = (self.x_train[index])
        label = (self.y_train_label[index])

        #通过判定transform类的存在对其进行调用
        if self.transform:
            image,label = self.transform(image,label)
        return image,label

    def __len__(self):
        return len(self.y_train_label)

import torch
import numpy as np

batch_size = 320                       #设定每次训练的批次数
epochs = 320                           #设定训练次数

mnist_dataset = MNIST_Dataset(transform=ToTensor())
from torch.utils.data import DataLoader
train_loader = DataLoader(mnist_dataset, batch_size=batch_size)

#设定的多层感知机网络模型
class NeuralNetwork(torch.nn.Module):
    def __init__(self):
        super(NeuralNetwork, self).__init__()
```

```
        self.flatten = torch.nn.Flatten()
        self.linear_relu_stack = torch.nn.Sequential(
            torch.nn.Linear(28*28,312),
            torch.nn.ReLU(),
            torch.nn.Linear(312, 256),
            torch.nn.ReLU(),
            torch.nn.Linear(256, 10)
        )
    def forward(self, input):
        x = self.flatten(input)
        logits = self.linear_relu_stack(x)

        return logits

model = NeuralNetwork()
model = model.to(device)              #将计算模型传入 GPU 硬件等待计算
model = torch.compile(model)          #PyTorch 2.0 的特性，加速计算速度
loss_fu = torch.nn.CrossEntropyLoss()
optimizer = torch.optim.Adam(model.parameters(), lr=2e-6)   #设定优化函数

from tensorboardX import SummaryWriter
writer = SummaryWriter()
#开始计算
for epoch in range(epochs):
    train_loss = 0
    for image,label in (train_loader):
        train_image = image.to(device)
        train_label = label.to(device)
        pred = model(train_image)
        loss = loss_fu(pred,train_label)
        optimizer.zero_grad()
        loss.backward()
        optimizer.step()
        train_loss += loss.item()  # 记录每个批次的损失值

    # 计算并打印损失值
    train_loss = train_loss/batch_size
    print("epoch: ", epoch, "train_loss:", round(train_loss, 2))
    writer.add_scalars('evl', {'train_loss': train_loss}, epoch)
writer.close()
```

完成训练后，在浏览器中打开图 6-5 所示的 HTTP 地址，在页面上单击 TIME SERIES 标签，对存储的模型变量进行验证，如图 6-8 所示。

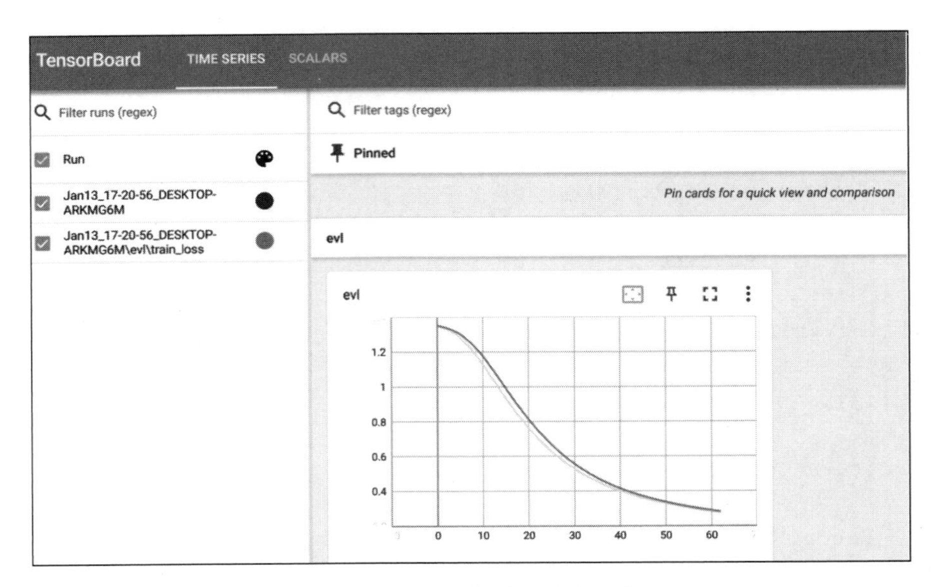

图 6-8　对存储的模型变量进行验证

这里记录了模型在训练过程中保存的损失值的变化，更多的模型训练过程参数值的展示请读者自行尝试。

6.3　本章小结

本章主要讲解了 PyTorch 2.0 数据处理与模型训练可视化方面的内容。同时还介绍了数据处理的步骤，通过学习读者可能会有这样的印象，即 PyTorch 2.0 中的数据处理是依据一个个的“管套”进行的，如图 6-9 所示。事实也是这样的，PyTorch 2.0 通过管套的模型对数据一步一步地进行加工最终得到结果，这是一种常用的设计模型，请读者注意。

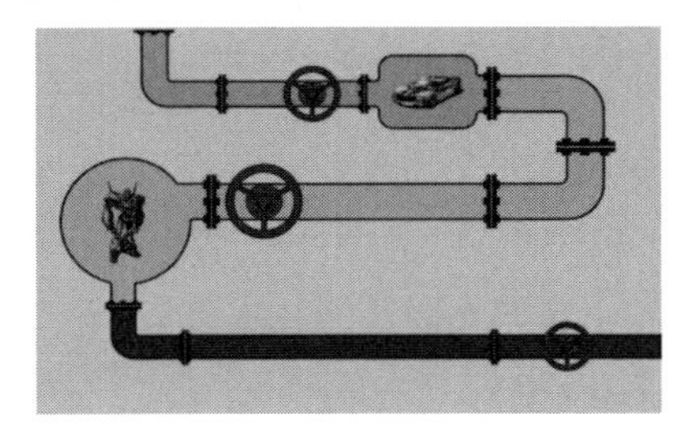

图 6-9　管套

本章还讲解了基于 PyTorch 2.0 原生的模型训练可视化组件 tensorboardX 的用法，除了对模型本身的展示外，tensorboardX 更侧重对模型训练过程的展示，记录了模型的损失值等信息，读者还可以进一步尝试加入对准确率的记录。

第 7 章

从冠军开始——实战 ResNet

随着卷积网络模型的成功，更深、更宽、更复杂的网络已经成为卷积神经网络搭建的主流。卷积神经网络能够用来提取所侦测对象的低、中、高特征，网络的层数越多，意味着能够提取到不同层次 Level 的特征越丰富，并且通过还原镜像发现越深的网络提取的特征越抽象，越具有语义信息。

这就产生了一个非常大的疑问，是否可以单纯地通过增加神经网络模型的深度和宽度，即增加更多的隐藏层和每层中的神经元来获得更好的结果？

答案是不可以。因为根据实验发现，随着卷积神经网络层数的加深，出现了另一个问题，即在训练集上，准确率难以达到 100%正确，甚至产生了下降。

这似乎不能简单地解释为卷积神经网络的性能下降，因为卷积神经网络加深的基础理论就是越深越好。如果强行解释为产生了“过拟合”，似乎也不能够完美解释准确率下降的原因，因为如果产生了过拟合，那么在训练集上卷积神经网络应该表现得更好才对。

这个问题被称为“神经网络退化”。

神经网络退化问题的产生说明了卷积神经网络不能够被简单地使用堆积层数的方法进行优化。

2015 年，152 层深的 ResNet（Residual Network，残差神经网络）横空出世，取得了当年 ImageNet 竞赛的冠军，相关论文在 CVPR 2016 斩获最佳论文奖。ResNet 成为视觉乃至整个 AI 界的一个经典。ResNet 使得训练深度达数百层甚至数千层的网络成为可能，而且性能仍然优异。

本章将主要介绍 ResNet 及其变种。后面介绍的 Attention 模块是基于 ResNet 模型的扩展，因此本章内容非常重要。

让我们站在巨人的肩膀上，从冠军开始！

7.1 ResNet 基础原理与程序设计基础

为了获取更好的准确率和辨识度，科研人员不断使用更深、更宽、更大的网络来挖掘对象的数据特征，但是随之而来的研究发现，过多的参数和层数并不能带来性能上的提升，反而随着网络层数的增加，训练过程的不稳定性也会增加。因此，无论是科学界还是工业界都在探索和寻找一种新的神经网络结构模型。

ResNet 的出现彻底改变了传统靠堆积卷积层所带来的固定思维，破天荒地提出了采用模块化的集合模式来替代整体的卷积层，通过一个个模块的堆叠来替代不断增加的卷积层。

对 ResNet 的研究和不断改进成为过去几年中计算机视觉和深度学习领域最具突破性的工作。并且由于其表征能力强，ResNet 在图像分类任务以外的许多计算机视觉应用上也取得了巨大的性能提升，例如对象检测和人脸识别。

7.1.1 ResNet 诞生的背景

卷积神经网络的实质就是无限拟合一个符合对应目标的函数。而根据泛逼近定理（Universal Approximation Theorem），如果给定足够的容量，一个单层的前馈网络就足以表示任何函数。但是，这个层可能是非常大的，而且网络容易过拟合数据。因此，学术界有一个共同的认识，就是网络架构需要更深。

但是，研究发现只是简单地将层堆叠在一起，增加网络的深度并不会起太大的作用。这是由于梯度消失（Vanishing Gradient）问题的存在，导致深层的网络很难训练。因为梯度反向传播到前一层，所以重复相乘可能使梯度无穷小。结果就是，随着网络层数更深，其性能趋于饱和，甚至开始迅速下降，如图 7-1 所示。

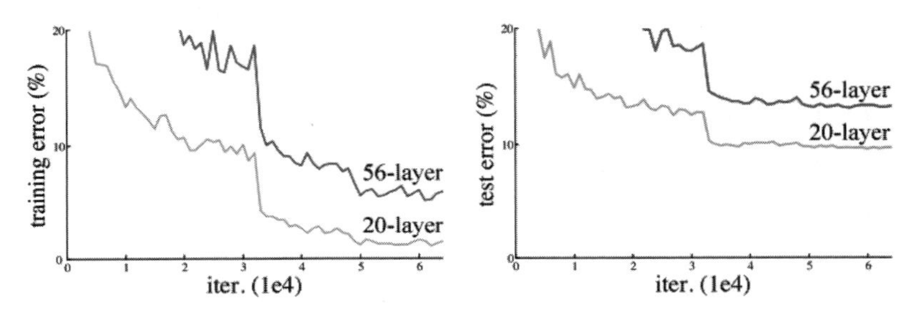

图 7-1　随着网络的层数更深，其性能趋于饱和，甚至开始迅速下降

在 ResNet 之前，已经出现了好几种处理梯度消失问题的方法，但是没有一个方法能够真正解决这个问题。何恺明等人于 2015 年发表的论文《用于图像识别的深度残差学习》（*Deep Residual Learning for Image Recognition*）中，认为堆叠的层不应该降低网络的性能，可以简单地在当前网络上堆叠映射层（不处理任何事情的层），并且所得到的架构性能不变。

$$f'(x)=\begin{cases}x\\ f(x)+x\end{cases}$$

即当 $f(x)$ 为 0 时，$f'(x)$ 等于 x，而当 $f(x)$ 不为 0 时，所获得的 $f'(x)$ 性能要优于单纯地输入 x。公式表明，较深的模型所产生的训练误差不应比较浅的模型的误差更高。让堆叠的层拟合一个残差映射（Residual Mapping）要比让它直接拟合所需的底层映射更容易。

从图 7-2 可以看到，残差映射与传统的直接相连的卷积网络相比，最大的变化是加入了一个恒等映射层 $y=x$ 层。其主要作用是使得网络随着深度的增加而不会产生权重衰减、梯度衰减或者消失这些问题。

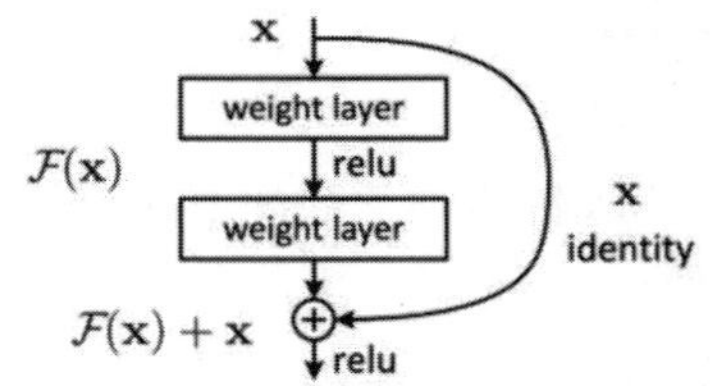

图 7-2　残差框架模块

图中 $F(x)$表示的是残差，$F(x)+x$ 是最终的映射输出，因此可以得到网络的最终输出为 $H(x) = F(x) + x$。由于网络框架中有两个卷积层和两个 ReLU 函数，因此最终的输出结果可以表示为：

$$H_1(x) = \mathrm{ReLU}_1(w_1 \times x)$$
$$H_2(x) = \mathrm{ReLU}_2(w_2 \times h_1(x))$$
$$H(x) = H_2(x) + x$$

其中 H_1 是第一层的输出，而 H_2 是第二层的输出。这样在输入与输出有相同维度时，可以使用直接输入的形式将数据直接传递到框架的输出层。

ResNet 整体结构图及与 VGGNet 的比较如图 7-3 所示。

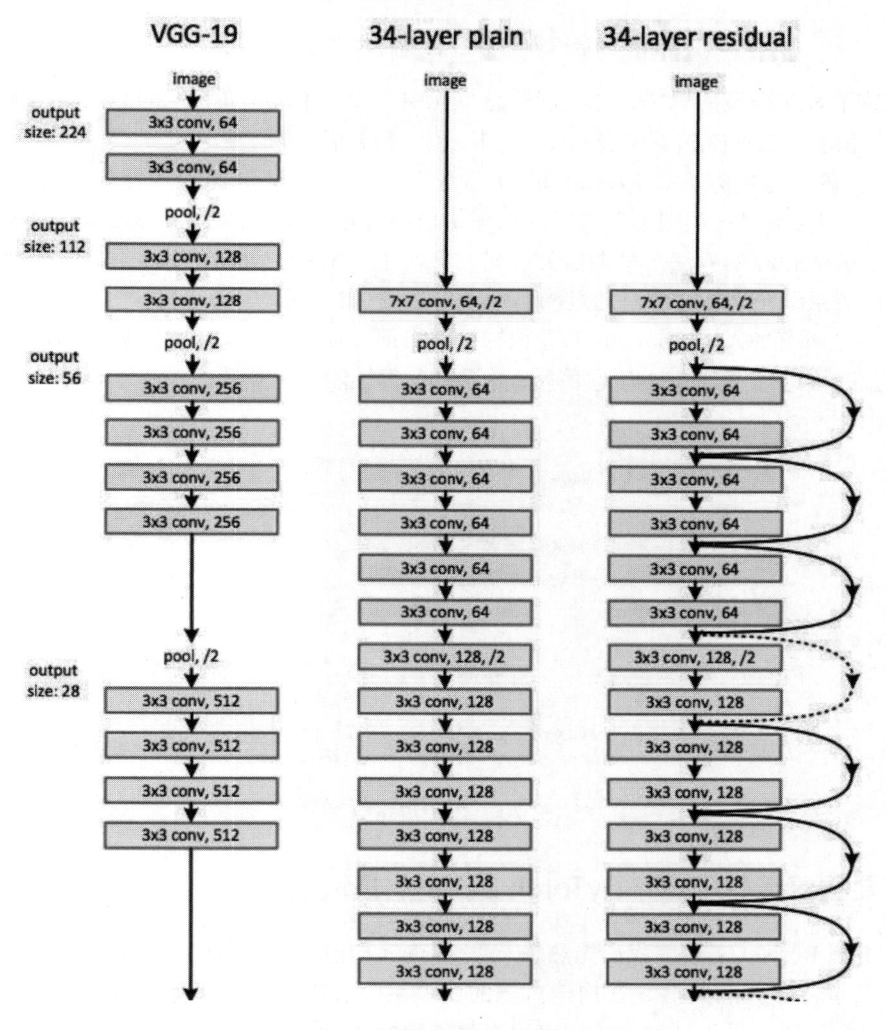

图 7-3　ResNet 模型结构及与 VGGNet 的比较

图 7-3 展示了 VGGNet 19、一个 34 层的普通结构神经网络以及一个 34 层的 ResNet 网络的对比。通过验证可以知道，在使用了 ResNet 的结构后，层数不断加深导致的训练集上误差增大的现象被消除了，ResNet 网络的训练误差会随着层数的增大而逐渐减小，并且在测试集上的表现也会变好。

但是，除了用以讲解的二层残差学习单元外，实际上更多的是使用[1,1]结构的三层残差学习单元，如图 7-4 所示。

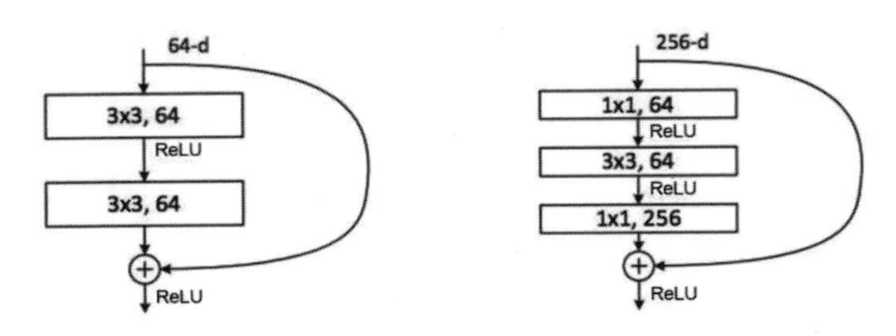

图 7-4　二层（左）和三层（右）残差单元的比较

这是借鉴了NIN模型的思想，在二层残差单元中包含一个[3,3]卷积层的基础上，更包含了两个[1,1]大小的卷积层，放在[3,3]卷积层的前后，执行先降维再升维的操作。

无论采用哪种连接方式，ResNet 的核心是引入一个“身份捷径连接”（Identity Shortcut Connection），直接跳过一层或多层将输入层与输出层进行连接。实际上，ResNet 并不是第一个利用 Shortcut Connection 的方法，早期相关研究人员就在卷积神经网络中引入了“门控短路电路”，即参数化的门控系统允许特定信息通过网络通道，如图 7-5 所示。

但是并不是所有加入了 Shortcut 的卷积神经网络都会提升传输效果。在后续的研究中，有不少研究人员对残差块进行了改进，但是很遗憾并没有获得性能上的提升。

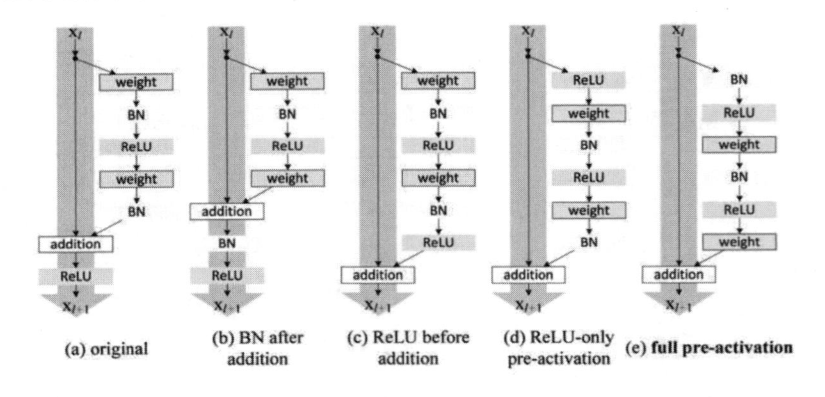

图 7-5　门控短路电路

7.1.2　不要重复造轮子——PyTorch 2.0 中的模块工具

在正式讲解 ResNet 之前，我们先熟悉一下 ResNet 构建过程中所使用的 PyTorch 2.0 模块。

工欲善其事，必先利其器。在构建自己的残差网络之前，需要准备好相关的程序设计工具。这里的工具是指那些已经设计好结构，可以直接使用的代码。最重要的是卷积核的创建方法。从模型上看，需要更改的内容很少，包括卷积核的大小、输出通道数以及所定义的卷积层的名称，代码如下：

```
torch.nn.Conv2d
```

对于 PyTorch 2.0 中的 Conv2d 这个类，在前面的章节中已经出现过，后期还会学习其 1D 模式。

此外，还有一个非常重要的方法 BatchNorm2d，即获取数据的 BatchNormalization，它使用批量正则化对数据进行处理，代码如下：

```
torch.nn.BatchNorm2d
```

在这里，BatchNorm2d 类生成时需要定义输出的最后一个维度，从而在初始化过程中生成一个特定的数据维度。

还有最大池化层，代码如下：

```
torch.nn.MaxPool2d
```

平均池化层，代码如下：

```
torch.nn.AvgPool2d
```

这些是在模型单元中需要使用的基本工具，这些工具的用法我们在后续的模型实现中会进行讲解。有了这些工具，就可以直接构建 ResNet 模型单元。

7.1.3 ResNet 残差模块的实现

ResNet 网络结构已经在前面介绍过了，它突破性地使用模块化思维对网络进行叠加，从而使得数据在模块内部特征的传递不会丢失。

从图 7-6 可以看到，模块的内部实际上是 3 个卷积通道相互叠加，形成了一种瓶颈设计。对于每个残差模块使用 3 层卷积。这 3 层分别是 1×1、3×3 和 1×1 的卷积层，其中 1×1 的卷积层的作用是对输入数据进行“整形”，通过修改通道数使得 3×3 的卷积层具有较小的输入/输出数据结构。

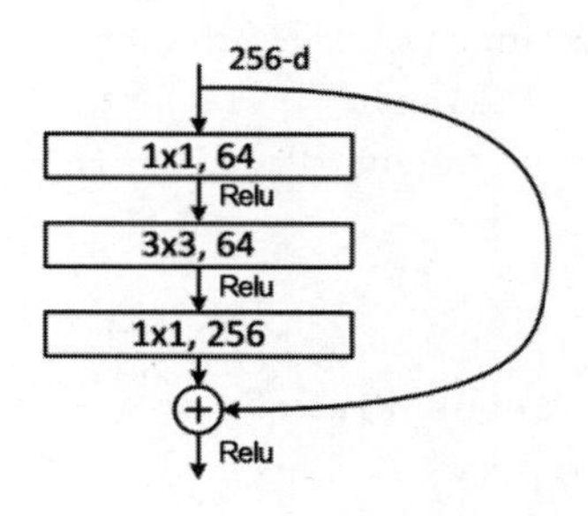

图 7-6　模块的内部

实现的瓶颈 3 层卷积结构的代码如下：

```
torch.nn.Conv2d(input_dim,input_dim//4,kernel_size=1,padding=1)
torch.nn.ReLU(input_dim//4)
//ReLU 函数作为神经元的激活函数
torch.nn.Conv2d(input_dim//4,input_dim//4,kernel_size=3,padding=1)
torch.nn.ReLU(input_dim//4)
torch.nn.BatchNorm2d(input_dim//4)
```

```
torch.nn.Conv2d(input_dim,input_dim,kernel_size=1,padding=1)
torch.nn.ReLU(input_dim)
```

代码中输入的数据首先经过Conv2d卷积层计算，这里设置了输出维度为1/4的输入维度，这是为了降低输入数据的整个数据量，为进行下一层的[3,3]的计算打下基础。同时，因为PyTorch 2.0的关系，需要显式地加入ReLU和BatchNorm2d作为激活层和批处理层。

在数据传递的过程中，ResNet模块使用了名为shortcut的“信息高速公路”，shortcut连接相当于简单执行了同等映射，不会产生额外的参数，也不会增加计算复杂度。而且，整个网络依旧可以通过端到端的反向传播训练。

正是因为有了 Shortcut 的出现，才使得信息可以在每个（Block）中进行传播，据此构成的ResNet BasicBlock代码如下：

```
import torch
import torch.nn as nn

class BasicBlock(nn.Module):
    expansion = 1
    def __init__(self, in_channels, out_channels, stride=1):
        super().__init__()

        #residual function
        self.residual_function = nn.Sequential(
            nn.Conv2d(in_channels, out_channels, kernel_size=3, stride=stride,
padding=1, bias=False),
            nn.BatchNorm2d(out_channels),
            nn.ReLU(inplace=True),
            nn.Conv2d(out_channels, out_channels * BasicBlock.expansion,
kernel_size=3, padding=1, bias=False),
            nn.BatchNorm2d(out_channels * BasicBlock.expansion)
        )

        #shortcut
        self.shortcut = nn.Sequential()
        #判定输出的维度是否和输入一致
        if stride != 1 or in_channels != BasicBlock.expansion * out_channels:
            self.shortcut = nn.Sequential(
                nn.Conv2d(in_channels, out_channels * BasicBlock.expansion,
kernel_size=1, stride=stride, bias=False),
                nn.BatchNorm2d(out_channels * BasicBlock.expansion)
            )

    def forward(self, x):
        return nn.ReLU(inplace=True)(self.residual_function(x) +
self.shortcut(x))
```

上面代码实现的是经典的 ResNet Block 模型，除此之外，还有更多的 ResNet 模块化方式，如图 7-7 所示。

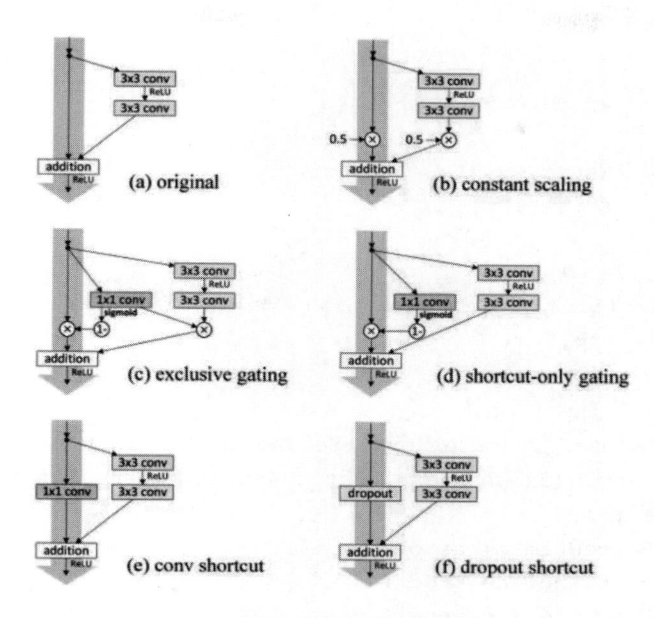

图 7-7　更多的 ResNet 模块化方式

有兴趣的读者可以尝试更多的模块结构。

7.1.4　ResNet 网络的实现

在介绍完 ResNet 模块的实现后，下面使用完成的 ResNet Block 实现完整的 ResNet。ResNet 的结构如图 7-8 所示。

layer name	output size	18-layer	34-layer	50-layer	101-layer	152-layer
conv1	112×112	7×7, 64, stride 2				
conv2_x	56×56	3×3 max pool, stride 2				
		[3×3, 64 3×3, 64] ×2	[3×3, 64 3×3, 64] ×3	[1×1, 64 3×3, 64 1×1, 256] ×3	[1×1, 64 3×3, 64 1×1, 256] ×3	[1×1, 64 3×3, 64 1×1, 256] ×3
conv3_x	28×28	[3×3, 128 3×3, 128] ×2	[3×3, 128 3×3, 128] ×4	[1×1, 128 3×3, 128 1×1, 512] ×4	[1×1, 128 3×3, 128 1×1, 512] ×4	[1×1, 128 3×3, 128 1×1, 512] ×8
conv4_x	14×14	[3×3, 256 3×3, 256] ×2	[3×3, 256 3×3, 256] ×6	[1×1, 256 3×3, 256 1×1, 1024] ×6	[1×1, 256 3×3, 256 1×1, 1024] ×23	[1×1, 256 3×3, 256 1×1, 1024] ×36
conv5_x	7×7	[3×3, 512 3×3, 512] ×2	[3×3, 512 3×3, 512] ×3	[1×1, 512 3×3, 512 1×1, 2048] ×3	[1×1, 512 3×3, 512 1×1, 2048] ×3	[1×1, 512 3×3, 512 1×1, 2048] ×3
	1×1	average pool, 1000-d fc, softmax				
FLOPs		1.8×10^9	3.6×10^9	3.8×10^9	7.6×10^9	11.3×10^9

图 7-8　ResNet 的结构

图 7-8 一共提出了 5 种深度的 ResNet，分别是 18、34、50、101 和 152，其中所有的网络都分成 5 部分，分别是 conv1、conv2_x、conv3_x、conv4_x 和 conv5_x。

说明： ResNet 完整的实现需要高性能显卡，因此我们对其进行了修改，去掉了 Pooling 层，并降低了每次 filter 的数目和每层的层数，这一点请读者注意。

完整的 ResNet 模型的结构如下：

```
import torch
import torch.nn as nn

class BasicBlock(nn.Module):

    expansion = 1

    def __init__(self, in_channels, out_channels, stride=1):
        super().__init__()

        #residual function
        self.residual_function = nn.Sequential(
            nn.Conv2d(in_channels, out_channels, kernel_size=3, stride=stride,
padding=1, bias=False),
            nn.BatchNorm2d(out_channels),
            nn.ReLU(inplace=True),
            nn.Conv2d(out_channels, out_channels * BasicBlock.expansion,
kernel_size=3, padding=1, bias=False),
            nn.BatchNorm2d(out_channels * BasicBlock.expansion)
        )

        #shortcut
        self.shortcut = nn.Sequential()
        #判定输出的维度是否和输入一致
        if stride != 1 or in_channels != BasicBlock.expansion * out_channels:
            self.shortcut = nn.Sequential(
                nn.Conv2d(in_channels, out_channels * BasicBlock.expansion,
kernel_size=1, stride=stride, bias=False),
                nn.BatchNorm2d(out_channels * BasicBlock.expansion)
            )

    def forward(self, x):
        return nn.ReLU(inplace=True)(self.residual_function(x) +
self.shortcut(x))

class ResNet(nn.Module):

    def __init__(self, block, num_block, num_classes=100):
        super().__init__()
        self.in_channels = 64
        self.conv1 = nn.Sequential(
            nn.Conv2d(3, 64, kernel_size=3, padding=1, bias=False),
```

```
            nn.BatchNorm2d(64),
            nn.ReLU(inplace=True))
        #在这里使用构造函数的形式，根据传入的模型结构进行构建，读者直接记住这种编写方法即可
        self.conv2_x = self._make_layer(block, 64, num_block[0], 1)
        self.conv3_x = self._make_layer(block, 128, num_block[1], 2)
        self.conv4_x = self._make_layer(block, 256, num_block[2], 2)
        self.conv5_x = self._make_layer(block, 512, num_block[3], 2)
        self.avg_pool = nn.AdaptiveAvgPool2d((1, 1))
        self.fc = nn.Linear(512 * block.expansion, num_classes)

    def _make_layer(self, block, out_channels, num_blocks, stride):
        strides = [stride] + [1] * (num_blocks - 1)
        layers = []
        for stride in strides:
            layers.append(block(self.in_channels, out_channels, stride))
            self.in_channels = out_channels * block.expansion
        return nn.Sequential(*layers)

    def forward(self, x):
        output = self.conv1(x)
        output = self.conv2_x(output)
        output = self.conv3_x(output)
        output = self.conv4_x(output)
        output = self.conv5_x(output)
        output = self.avg_pool(output)
        #使用 view 层作为全局池化层，fc 是最终的分类函数，为每层对应的类别进行分类计算
        output = output.view(output.size(0), -1)
        output = self.fc(output)
        return output

#18 层的 ResNet
def resnet18():
    return ResNet(BasicBlock, [2, 2, 2, 2])

#34 层的 ResNet
def resnet34():
    return ResNet(BasicBlock, [3, 4, 6, 3])

if __name__ == '__main__':
    image = torch.randn(size=(5,3,224,224))
    resnet = ResNet(BasicBlock, [2, 2, 2, 2])

    img_out = resnet(image)
    print(img_out.shape)
```

需要注意的是，根据输入层数的不同，采用 PyTorch 2.0 中特有的构造方法对传入的 Block 形式进行构建，而使用 view 层作为全局池化层，之后的 fc 层对结果进行最终分类。这里为了配合接下来进行的 CIFAR-10 数据集分类，分类结果被设置成 10 种。

为了演示，在这里实现了 18 层和 34 层的 ResNet 模型的构建，更多的模型请读者自行完成。

7.2　实战 ResNet：CIFAR-10 数据集分类

本节将使用 ResNet 实现 CIFAR-10 数据集的分类。

7.2.1　CIFAR-10 数据集简介

CIFAR-10 数据集共有 60 000 幅彩色图像，这些图像是 32×32 像素的，分为 10 类，每类 6 000 幅图，如图 7-9 所示。这里面有 50 000 幅图用于训练，构成了 5 个训练批，每一批 10 000 幅图；另外，10 000 幅用于测试，单独构成一批。测试批的数据取自 100 类中的每一类，每一类随机取 1000 幅。抽剩下的就随机排列组成训练批。注意，一个训练批中的各类图像的数量并不一定相同，总的来看，训练批每一类都有 5 000 幅图。

Here are the classes in the dataset, as well as 10 random images from each:

airplane
automobile
bird
cat
deer
dog
frog
horse
ship
truck

图 7-9　CIFAR-10 数据集

读者自行搜索 CIFAR-10 数据集下载地址，进入下载页面后，选择下载方式，如图 7-10 所示。

Download

If you're going to use this dataset, please cite the tech report at the bottom of this page.

Version	Size	md5sum
CIFAR-10 python version	163 MB	c58f30108f718f92721af3b95e74349a
CIFAR-10 Matlab version	175 MB	70270af85842c9e89bb428ec9976c926
CIFAR-10 binary version (suitable for C programs)	162 MB	c32a1d4ab5d03f1284b67883e8d87530

图 7-10　下载方式

由于 PyTorch 2.0 采用 Python 语言编程，因此选择 Python Version 的版本下载。下载之后解压缩，得到如图 7-11 所示的文件。

batches	2009/3/31 12:45	META 文件	1 KB
data_batch_1	2009/3/31 12:32	文件	30,309 KB
data_batch_2	2009/3/31 12:32	文件	30,308 KB
data_batch_3	2009/3/31 12:32	文件	30,309 KB
data_batch_4	2009/3/31 12:32	文件	30,309 KB
data_batch_5	2009/3/31 12:32	文件	30,309 KB
readme	2009/6/5 4:47	QQBrowser HTML ...	1 KB
test_batch	2009/3/31 12:32	文件	30,309 KB

图 7-11　得到的文件

data_batch_1~data_batch_5 是划分好的训练数据，每个文件中包含 10 000 幅图片，test_batch 是测试集数据，也包含 10 000 幅图片。

读取数据的代码如下：

```
import pickle
def load_file(filename):
    with open(filename, 'rb') as fo:
        data = pickle.load(fo, encoding='latin1')
    return data
```

首先定义读取数据的函数，这几个文件都是通过 pickle 产生的，所以在读取的时候也要用到这个包。返回的 data 是一个字典，先来看这个字典里面有哪些键。

```
data = load_file('data_batch_1')
print(data.keys())
```

输出结果如下：

```
dict_key3(['batch_label', 'labels', 'data', 'filenames'])
```

具体说明如下。

- batch_label：对应的值是一个字符串，用来表明当前文件的一些基本信息。
- labels：对应的值是一个长度为10 000的列表，每个数字取值范围为0~9，代表当前图片所属的类别。
- data：10000 × 3072的二维数组，每一行代表一幅图片的像素值。
- filenames：长度为10 000的列表，里面每一项是代表图片文件名的字符串。

完整的数据读取函数如下：

【程序 7-1】

```
import pickle
import numpy as np
import os


def get_cifar10_train_data_and_label(root=""):
```

```
    def load_file(filename):
        with open(filename, 'rb') as fo:
            data = pickle.load(fo, encoding='latin1')
        return data

    data_batch_1 = load_file(os.path.join(root, 'data_batch_1'))
    data_batch_2 = load_file(os.path.join(root, 'data_batch_2'))
    data_batch_3 = load_file(os.path.join(root, 'data_batch_3'))
    data_batch_4 = load_file(os.path.join(root, 'data_batch_4'))
    data_batch_5 = load_file(os.path.join(root, 'data_batch_5'))
    dataset = []
    labelset = []
    for data in [data_batch_1, data_batch_2, data_batch_3, data_batch_4,
data_batch_5]:
        img_data = (data["data"])
        img_label = (data["labels"])
        dataset.append(img_data)
        labelset.append(img_label)
    dataset = np.concatenate(dataset)
    labelset = np.concatenate(labelset)
    return dataset, labelset

def get_cifar10_test_data_and_label(root=""):
    def load_file(filename):
        with open(filename, 'rb') as fo:
            data = pickle.load(fo, encoding='latin1')
        return data

    data_batch_1 = load_file(os.path.join(root, 'test_batch'))
    dataset = []
    labelset = []
    for data in [data_batch_1]:
        img_data = (data["data"])
        img_label = (data["labels"])
        dataset.append(img_data)
        labelset.append(img_label)
    dataset = np.concatenate(dataset)
    labelset = np.concatenate(labelset)
    return dataset, labelset

def get_CIFAR10_dataset(root=""):
    train_dataset, label_dataset = get_cifar10_train_data_and_label(root=root)
    test_dataset, test_label_dataset =
get_cifar10_train_data_and_label(root=root)
    return train_dataset, label_dataset, test_dataset, test_label_dataset
```

```
    if __name__ == "__main__":
        train_dataset, label_dataset, test_dataset, test_label_dataset =
get_CIFAR10_dataset(root="../dataset/cifar-10-batches-py/")

        train_dataset = np.reshape(train_dataset,[len(train_dataset),3,32,32]).
astype(np.float32)/255.
        test_dataset = np.reshape(test_dataset,[len(test_dataset),3,32,32]).
astype(np.float32)/255.
        label_dataset = np.array(label_dataset)
        test_label_dataset = np.array(test_label_dataset)
```

其中的 root 是下载数据解压后的目录参数，os.join 函数将其组合成数据文件的位置。最终返回训练文件和测试文件以及它们对应的 label。需要说明的是，提取出的文件数据格式为[-1,3072]，因此需要重新对数据维度进行调整，使之适用于模型的输入。

7.2.2 基于 ResNet 的 CIFAR-10 数据集分类

前面对 ResNet 模型以及 CIFAR-10 数据集进行了介绍，本小节开始使用前面定义的 ResNet 模型进行分类任务。

7.2.1 节已经介绍了 CIFAR-10 数据集的基本构成，并讲解了 ResNet 的基本模型结构，接下来直接导入对应的数据和模型即可。完整的模型训练如下：

```
    import torch
    import resnet
    import get_data
    import numpy as np

    train_dataset, label_dataset, test_dataset, test_label_dataset =
get_data.get_CIFAR10_dataset(root="../dataset/cifar-10-batches-py/")

    train_dataset = np.reshape(train_dataset,[len(train_dataset),3,32,32]).
astype(np.float32)/255.
    test_dataset = np.reshape(test_dataset,[len(test_dataset),3,32,32]).
astype(np.float32)/255.
    label_dataset = np.array(label_dataset)
    test_label_dataset = np.array(test_label_dataset)

    device = "cuda" if torch.cuda.is_available() else "cpu"
    model = resnet.resnet18()                    #导入 Unet 模型
    model = model.to(device)                     #将计算模型传入 GPU 硬件等待计算
    model = torch.compile(model)                 #PyTorch 2.0 的特性，加速计算速度
    optimizer = torch.optim.Adam(model.parameters(), lr=2e-5)    #设定优化函数
    loss_fn = torch.nn.CrossEntropyLoss()
```

```
    batch_size = 128
    train_num = len(label_dataset)//batch_size
    for epoch in range(63):
        train_loss = 0.
        for i in range(train_num):
            start = i * batch_size
            end = (i + 1) * batch_size
            x_batch = torch.from_numpy(train_dataset[start:end]).to(device)
            y_batch = torch.from_numpy(label_dataset[start:end]).to(device)
            pred = model(x_batch)
            loss = loss_fn(pred, y_batch.long())
            optimizer.zero_grad()
            loss.backward()
            optimizer.step()
            train_loss += loss.item()  # 记录每个批次的损失值

        # 计算并打印损失值
        train_loss /= train_num
        accuracy = (pred.argmax(1) == y_batch).type(torch.float32).sum().item() /
batch_size

        #2048 可根据读者 GPU 显存大小调整
            test_num = 2048
        x_test = torch.from_numpy(test_dataset[:test_num]).to(device)
        y_test = torch.from_numpy(test_label_dataset[:test_num]).to(device)
        pred = model(x_test)
        test_accuracy = (pred.argmax(1) == y_test).type(torch.float32).sum().item()
/ test_num
        print("epoch: ",epoch,"train_loss:", round(train_loss,2),
";accuracy:",round(accuracy,2),";test_accuracy:",round(test_accuracy,2))
```

在这里使用训练集数据对模型进行训练，之后使用测试集数据对其输出进行测试，训练结果如图 7-12 所示。

```
epoch:  0 train_loss: 1.83 ;accuracy: 0.6 ;test_accuracy: 0.56
epoch:  1 train_loss: 1.13 ;accuracy: 0.64 ;test_accuracy: 0.66
epoch:  2 train_loss: 0.82 ;accuracy: 0.76 ;test_accuracy: 0.79
epoch:  3 train_loss: 0.48 ;accuracy: 0.91 ;test_accuracy: 0.9
epoch:  4 train_loss: 0.21 ;accuracy: 0.99 ;test_accuracy: 0.95
epoch:  5 train_loss: 0.11 ;accuracy: 0.99 ;test_accuracy: 0.98
```

图 7-12　训练结果

可以看到，经过 5 轮训练后，模型在训练集的准确率达到 0.99，而在测试集的准确率也达到了 0.98，这是一个较好的成绩，模型的性能达到较高水平。

其他层次的模型请读者自行尝试，根据不同的硬件设备，模型的参数和训练集的 batch_size 都需要做出调整，具体数值读者可以根据需要进行设置。

7.3 本章小结

本章是一个起点，让读者站在巨人的肩膀上，从冠军开始！

ResNet 通过“直连”和“模块”的方法开创了一个时代，开天辟地地改变了人们仅依靠堆积神经网络层来获取更高性能的做法，在一定程度上解决了梯度消失和梯度爆炸的问题。这是一项跨时代的发明。

当简单的堆积神经网络层的做法失效的时候，人们开始采用模块化的思想设计网络，同时在不断“加宽”模块的内部通道。但是当前这些方法被挖掘穷尽后，有没有新的方法能够进一步提升卷积神经网络的效果呢？

答案是有的，对于深度学习来说，除了对模型的精巧设计以外，还会对损失函数和优化函数进行修正，甚至随着对深度学习的研究，科研人员对深度学习有了进一步的了解，新的模型结构也被提出，这在后面的章节中会讲解。

第 8 章

梅西-阿根廷+巴西=?
——有趣的 Word Embedding

Word Embedding（词嵌入）是什么？为什么要 Word Embedding？在深入了解前，先看几个例子：

- 在购买商品或者入住酒店后，会邀请顾客填写相关的评价表明对服务的满意程度。
- 使用几个词在搜索引擎上搜索一下。
- 有些博客网站会在博客下面标记一些内容相关的tag标签。

那么问题来了，这些是怎么做到的呢？

实际上这是文本处理后的应用，目的是用这些文本进行情绪分析、同义词聚类、文章分类和打标签。

读者在读文章或者评论的时候，可以准确地说出这个文章大致讲了什么、评论的倾向如何，但是计算机是怎么做到的呢？计算机可以匹配字符串，然后告诉用户是否与其所输入的字符串相匹配，但是怎么能让计算机在用户搜索梅西的时候告诉用户有关足球或者皮耶罗的事情呢？

Word Embedding 由此诞生，它就是对文本的数字表示。通过其表示和计算可以使得计算机很容易得到如下公式：

梅西-阿根廷+巴西=内马尔

本章将着重介绍 Word Embedding 的相关内容，首先通过多种计算 Word Embedding 的方式，循序渐进地讲解如何获取对应的 Word Embedding，之后的实战使用 Word Embedding 进行文本分类。

8.1 文本数据处理

无论是使用深度学习还是传统的自然语言处理方式，一个非常重要的内容就是将自然语言转换成计算机可以识别的特征向量。文本的预处理就是如此，通过文本分词→词向量训练→特征词抽取这 3 个主要步骤组建能够代表文本内容的矩阵向量。

8.1.1 数据集介绍和数据清洗

新闻分类数据集 AG 是由学术社区 ComeToMyHead 提供的，其包含从 2 000 多不同的新闻来源搜集的超过 1 000 000 篇新闻文章，用于研究分类、聚类、信息获取（排行、分级、搜索）等非商业活动。在此基础上，Xiang Zhang 为了研究需要，从中提取了 127 600 个样本，其中抽出了 120 000 个作为训练集，7 600 个作为测试集。分为以下 4 类：

- World
- Sports
- Business
- Sci/Tec

数据集一般是用 CSV 文件存储的，打开后格式如图 8-1 所示。

3	Wall St. Bears Claw Back Into the Black (Reuters)	Reuters - Short-sellers, Wall Street's dwindling\band of ultra-cynics, are seeing green again.
3	Carlyle Looks Toward Commercial Aerospace (Reuters)	Reuters - Private investment firm Carlyle Group,\which has a reputation for making well-timed and occasionally\controversial play
3	Oil and Economy Cloud Stocks' Outlook (Reuters)	Reuters - Soaring crude prices plus worries\about the economy and the outlook for earnings are expected to\hang over the stock ma
3	Iraq Halts Oil Exports from Main Southern Pipeline (	Reuters - Authorities have halted oil export\flows from the main pipeline in southern Iraq after\intelligence showed a rebel mili
3	Oil prices soar to all-time record, posing new menac	AFP - Tearaway world oil prices, toppling records and straining wallets, present a new economic menace barely three months before
3	Stocks End Up, But Near Year Lows (Reuters)	Reuters - Stocks ended slightly higher on Friday\but stayed near lows for the year as oil prices surged past #36;46\a barrel, of
3	Money Funds Fell in Latest Week (AP)	AP - Assets of the nation's retail money market mutual funds fell by #36;1.17 billion in the latest week to #36;849.98 trillion
3	Fed minutes show dissent over inflation (USATODAY.co	USATODAY.com - Retail sales bounced back a bit in July, and new claims for jobless benefits fell last week, the government said T
3	Safety Net (Forbes.com)	Forbes.com - After earning a PH.D. in Sociology, Danny Bazil Riley started to work as the general manager at a commercial real es
3	Wall St. Bears Claw Back Into the Black	NEW YORK (Reuters) - Short-sellers, Wall Street's dwindling band of ultra-cynics, are seeing green again.
3	Oil and Economy Cloud Stocks' Outlook	NEW YORK (Reuters) - Soaring crude prices plus worries about the economy and the outlook for earnings are expected to hang ove
3	No Need for OPEC to Pump More-Iran Gov	TEHRAN (Reuters) - OPEC can do nothing to douse scorching oil prices when markets are already oversupplied by 2.8 million barr
3	Non-OPEC Nations Should Up Output-Purnomo	JAKARTA (Reuters) - Non-OPEC oil exporters should consider increasing output to cool record crude prices, OPEC President Purno
3	Google IPO Auction Off to Rocky Start	WASHINGTON/NEW YORK (Reuters) - The auction for Google Inc.'s highly anticipated initial public offering got off to a rocky st
3	Dollar Falls Broadly on Record Trade Gap	NEW YORK (Reuters) - The dollar tumbled broadly on Friday after data showing a record U.S. trade deficit in June cast fresh do
3	Rescuing an Old Saver	If you think you may need to help your elderly relatives with their finances, don't be shy about having the money talk -- soon.
3	Kids Rule for Back-to-School	The purchasing power of kids is a big part of why the back-to-school season has become such a huge marketing phenomenon.
3	In a Down Market, Head Toward Value Funds	There is little cause for celebration in the stock market these days, but investors in value-focused mutual funds have reason to
3	US trade deficit swells in June	The US trade deficit has exploded 19 to a record \$55.8bn as oil costs drove imports higher, according to a latest figures.
3	Shell 'could be target for Total'	Oil giant Shell could be bracing itself for a takeover attempt, possibly from French rival Total, a press report claims.
3	Google IPO faces Playboy slip-up	The bidding gets underway for Google's public offering, despite last-minute worries over an interview with its bosses in Playboy
3	Eurozone economy keeps growing	Official figures show the 12-nation eurozone economy continues to grow, but there are warnings it may slow down later in the year
3	Expansion slows in Japan	Economic growth in Japan slows down as the country experiences a drop in domestic and corporate spending.
3	Rand falls on shock SA rate cut	Interest rates are trimmed to 7.5 by the South African central bank, but the lack of warning hits the rand and surprises markets
3	Car prices down across the board	The cost of buying both new and second hand cars fell sharply over the past five years, a new survey has found.
3	South Korea lowers interest rates	South Korea's central bank cuts interest rates by a quarter percentage point to 3.5 in a bid to drive growth in the economy.
3	Google auction begins on Friday	An auction of shares in Google, the web search engine which could be floated for as much as \$36bn, takes place on Friday.

图 8-1　AG_NEWS 数据集

第 1 列是新闻分类，第 2 列是新闻标题，第 3 列是新闻的正文部分，使用“,”和“.”作为断句的符号。

由于获取的数据集是由社区自动化存储和收集的，因此无可避免地存有大量的数据杂质：

```
    Reuters - Was absenteeism a little high\on Tuesday among the guys at the office? EA Sports would like\to think it was because "Madden NFL 2005" came out that day,\and some fans of the football simulation are rabid enough to\take a sick day to play it.
    Reuters - A group of technology companies\including Texas Instruments Inc. (TXN.N), STMicroelectronics\(STM.PA) and Broadcom Corp. (BRCM.O), on Thursday said they\will propose a new wireless networking standard up to 10 times\the speed of
```

```
the current generation.
```

因此，要对数据进行清洗。

1. 数据的读取与存储

数据集的存储格式为 CSV，需要按列队数据进行读取，代码如下。

【程序 8-1】

```
import csv
agnews_train = csv.reader(open("./dataset/train.csv","r"))
for line in agnews_train:
    print(line)
```

运行结果（局部截图）如图 8-2 所示。

```
['2', 'Sharapova wins in fine style', 'Maria Sharapova and Amelie Mauresmo opened their challenges at the WTA Champi
['2', 'Leeds deny Sainsbury deal extension', 'Leeds chairman Gerald Krasner has laughed off suggestions that he has
['2', 'Rangers ride wave of optimism', 'IT IS doubtful whether Alex McLeish had much time eight weeks ago to dwell c
['2', 'Washington-Bound Expos Hire Ticket Agency', 'WASHINGTON Nov 12, 2004 - The Expos cleared another logistical h
['2', 'NHL #39;s losses not as bad as they say: Forbes mag', 'NEW YORK - Forbes magazine says the NHL #39;s financia
['1', 'Resistance Rages to Lift Pressure Off Fallujah', 'BAGHDAD, November 12 (IslamOnline.net  amp; News Agencies)
```

图 8-2　Ag_news 中的数据形式

读取的 train 中的每行数据内容被默认以逗号分隔，按列依次存储在序列不同的位置中。为了分类方便，可以使用不同的数组将数据按类别进行存储。当然，也可以根据需要使用 Pandas 工具，但是为了后续操作和保证运算速度，这里主要使用 Python 原生函数和 NumPy 进行计算。

【程序 8-2】

```
import csv
agnews_label = []
agnews_title = []
agnews_text = []
agnews_train = csv.reader(open("./dataset/train.csv","r"))
for line in agnews_train:
    agnews_label.append(line[0])
    agnews_title.append(line[1].lower())
    agnews_text.append(line[2].lower())
```

可以看到，不同的内容被存储在不同的数组中，并且为了统一，将所有的字母统一转换成小写，以便进行后续的计算。

2. 文本的清洗

文本中除了常用的标点符号外，还包含大量的特殊字符，因此需要对文本进行清洗。

文本清洗的方法一般是使用正则表达式，可以匹配小写'a'~'z'、大写'A'~'Z'或者数字'0'~'9'的范围之外的所有字符，并用空格代替，这个方法无须指定所有标点符号，代码如下：

```
import re
text = re.sub(r"[^a-z0-9]"," ",text)
```

这里 re 是对应正则表达式的 Python 包，字符串“^”的意义是求反，即只保留要求的字符而替换非要求保留的字符。进一步分析可以知道，文本清洗中除了将不需要的符号使用空格替换外，还会产生一个问题，即空格数目过多或在文本的首尾有空格残留，会影响文本的读取，因此还需要对替换符号后的文本进行二次处理。

【程序 8-3】

```
import re
def text_clear(text):
    text = text.lower()                          #将文本转换成小写
    text = re.sub(r"[^a-z0-9]"," ",text)         #替换非标准字符，^是求反操作
    text = re.sub(r" +", " ", text)              #替换多重空格
    text = text.strip()                          #取出首尾空格
text = text.split(" ")                           #对句子按空格分隔
    return text
```

由于加载了新的数据清洗工具，因此在读取数据时可以使用自定义的函数，将文本信息处理后存储，代码如下。

【程序 8-4】

```
import csv
import tools
import numpy as np
agnews_label = []
agnews_title = []
agnews_text = []
agnews_train = csv.reader(open("./dataset/train.csv","r"))
for line in agnews_train:
    agnews_label.append(np.float32(line[0]))
    agnews_title.append(tools.text_clear(line[1]))
    agnews_text.append(tools.text_clear(line[2]))
```

这里使用了额外的包和 NumPy 函数对数据进行处理，因此可以获得处理后较为干净的数据，如图 8-3 所示。

```
pilots union at united makes pension deal
quot us economy growth to slow down next year quot
microsoft moves against spyware with giant acquisition
aussies pile on runs
manning ready to face ravens 39 aggressive defense
gambhir dravid hit tons as india score 334 for two night lead
croatians vote in presidential elections mesic expected to win second term afp
nba wrap heat tame bobcats to extend winning streak
historic turkey eu deal welcomed
```

图 8-3　清理后的 Ag_news 数据

8.1.2　停用词的使用

观察分好词的文本集，每组文本中除了能够表达含义的名词和动词外，还有大量没有意义的

副词，例如 is、are、the 等。这些词的存在不会给句子增加太多含义，反而由于出现的频率非常高，影响后续的词向量分析。因此，为了减少我们要处理的词汇量，降低后续程序的复杂度，需要清除停止词。清除停用词一般使用的是 NLTK 工具包。安装代码如下：

```
conda install nltk
```

除了安装NLTK工具包外，还有一个非常重要的内容是，仅安装NLTK工具包并不能够使用停用词，还需要额外下载 NLTK 停用词包，建议读者通过控制端进入 NLTK，之后运行如图 8-4 所示的代码，打开 NLTK 的下载控制端。

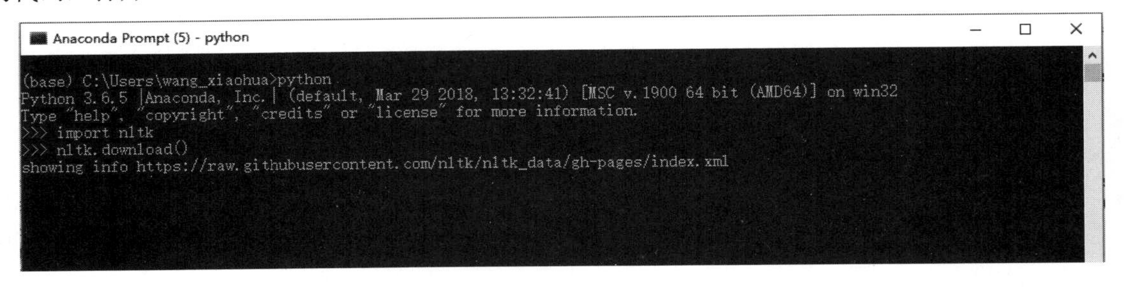

图 8-4　运行代码

打开下载控制端，如图 8-5 所示。

NLTK Downloader

File　View　Sort　Help

Collections　Corpora　Models　All Packages

Identifier	Name	Size	Status
sentiwordnet	SentiWordNet	4.5 MB	not installed
shakespeare	Shakespeare XML Corpus Sample	464.3 KB	not installed
sinica_treebank	Sinica Treebank Corpus Sample	878.2 KB	not installed
smultron	SMULTRON Corpus Sample	162.3 KB	not installed
state_union	C-Span State of the Union Address Corpus	789.8 KB	not installed
stopwords	Stopwords Corpus	17.1 KB	not installed
subjectivity	Subjectivity Dataset v1.0	509.4 KB	not installed
swadesh	Swadesh Wordlists	22.3 KB	not installed
switchboard	Switchboard Corpus Sample	772.6 KB	not installed
timit	TIMIT Corpus Sample	21.2 MB	not installed
toolbox	Toolbox Sample Files	244.7 KB	not installed
treebank	Penn Treebank Sample	1.7 MB	not installed
twitter_samples	Twitter Samples	15.3 MB	not installed
udhr	Universal Declaration of Human Rights Corpus	1.1 MB	not installed
udhr2	Universal Declaration of Human Rights Corpus (Unic	1.6 MB	not installed
unicode_samples	Unicode Samples	1.2 KB	not installed

Download　Refresh

Server Index: https://raw.githubusercontent.com/nltk/nltk_data/gh-

Download Directory: C:\Users\wang_xiaohua\AppData\Roaming\nltk_data

图 8-5　NLTK 下载控制端

在 Corpora 标签下选择 stopwords，单击 Download 按钮下载数据。下载后验证方法如下：

```
stoplist = stopwords.words('english')
print(stoplist)
```

stoplist 将停用词获取到一个数组列表中，打印结果如图 8-6 所示。

```
['i', 'me', 'my', 'myself', 'we', 'our', 'ours', 'ourselves', 'you', "you're", "you've", "you'll", "you'd", 'your', 'yours',
'yourself', 'yourselves', 'he', 'him', 'his', 'himself', 'she', "she's", 'her', 'hers', 'herself', 'it', "it's", 'its', 'itself', 'they',
'them', 'their', 'theirs', 'themselves', 'what', 'which', 'who', 'whom', 'this', 'that', "that'll", 'these', 'those', 'am',
'is', 'are', 'was', 'were', 'be', 'been', 'being', 'have', 'has', 'had', 'having', 'do', 'does', 'did', 'doing', 'a', 'an', 'the',
'and', 'but', 'if', 'or', 'because', 'as', 'until', 'while', 'of', 'at', 'by', 'for', 'with', 'about', 'against', 'between', 'into',
'through', 'during', 'before', 'after', 'above', 'below', 'to', 'from', 'up', 'down', 'in', 'out', 'on', 'off', 'over', 'under',
'again', 'further', 'then', 'once', 'here', 'there', 'when', 'where', 'why', 'how', 'all', 'any', 'both', 'each', 'few',
'more', 'most', 'other', 'some', 'such', 'no', 'nor', 'not', 'only', 'own', 'same', 'so', 'than', 'too', 'very', 's', 't', 'can',
'will', 'just', 'don', "don't", 'should', "should've", 'now', 'd', 'll', 'm', 'o', 're', 've', 'y', 'ain', 'aren', "aren't", 'couldn',
"couldn't", 'didn', "didn't", 'doesn', "doesn't", 'hadn', "hadn't", 'hasn', "hasn't", 'haven', "haven't", 'isn', "isn't",
'ma', 'mightn', "mightn't", 'mustn', "mustn't", 'needn', "needn't", 'shan', "shan't", 'shouldn', "shouldn't",
'wasn', "wasn't", 'weren', "weren't", 'won', "won't", 'wouldn', "wouldn't"]
```

图 8-6　停用词数据

下面将停用词数据加载到文本清洁器中，除此之外，由于英文文本的特殊性，单词会具有不同的变化和变形，例如后缀'ing'和'ed'可以丢弃，'ies'可以用'y'替换，等等。这样可能会变成不是完整词的词干，但是只要将这个词的所有形式都还原成同一个词干即可。NLTK 中对这部分词根还原的处理使用的函数为：

```
PorterStemmer().stem(word)
```

整体代码如下：

```
def text_clear(text):
    text = text.lower()                                   #将文本转换成小写
    text = re.sub(r"[^a-z0-9]"," ",text)                  #替换非标准字符，^是求反操作
    text = re.sub(r" +", " ", text)                       #替换多重空格
    text = text.strip()                                   #取出首尾空格
    text = text.split(" ")
    text = [word for word in text if word not in stoplist]      #去除停用词
    text = [PorterStemmer().stem(word) for word in text]        #还原词干部分
    text.append("eos")                                    #添加结束符
    text = ["bos"] + text                                 #添加开始符
return text
```

这样生成的最终结果如图 8-7 所示。

```
['baghdad', 'reuters', 'daily', 'struggle', 'dodge', 'bullets', 'bombings', 'enough', 'many', 'iraqis', 'face', 'freezing'
['abuja', 'reuters', 'african', 'union', 'said', 'saturday', 'sudan', 'started', 'withdrawing', 'troops', 'darfur', 'ahead
['beirut', 'reuters', 'syria', 'intense', 'pressure', 'quit', 'lebanon', 'pulled', 'security', 'forces', 'three', 'key', '
['karachi', 'reuters', 'pakistani', 'president', 'pervez', 'musharraf', 'said', 'stay', 'army', 'chief', 'reneging', 'pled
['red', 'sox', 'general', 'manager', 'theo', 'epstein', 'acknowledged', 'edgar', 'renteria', 'luxury', '2005', 'red', 'sox
['miami', 'dolphins', 'put', 'courtship', 'lsu', 'coach', 'nick', 'saban', 'hold', 'comply', 'nfl', 'hiring', 'policy', 'i
```

图 8-7　生成的数据

可以看到，相对于未处理的文本，获取的是一个相对干净的文本数据。下面对文本的清洁处理步骤做个总结。

- Tokenization：将句子进行拆分，以单个词或者字符的形式予以存储，文本清洁函数中的 text.split函数执行的就是这个操作。
- Normalization：将词语正则化，lower函数和PorterStemmer函数做了此方面的工作，将数据转为小写和还原词干。

- Rare Word Replacement：对于稀疏性较低的词进行替换，一般将词频小于5的替换成一个特殊的Token <UNK>。Rare Word如同噪声。故该方法可以降噪并减小字典的大小。
- Add <BOS> <EOS>：添加每个句子的开始和结束标识符。
- Long Sentence Cut-Off or Short Sentence Padding：对于过长的句子进行截取，对于过短的句子进行补全。

在处理的时候由于模型的需要，并没有完整地使用以上步骤。读者可以在不同的项目中自行斟酌使用。

8.1.3　词向量训练模型 Word2Vec 使用介绍

Word2Vec（见图 8-8）是 Google 在 2013 年推出的一个 NLP 工具，它的特点是将所有的词向量化，这样就可以定量地度量词之间的关系，挖掘词之间的联系。

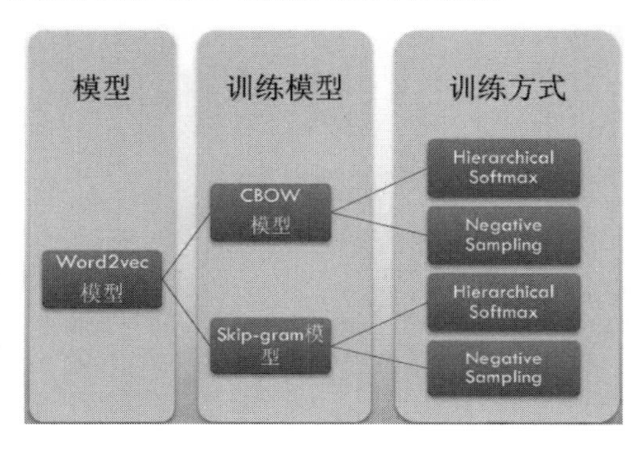

图 8-8　Word2Vec 模型

用词向量来表示词并不是 Word2Vec 首创的，在很久之前就出现了。最早的词向量是很冗长的，它使用的词向量维度大小为整个词汇表的大小，对于每个具体的词汇表中的词，将对应的位置置为 1。

例如 5 个词组成的词汇表，词"Queen"的序号为 2，那么它的词向量就是(0,1,0,0,0)(0,1,0,0,0)。同样的道理，词"Woman"的词向量就是(0,0,0,1,0)(0,0,0,1,0)。这种词向量的编码方式一般叫作 1-of-N Representation 或者 One-Hot Representation（独热表示）。

One-Hot Representation 用来表示词向量非常简单，但是却有很多问题。最大的问题是词汇表一般都非常大，比如达到百万级别，每个词都用百万维的向量来表示基本是不可能的。而且这样的向量其实除了一个位置是 1 外，其余的位置全部是 0，表达的效率不高。将其使用在卷积神经网络中会使得网络难以收敛。

Word2Vec 是一种可以解决 One-Hot Representation 的方法，它的思路是通过训练将每个词都映射到一个较短的词向量上来。所有的这些词向量就构成了向量空间，进而可以用普通的统计学的方法来研究词之间的关系。

Word2Vec 具体的训练方法主要有两部分，分别是 CBOW 模型和 Skip-Gram 模型。

（1）CBOW 模型：CBOW 模型（Continuous Bag-Of-Word Model，连续词袋模型）是一个三层神经网络，如图 8-9 所示。该模型是输入已知上下文，输出对当前单词的预测。

（2）Skip-Gram 模型：Skip-Gram 模型与 CBOW 模型正好相反，由当前词预测上下文，如图 8-10 所示。

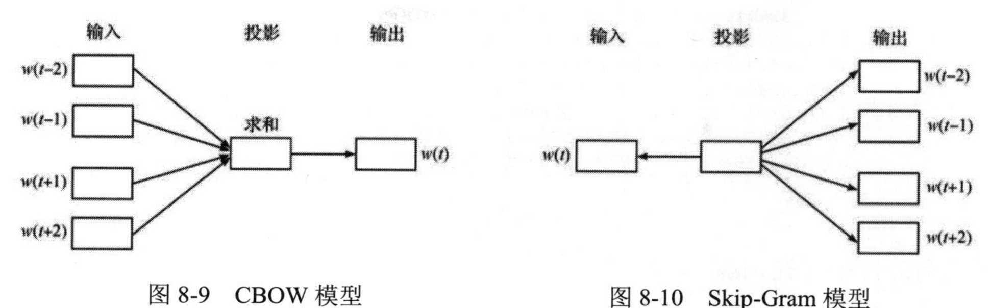

图 8-9 CBOW 模型　　　　图 8-10 Skip-Gram 模型

Word2Vec 更为细节的训练模型和训练方式这里不进行讨论。接下来主要介绍训练一个可以使用的 Word2Vec 向量。

对于词向量的模型训练提出了很多方法，最为简单的是使用 Python 工具包中的 Gensim 包对数据进行训练。

1. 训练Word2Vec模型

对词模型进行训练的代码非常简单：

```
from gensim.models import word2vec    #导入Gensim包
model = word2vec.Word2Vec(agnews_text,size=64, min_count = 0,window = 5)  #设置训练参数
model_name = "corpusWord2Vec.bin"                      #模型存储名
model.save(model_name)                                 #存储训练好的模型
```

首先在代码中导入 Gensim 包，然后 Word2Vec 函数根据设定的参数对 Word2Vce 模型进行训练。Word2Vec 函数的主要参数如下：

```
Word2Vec(sentences, workers=num_workers, size=num_features, min_count = min_word_count, window = context, sample = downsampling, iter = 5)
```

其中，sentences 是输入数据，workers 是并行运行的线程数，size 是词向量的维数，min_count 是最小的词频，window 是上下文窗口大小，sample 是对频繁词汇进行下采样设置，iter 是循环的次数。一般没有特殊要求，按默认值设置即可。

save 函数可以将生成的模型进行存储供后续使用。

2. Word2Vec模型的使用

模型的使用非常简单，代码如下：

```
text = "Prediction Unit Helps Forecast Wildfires"
text = tools.text_clear(text)
print(model[text].shape)
```

其中 text 是需要转换的文本，同样调用 text_clear 函数对文本进行清理。之后使用训练好的模型对文本进行转换。转换后的文本内容如下：

```
['bos', 'predict', 'unit', 'help', 'forecast', 'wildfir', 'eos']
```

计算后的 Word2Vec 文本向量实际上是一个[7,64]大小的矩阵，部分数据如图 8-11 所示。

```
[[-2.30043262e-01  9.95051086e-01 -5.99774718e-01 -2.18779755e+00
  -2.42732501e+00  1.42853677e+00  4.19419765e-01  1.01147270e+00
   3.12305957e-01  9.40802813e-01 -1.26786101e+00  1.90110123e+00
  -1.00584543e+00  5.89528739e-01  6.55723274e-01 -1.54996490e+00
  -1.46146846e+00 -6.19645091e-03  1.97032082e+00  1.67241061e+00
   1.04563618e+00  3.28550845e-01  6.12566888e-01  1.49095607e+00
   7.72413433e-01 -8.21017563e-01 -1.71305871e+00  1.74249041e+00
   6.58117175e-01 -2.38789499e-01 -1.29177213e-01  1.35001493e+00
```

图 8-11　Word2Vec 文本向量

3. 对已有的模型补充训练

模型训练完毕后，可以对其存储，但是随着要训练的文件的增加，Gensim 同样提供了持续性训练模型的方法，代码如下：

```
from gensim.models import word2vec                                    #导入 Gensim 包
model = word2vec.Word2Vec.load('./corpusWord2Vec.bin')               #载入存储的模型
model.train(agnews_title, epochs=model.epochs,
total_examples=model.corpus_count) #继续模型训练
```

可以看到，Word2Vec 提供了加载存储模型的函数。之后 train 函数继续对模型进行训练，可以看到在最初的训练集中，agnews_text 作为初始的训练文档，而 agnews_title 是后续训练部分，这样合在一起可以作为更多的训练文件进行训练。完整代码如下所示。

【程序 8-5】

```
import csv
import tools
import numpy as np
agnews_label = []
agnews_title = []
agnews_text = []
agnews_train = csv.reader(open("./dataset/train.csv","r"))
for line in agnews_train:
    agnews_label.append(np.float32(line[0]))
    agnews_title.append(tools.text_clear(line[1]))
    agnews_text.append(tools.text_clear(line[2]))

print("开始训练模型")
from gensim.models import word2vec
model = word2vec.Word2Vec(agnews_text,size=64, min_count = 0,window =
5,iter=128)
model_name = "corpusWord2Vec.bin"
model.save(model_name)
from gensim.models import word2vec
model = word2vec.Word2Vec.load('./corpusWord2Vec.bin')
```

```
    model.train(agnews_title, epochs=model.epochs,
total_examples=model.corpus_count)
```

模型的使用已经介绍过了，请读者自行完成代码测试。

对于需要训练的数据集和需要测试的数据集，一般建议读者在使用的时候一起予以训练，这样才能够获得最好的语义标注。在现实工程中，对数据的训练往往有着极大的训练样本，文本容量能够达到几十甚至上百吉字节，因此不会产生词语缺失的问题，在实际工程中只需要在训练集上对文本进行训练即可。

8.1.4　文本主题的提取：基于 TF-IDF

使用卷积神经网络对文本进行分类，文本主题的提取并不是必需的，所以本小节可以选学。

一般来说，文本的提取主要涉及以下两种：

- 基于TF-IDF的文本关键字提取。
- 基于TextRank的文本关键词提取。

当然，除此之外，还有很多模型和方法能够帮助进行文本抽取，特别是对于大文本内容。本书由于篇幅关系，对这方面的内容不展开讲解，有兴趣的读者可以参考相关教程。下面先介绍基于TF-IDF 的文本关键字提取。

1. TF-IDF简介

目标文本经过文本清洗和停用词的去除后，一般认为剩下的均为有着目标含义的词。如果需要对其特征进行进一步的提取，那么提取的应该是那些能代表文章的元素，包括词、短语、句子、标点以及描述其他信息的词。从词的角度考虑，需要提取对文章表达贡献度大的词。TF-IDF 各概念之间的关系如下。

$$\text{词频（TF）}=\frac{\text{某个词在文档中的出现次数}}{\text{文章的总词数}}$$

$$\text{逆文档频率（IDF）}=\log\left(\frac{\text{语料库的文档总数}}{\text{包含该词的文档数}+1}\right)$$

$$\text{TF-IDF}=\text{词频（TF）}\times\text{逆文档频率（IDF）}$$

TF-IDF 是一种用于资讯检索与咨询勘测的常用加权技术，也是一种统计方法，用来衡量一个词对一个文件集的重要程度。字词的重要性与其在文件中出现的次数成正比，而与其在文件集中出现的次数成反比。该算法在数据挖掘、文本处理和信息检索等领域得到广泛的应用，其最常见的应用是从一篇文章中提取文章的关键词。

TF-IDF 的主要思想是：如果某个词或短语在一篇文章中出现的频率（Term Frequency，TF，下文简称词频）高，并且在其他文章中很少出现，则认为此词或者短语具有很好的类别区分能力，适合用来分类。其中 TF 表示词条在文章中出现的频率。

$$\text{词频（TF）}=\frac{\text{某个词在单个文本中出现的次数}}{\text{某个词在整个语料库中出现的次数}}$$

逆文档频率（Inverse Document Frequency，IDF）的主要思想是：包含某个词（Word）的文档越少，这个词的区分度就越大，也就是 IDF 越大。

$$\text{逆文档频率（IDF）} = \log\left(\frac{\text{语料库的文本总数}}{\text{语料库中包含该词的文本数}+1}\right)$$

而 TF-IDF 的计算实际上就是 TF×IDF。

$$\text{TF} - \text{IDF} = \text{词频} \times \text{逆文档频率} = \text{TF} \times \text{IDF}$$

2. TF-IDF的实现

首先是 IDF 的计算，代码如下：

```
import math
def idf(corpus):   # corpus 为输入的全部语料文本库文件
    idfs = {}
    d = 0.0
    # 统计词出现次数
    for doc in corpus:
        d += 1
        counted = []
        for word in doc:
            if not word in counted:
                counted.append(word)
                if word in idfs:
                    idfs[word] += 1
                else:
                    idfs[word] = 1
    # 计算每个词的逆文档值
    for word in idfs:
        idfs[word] = math.log(d/float(idfs[word]))
    return idfs
```

然后使用计算好的 idf 计算每个文档的 TF-IDF 值：

```
idfs = idf(agnews_text)                      #获取计算好的文本中每个词的 idf 词频
for text in agnews_text:                     #获取文档集中每个文档
    word_tfidf = {}
    for word in text:                        #依次获取每个文档中的每个词
        if word in word_tfidf:               #计算每个词的词频
            word_tfidf[word] += 1
        else:
            word_tfidf[word] = 1
    for word in word_tfidf:
        word_tfidf[word] *= idfs[word]       #计算每个词的 TFIDF 值
```

计算 TFIDF 的完整代码如下。

【程序 8-6】

```
import math
def idf(corpus):
    idfs = {}
    d = 0.0
    # 统计词出现的次数
    for doc in corpus:
        d += 1
        counted = []
        for word in doc:
            if not word in counted:
                counted.append(word)
                if word in idfs:
                    idfs[word] += 1
                else:
                    idfs[word] = 1
    # 计算每个词的逆文档值
    for word in idfs:
        idfs[word] = math.log(d/float(idfs[word]))
    return idfs
idfs = idf(agnews_text)    #获取计算好的文本中每个词的 IDF 词频，agnews_text 是经过处
理的语料库文档，在 8.1.1 节详细介绍过了
for text in agnews_text:          #获取文档集中的每个文档
    word_tfidf = {}
    for word in text:              #依次获取每个文档中的每个词
        if word in word_idf:       #计算每个词的词频
            word_tfidf[word] += 1
        else:
            word_tfidf[word] = 1
    for word in word_tfidf:
        word_tfidf[word] *= idfs[word]    # word_tfidf 为计算后的每个词的 TF-IDF 值

    values_list = sorted(word_tfidf.items(), key=lambda item: item[1],
reverse=True) #按 value 排序
    values_list = [value[0] for value in values_list]   #生成排序后的单个文档
```

3. 将重排的文档根据训练好的Word2Vec向量建立一个有限量的词矩阵

这部分内容请读者自行完成。

4. 将TF-IDF单独定义一个类

将 TF-IDF 的计算函数单独整合到一个类中，这样方便后续使用，代码如下。

【程序 8-7】

```
class TFIDF_score:
```

```
    def __init__(self,corpus,model = None):
        self.corpus = corpus
        self.model = model
        self.idfs = self.__idf()

    def __idf(self):
        idfs = {}
        d = 0.0
        # 统计词出现的次数
        for doc in self.corpus:
            d += 1
            counted = []
            for word in doc:
                if not word in counted:
                    counted.append(word)
                    if word in idfs:
                        idfs[word] += 1
                    else:
                        idfs[word] = 1
        # 计算每个词的逆文档值
        for word in idfs:
            idfs[word] = math.log(d / float(idfs[word]))
        return idfs

    def __get_TFIDF_score(self, text):
        word_tfidf = {}
        for word in text:                           # 依次获取每个文档中的每个词
            if word in word_tfidf:                  # 计算每个词的词频
                word_tfidf[word] += 1
            else:
                word_tfidf[word] = 1
        for word in word_tfidf:
            word_tfidf[word] *= self.idfs[word]  # 计算每个词的 TF-IDF 值
        values_list = sorted(word_tfidf.items(), key=lambda word_tfidf:
word_tfidf[1], reverse=True)                        #将 TF-IDF 数据按重要程度从大到小排序
        return values_list

    def get_TFIDF_result(self,text):
        values_list = self.__get_TFIDF_score(text)
        value_list = []
        for value in values_list:
            value_list.append(value[0])
        return (value_list)
```

使用方法如下：

```
tfidf = TFIDF_score(agnews_text)          #agnews_text 为获取的数据集
for line in agnews_text:
value_list = tfidf.get_TFIDF_result(line)
print(value_list)
print(model[value_list])
```

其中 agnews_text 为从文档中获取的正文数据集，也可以使用标题或者文档进行处理。

8.1.5　文本主题的提取：基于 TextRank

本小节内容可以选学。TextRank 算法的核心思想来源于著名的网页排名算法 PageRank。PageRank 是 Sergey Brin 与 Larry Page 于 1998 年在 WWW7 会议上提出来的，用来解决链接分析中网页排名的问题，如图 8-12 所示。在衡量一个网页的排名时，可以根据感觉认为：

- 当一个网页被更多网页链接时，其排名会更靠前。
- 排名高的网页应具有更大的表决权，即当一个网页被排名高的网页所链接时，其重要性也会相应提高。

TextRank 算法与 PageRank 算法类似，其将文本拆分成最小组成单元，即词汇，作为网络节点，组成词汇网络图模型，如图 8-13 所示。TextRank 算法在迭代计算词汇权重时与 PageRank 算法一样，理论上是需要计算边权的，但是为了简化计算，通常会默认使用相同的初始权重，并且在分配相邻词汇权重时进行均分。

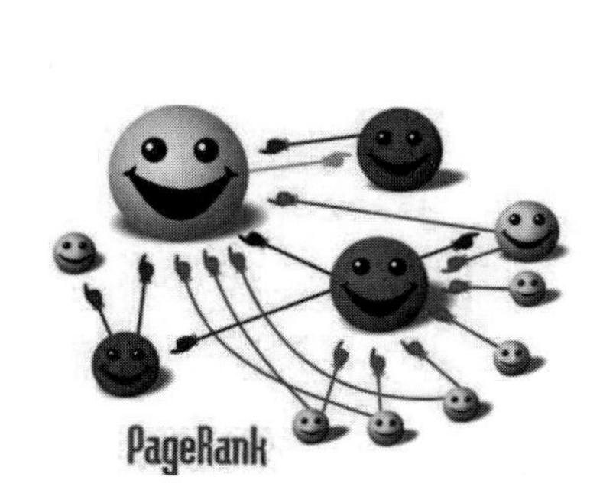

图 8-12　PageRank 算法

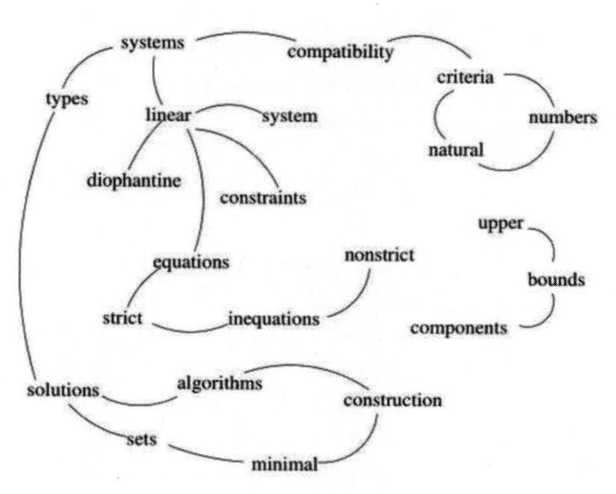

图 8-13　TextRank 算法

1. TextRank算法前置介绍

TextRank 算法用于对文本关键词进行提取，步骤如下：

（1）把给定的文本 T 按照完整句子进行分割。

（2）对于每个句子，进行分词和词性标注处理，并过滤掉停用词，只保留指定词性的单词，如名词、动词、形容词等。

（3）构建候选关键词图 $G=(V,E)$，其中 V 为节点集，由每个词之间的相似度作为连接的边值。

（4）根据下面的公式，迭代传播各节点的权重，直至收敛。

$$WS(V_i)=(1-d)+d\times\sum_{V_j\in \mathrm{In}(V_i)}\frac{\omega_{ji}}{\sum_{V_k\in \mathrm{Out}(V_j)}\omega_{jk}}WS(V_j)$$

对节点权重进行倒序排序，作为按重要程度排列的关键词。

2. TextRank类的实现

整体 TextRank 类的实现如下。

【程序 8-8】

```
class TextRank_score:
    def __init__(self,agnews_text):
        self.agnews_text = agnews_text
        self.filter_list = self.__get_agnews_text()
        self.win = self.__get_win()
        self.agnews_text_dict = self.__get_TextRank_score_dict()

    def __get_agnews_text(self):
        sentence = []
        for text in self.agnews_text:
            for word in text:
                sentence.append(word)
        return sentence

    def __get_win(self):
        win = {}
        for i in range(len(self.filter_list)):
            if self.filter_list[i] not in win.keys():
                win[self.filter_list[i]] = set()
            if i - 5 < 0:
                lindex = 0
            else:
                lindex = i - 5
            for j in self.filter_list[lindex:i + 5]:
                win[self.filter_list[i]].add(j)
        return win
    def __get_TextRank_score_dict(self):
        time = 0
        score = {w: 1.0 for w in self.filter_list}
        while (time < 50):
            for k, v in self.win.items():
                s = score[k] / len(v)
```

```
                score[k] = 0
                for i in v:
                    score[i] += s
            time += 1
        agnews_text_dict = {}
        for key in score:
            agnews_text_dict[key] = score[key]
        return agnews_text_dict

    def __get_TextRank_score(self, text):
        temp_dict = {}
        for word in text:
            if word in self.agnews_text_dict.keys():
                temp_dict[word] = (self.agnews_text_dict[word])
        values_list = sorted(temp_dict.items(), key=lambda word_tfidf:
word_tfidf[1],
                            reverse=False)  # 将 TextRank 数据按重要程度从大到小排序
        return values_list
    def get_TextRank_result(self,text):
        temp_dict = {}
        for word in text:
            if word in self.agnews_text_dict.keys():
                temp_dict[word] = (self.agnews_text_dict[word])
        values_list = sorted(temp_dict.items(), key=lambda word_tfidf:
word_tfidf[1], reverse=False)
        value_list = []
        for value in values_list:
            value_list.append(value[0])
        return (value_list)
```

TextRank 是一种能够实现关键词抽取的方法，当然还有其他可以实现关键词抽取的算法，本书不做探究。对于本书使用的数据集来说，对于文本的提取并不是必需的。本节为选学内容，有兴趣的同学可以自行学习。

8.2 更多的 Word Embedding 方法——FastText 和预训练词向量

在前面我们讲解了 Word2Vec 算法，这是自然语言处理中较为常用的对字符进行转换的方法，即将“字”转换成“字嵌入（Word Embedding）”。

对于普通的文本来说，供人类了解和掌握的信息传递方式并不能简易地被计算机理解，因此 Word Embedding 是目前解决向计算机传递文字信息的最好的方式，如图 8-14 所示。

单词	长度为 3 的词向量		
我	0.3	-0.2	0.1
爱	-0.6	0.4	0.7
我	0.3	-0.2	0.1
的	0.5	-0.8	0.9
祖	-0.4	0.7	0.2
国	-0.9	0.3	-0.4

图 8-14　Word Embedding

随着研究人员对 Word Embedding 研究的深入和计算机处理能力的提高，更多、更好的方法被提出，例如新的 FastText 和使用预训练的词嵌入模型对数据进行处理。

本节是对上一节的延续，从方法上介绍 FastText 的训练和预训练词向量的使用。

8.2.1　FastText 的原理与基础算法

相对于传统的 Word2Vec 计算方法，FastText 是一种更为快速和新的计算 Word Embedding 的方法，其优点主要有以下几个方面：

- FastText在保持高精度的情况下加快了训练速度和测试速度。
- FastText对Word Embedding的训练更加精准。
- FastText采用两个重要的算法，分别是N-Gram和Hierarchical Softmax。

1. N-Gram

相对于 Word2Vec 中采用的 CBOW 架构，FastText 采用的是 N-Gram 架构，如图 8-15 所示。

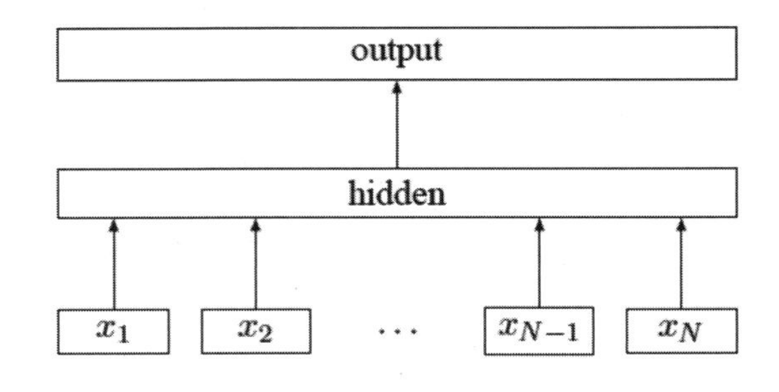

图 8-15　N-Gram 架构

其中，$x_1,x_2,\cdots,x_{N-1},x_N$ 表示一个文本中的 N-Gram 向量，每个特征是词向量的平均值。这里顺便介绍一下 N-Gram 的意义。

N-Gram 常用的有 3 种：1-Gram、2-Gram 和 3-Gram，分别对应一元、二元、三元。

以“我想去成都吃火锅”为例，对其进行分词处理，得到下面的数组：["我"，“想”，

“去”，“成”，“都”，“吃”，“火”，“锅”]。这就是 1-Gram，分词的时候对应一个滑动窗口，窗口大小为 1，所以每次只取一个值。

同理，假设使用 2-Gram，就会得到[“我想”，“想去”，“去成”，“成都”，“都吃”，“吃火”，“火锅”]。N-Gram 模型认为词与词之间有关系的距离为 N， 如果超过 N，则认为它们之间没有联系，所以就不会出现“我成”，“我去”这些词。

如果使用 3-Gram，就是[“我想去”，“想去成”，“去成都”，…]。N 理论上可以设置为任意值，但是一般设置成上面 3 个类型就够了。

2. Hierarchical Softmax

Hierarchical Softmax 即当语料类别较多时，使用 Hierarchical Softmax(hs)减轻计算量。FastText 中的 Hierarchical Softmax 利用 Huffman 树实现，将词向量作为叶子节点，之后根据词向量构建 Huffman 树，如图 8-16 所示。

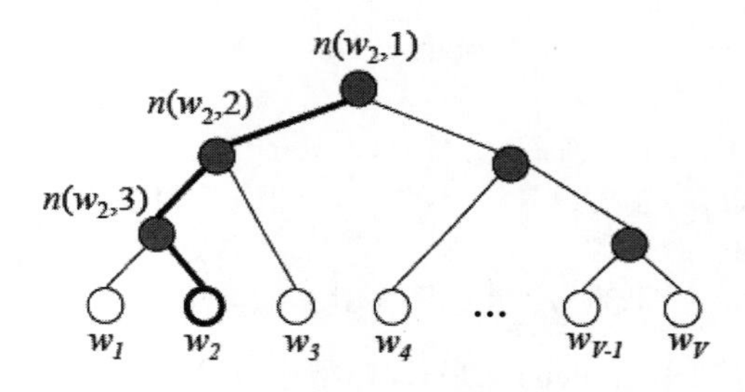

图 8-16　Hierarchical Softmax 架构

Hierarchical Softmax 的算法较为复杂，这里就不过多阐述了，有兴趣的读者可以自行研究。

8.2.2　FastText 训练以及与 PyTorch 2.0 的协同使用

前面介绍了架构和理论，本小节开始使用 FastText。这里主要介绍中文部分的 FastText 处理。

1. 数据收集与分词

为了演示 FastText 的使用，构造如图 8-17 所示的数据集。

```
text = [
    "卷积神经网络在图像处理领域获得了极大成功，其结合特征提取和目标训练为一体的模型能够最好的利用已有的信息对结果进行反馈训练。",
    "对于文本识别的卷积神经网络来说，同样也是充分利用特征提取时提取的文本特征来计算文本特征权值大小的，归一化处理需要处理的数据。",
    "这样使得原来的文本信息抽象成一个向量化的样本集，之后将样本集和训练好的模板输入卷积神经网络进行处理。",
    "本节将在上一节的基础上使用卷积神经网络实现文本分类的问题，这里将采用两种主要基于字符的和基于word embedding形式的词卷积神经网络处理方法。",
    "实际上无论是基于字符的还是基于word embedding形式的处理方式都是可以相互转换的，这里只介绍使用基本的使用模型和方法，更多的应用还需要读者自行挖掘和设计。"
]
```

图 8-17　演示数据集

text 中是一系列的短句文本，以每个逗号为一句进行区分，一个简单的处理函数如下：

```
import jieba
jieba_cut_list = []
for line in text:
    jieba_cut = jieba.lcut(line)
    jieba_cut_list.append(jieba_cut)
```

```
    print(jieba_cut)
```

打印结果如下：

```
    ['卷积', '神经网络', '在', '图像处理', '领域', '获得', '了', '极大', '成功', '，', '其',
'结合', '特征提取', '和', '目标', '训练', '为', '一体', '的', '模型', '能够', '最好', '的', '
利用', '已有', '的', '信息', '对', '结果', '进行', '反馈', '训练', '。']
    ['对于', '文本', '识别', '的', '卷积', '神经网络', '来说', '，', '同样', '也', '是', '
充分利用', '特征提取', '时', '提取', '的', '文本', '特征', '来', '计算', '文本', '特征', '权
值', '大小', '的', '，', '归一化', '处理', '需要', '处理', '的', '数据', '。']
    ['这样', '使得', '原来', '的', '文本', '信息', '抽象', '成', '一个', '向', '量化', '的
', '样本', '集', '，', '之后', '将', '样本', '集', '和', '训练', '好', '的', '模板', '输入
', '卷积', '神经网络', '进行', '处理', '。']
    ['本节', '将', '在', '上', '一节', '的', '基础', '上', '使用', '卷积', '神经网络', '实
现', '文本', '分类', '的', '问题', '，', '这里', '将', '采用', '两种', '主要', '基于', '字符
', '的', '和', '基于', 'word', ' ', 'embedding', '形式', '的', '词', '卷积', '神经网络', '
处理', '方法', '。']
    ['实际上', '无论是', '基于', '字符', '的', '还是', '基于', 'word', ' ', 'embedding', '
形式', '的', '处理', '方式', '都', '是', '可以', '相互', '转换', '的', '，', '这里', '只', '
介绍', '使用', '基本', '的', '使用', '模型', '和', '方法', '，', '更', '多', '的', '应用', '
还', '需要', '读者', '自行', '挖掘', '和', '设计', '。']
```

可以看到，其中每一行都根据 jieba 的分词模型进行分词处理，之后保存在每一行中的是已经被分过词的数据。

2. 使用Gensim中的FastText进行词嵌入计算

gensim.models 中除了包含前文介绍过的 Word2Vec 函数外，还包含 FastText 的专用计算类，代码如下：

```
    from gensim.models import FastText
    model =
FastText(min_count=5,vector_size=300,window=7,workers=10,epochs=50,seed=17,sg=1
,hs=1)
```

其中 FastText 的参数定义如下。

- sentences (iterable of iterables, optional)：供训练的句子，可以使用简单的列表，但是对于大语料库，建议直接从磁盘/网络流迭代传输句子。
- vector_size (int, optional) ：词向量的维度。
- window (int, optional)：一个句子中当前单词和被预测单词的最大距离。
- min_count (int, optional)：忽略词频小于此值的单词。
- workers (int, optional)：训练模型时使用的线程数。
- sg ({0, 1}, optional)：模型的训练算法，1代表Skip-Gram，0代表CBOW。
- hs ({0, 1}, optional)：1采用Hierarchical Softmax训练模型，0采用负采样模型。
- epochs：模型迭代的次数。
- seed (int, optional)：随机数发生器种子。

在定义的 FastText 类中，依次设定了最低词频度、单词训练的最大距离、迭代数以及训练模型等。完整训练例子如下。

【程序 8-9】

```
text = [
    "卷积神经网络在图像处理领域获得了极大成功，其结合特征提取和目标训练为一体的模型能够最好地利用已有的信息对结果进行反馈训练。",
    "对于文本识别的卷积神经网络来说，同样也是充分利用特征提取时提取的文本特征来计算文本特征权值大小的，归一化处理需要处理的数据。",
    "这样使得原来的文本信息抽象成一个向量化的样本集，之后将样本集和训练好的模板输入卷积神经网络进行处理。",
    "本节将在上一节的基础上使用卷积神经网络实现文本分类的问题，这里将采用基于字符的和基于Word Embedding 形式的词卷积神经网络处理方法。",
    "实际上基于字符的和基于 Word Embedding 形式的处理方式是可以相互转换的，这里只介绍基本的使用模型和方法，更多的应用还需要读者自行挖掘和设计。"
]

import jieba

jieba_cut_list = []
for line in text:
    jieba_cut = jieba.lcut(line)
    jieba_cut_list.append(jieba_cut)
    print(jieba_cut)

from gensim.models import FastText
model = 
FastText(min_count=5,vector_size=300,window=7,workers=10,epochs=50,seed=17,sg=1,hs=1)
model.build_vocab(jieba_cut_list)
model.train(jieba_cut_list, total_examples=model.corpus_count, 
epochs=model.epochs)        #这里使用作者给出的固定格式即可
model.save("./xiaohua_fasttext_model_jieba.model")
```

model 中的 build_vocab 函数是对数据建立词库，而 train 函数是对 model 模型训练模式的设定，这里使用作者给出的格式即可。

最后训练好的模型被存储在 models 文件夹中。

3. 使用训练好的FastText模型进行参数读取

使用训练好的 FastText 进行参数读取很方便，直接载入训练好的模型，之后将带测试的文本输入即可，代码如下：

```
from gensim.models import FastText
model = FastText.load("./xiaohua_fasttext_model_jieba.model")
embedding = model.wv["设计"]      #"设计"这个词在 text 中出现，并经过 jieba 分词后得到模型的训练
print(embedding)
```

与训练过程不同的是，这里 FastText 使用自带的 load 函数将保存的模型载入，之后使用类似于

传统的 list 方式将已训练过的值打印出来，结果如图 8-18 所示。

```
[-1.85652229e-03  1.06951549e-04 -1.29939604e-03 -2.34862976e-03
 -6.68820925e-04  1.26710674e-03 -1.97672029e-03 -1.04239455e-03
 -8.38022737e-04  6.35023462e-05  9.96836461e-04  1.45770342e-03
  7.53837754e-04  5.64315473e-04 -1.27105368e-03 -8.11854668e-04
  1.84631464e-03  7.92698353e-04  2.69438024e-05 -2.72928341e-03
  1.66522607e-03 -1.27705897e-03  7.12231966e-04  6.97845593e-04
 -2.03090278e-03  6.80215948e-04 -5.58388012e-04 -2.13399762e-05
 -1.41401729e-03 -3.24102934e-04  6.42388535e-04  1.45976734e-03
  3.52950243e-04  6.96734118e-04 -7.11251458e-04 -1.24862022e-03
```

图 8-18　打印结果

注意： FastText 的模型只能打印已训练过的词向量，而不能打印未经过训练的词，在图 8-19 中，模型输出的值，是已经过训练的“设计”这个词。

打印输出值的维度如下：

```
print(embedding.shape)
```

具体读者自行决定。

4. 继续对已有的FastText模型进行词嵌入训练

有时需要在训练好的模型上继续进行词嵌入训练，可以利用已训练好的模型或者利用计算机碎片时间进行迭代训练。理论上，数据集内容越多，训练时间越长，则训练精度越高。

```
from gensim.models import FastText
model = FastText.load("./xiaohua_fasttext_model_jieba.model")
#embedding = model.wv["设计"]    #"设计"这个词经过预训练

model.build_vocab(jieba_cut_list, update=True)
model.train(jieba_cut_list, total_examples=model.corpus_count, epochs=6)
model.min_count = 10
model.save("./xiaohua_fasttext_model_jieba.model")
```

在这里需要额外设置一些 model 的参数，读者仿照作者写的格式即可。

5. 提取FastText模型的训练结果作为预训练词的嵌入数据（读者一定要注意位置对应关系）

训练好的 FastText 模型可以作为深度学习的预训练词嵌入模型中使用，相对于随机生成的向量，预训练的词嵌入数据带有部分位置和语义信息。

获取预训练好的词嵌入数据的代码如下：

```
def get_embedding_model(Word2VecModel):
    vocab_list = [word for word in Word2VecModel.wv.key_to_index]  # 存储所有的
词语

    word_index = {" ": 0}  # 初始化 '[word : token]' ，后期 tokenize 语料库使用的
就是该词典
    word_vector = {}  # 初始化'[word : vector]'字典
```

```
    # 初始化存储所有向量的大矩阵，留意其中多了一位（首行），词向量全为 0，用于 Padding 补零
    # 行数为所有单词数+1，比如 10000+1；列数为词向量维度，比如 100
    embeddings_matrix = np.zeros((len(vocab_list) + 1, Word2VecModel.vector_size))

    ## 填充上述的字典和大矩阵
    for i in range(len(vocab_list)):
        word = vocab_list[i]           # 每个词语
        word_index[word] = i + 1       # 词语：序号
        word_vector[word] = Word2VecModel.wv[word]              # 词语：词向量
        embeddings_matrix[i + 1] = Word2VecModel.wv[word]       # 词向量矩阵

    #这里的 word_vector 数据量较大时不好打印
    return word_index, word_vector, embeddings_matrix #word_index 和 embeddings_matrix 的作用在下文阐述
```

在示例代码中，首先通过迭代方法获取训练的词库列表，之后建立字典，使得词和序列号一一对应。

返回值是 3 个数值，分别是 word_index、word_vector 和 embeddings_matrix，这里 word_index 是词的序列，embeddings_matrix 是生成的与词向量表对应的 embedding 矩阵，在这里需要注意的是，实际上 embedding 可以根据传入的数据的不同对其位置进行修正，但是此修正必须伴随 word_index 一起进行位置改变。

输出的 embeddings_matrix 由下列函数完成：

```
import torch
embedding = torch.nn.Embedding(num_embeddings= embeddings_matrix.shape[0],
embedding_dim=embeddings_matrix.shape[1])
embedding.weight.data.copy_(torch.tensor(embeddings_matrix))
```

在这里训练好的 embeddings_matrix 被作为参数传递给 embedding 列表，在这里读者只需要遵循这种写法即可。

另外，PyTorch 的 embedding 中进行 look_up 查询时，传入的是每个字符的序号，因此需要一个编码器将字符编码为对应的序号。

```
# 使用 tokenizer 对文本进行序列化处理，并返回每个句子所对应的词语索引
# 这个只能对单个字使用，对词语进行切词的时候无法处理
def tokenizer(texts, word_index):
    token_indexs = []
    for sentence in texts:
        new_txt = []
        for word in sentence:
            try:
                new_txt.append(word_index[word])  # 把句子中的词语转换为 index
            except:
                new_txt.append(0)
        token_indexs.append(new_txt)
    return token_indexs
```

tokenizer 函数用于对单词进行序列化，这里根据上文生成的 word_index 对每个词语进行编号。具体应用请读者参考前面的内容自行尝试。

8.2.3 使用其他预训练参数生成 PyTorch 2.0 词嵌入矩阵（中文）

无论是使用 Word2Vec 还是 FastText 作为训练基础都是可以的。但是对于个人用户或者规模不大的公司机构来说，做一个庞大的预训练项目是一个费时费力的工程。

他山之石，可以攻玉。我们可以借助其他免费的训练好的词向量作为使用基础，如图 8-19 所示。

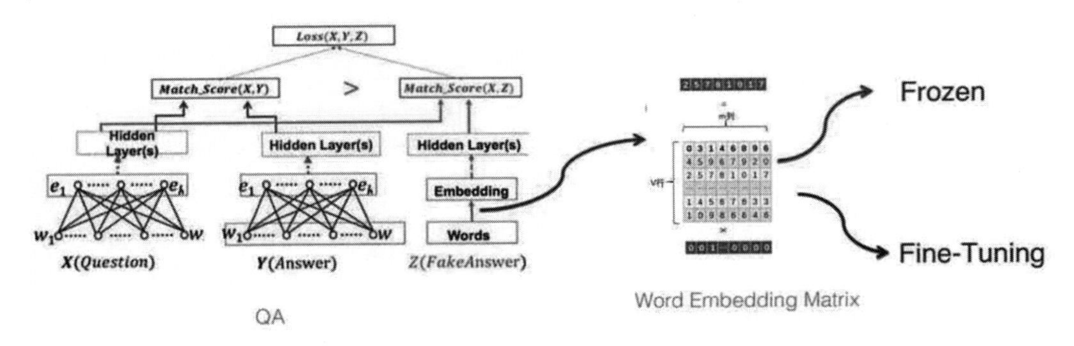

图 8-19　预训练词向量

在中文部分较为常用并且免费的词嵌入预训练数据为腾讯的词向量，地址如下：

```
https://ai.tencent.com/ailab/nlp/embedding.html
```

下载页面如图 8-20 所示。

Tencent AI Lab Embedding Corpus for Chinese Words and Phrases

A corpus on continuous distributed representations of Chinese words and phrases.

Introduction

This corpus provides 200-dimension vector representations, a.k.a. embeddings, for over 8 million Chinese words and phrases, which are pre-trained on large-scale high-quality data. These vectors, capturing semantic meanings for Chinese words and phrases, can be widely applied in many downstream Chinese processing tasks (e.g., named entity recognition and text classification) and in further research.

Data Description

Download the corpus from: Tencent_AILab_ChineseEmbedding.tar.gz.

The pre-trained embeddings are in ***Tencent_AILab_ChineseEmbedding.txt***. The first line shows the total number of embeddings and their dimension size, separated by a space. In each line below, the first column indicates a Chinese word or phrase, followed by a space and its embedding. For each embedding, its values in different dimensions are separated by spaces.

图 8-20　腾讯的词向量下载页面

可以使用以下代码载入预训练模型进行词矩阵的初始化：

```
from gensim.models.word2vec import KeyedVectors
wv_from_text = KeyedVectors.load_word2vec_format(file, binary=False)
```

接下来的步骤与 8.2.2 节相似，读者可以自行编写完成。

8.3 针对文本的卷积神经网络模型简介——字符卷积

卷积神经网络在图像处理领域获得了极大成功，其结合特征提取和目标训练为一体的模型能够最好地利用已有的信息对结果进行反馈训练。

对于文本识别的卷积神经网络来说，同样是充分利用特征提取时提取的文本特征来计算文本特征权值大小的，归一化处理需要处理的数据。这样使得原来的文本信息抽象成一个向量化的样本集，之后将样本集和训练好的模板输入卷积神经网络进行处理。

本节将在 8.2 节的基础上使用卷积神经网络实现文本分类的问题，这里将采用两种方式，分别是基于字符和基于词的卷积神经网络模型进行处理。实际上，基于字符的和基于 Word Embedding 形式的处理方式是可以相互转换的，这里只介绍基本的使用模型和方法，更多的应用需要读者自行挖掘和设计。

8.3.1 字符（非单词）文本的处理

本小节将介绍基于字符的卷积神经网络处理方法。基于单词的卷积神经网络处理内容将在 8.3.2 节介绍，这样读者可以循序渐进地学习。

任何一个英文单词都是由字母构成的，因此可以简单地将英文单词拆分成字母的表示形式：

```
hello -> ["h","e","l","l","o"]
```

这样可以看到一个单词“hello”被人为地拆分成“h”“e”“l”“l”“o”这 5 个字母。而对于 Hello 的处理有两种方式，即 One-Hot 方式和 Word Embedding 方式。这样的话，“hello”这个单词就被转换成一个[5,n]大小的矩阵，本例中采用 One-Hot 的方式进行处理。

使用卷积神经网络计算字符矩阵，对于每个单词拆分成的数据，根据不同的长度对其进行卷积处理，以提取出高层抽象概念。这样做的好处是不需要使用预训练好的词向量和语法句法结构等信息。除此之外，字符级的模型还有一个好处就是很容易推广到所有语言。使用卷积神经网络处理字符文本分类的原理如图 8-21 所示。

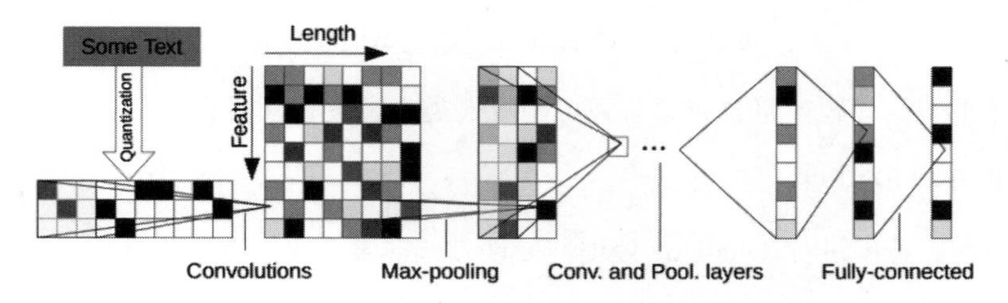

图 8-21 使用卷积神经网络处理字符文本分类

使用卷积神经网络处理字符文本分类的具体步骤如下。

1. 标题文本的读取与转换

对于 AG_NEWS 数据集来说，每个分类的文本条例既有对应的分类，也有标题和文本内容，对于文本内容的提取在 8.1 节的选学内容中也有介绍，这里直接使用标题文本的方法进行处理，如

图 8-22 所示。

3	Money Funds Fell in Latest Week (AP)
3	Fed minutes show dissent over inflation (USATODAY.com)
3	Safety Net (Forbes.com)
3	Wall St. Bears Claw Back Into the Black
3	Oil and Economy Cloud Stocks' Outlook
3	No Need for OPEC to Pump More-Iran Gov
3	Non-OPEC Nations Should Up Output-Purnomo
3	Google IPO Auction Off to Rocky Start
3	Dollar Falls Broadly on Record Trade Gap
3	Rescuing an Old Saver
3	Kids Rule for Back-to-School
3	In a Down Market, Head Toward Value Funds

图 8-22　AG_NEWS 标题文本

读取标题和 label 的程序请读者参考 8.1 节的内容自行完成。由于只是对文本标题进行处理，因此在进行数据清洗的时候不用处理停用词和进行词干还原，对于空格，由于是进行字符计算，因此不需要保留空格，直接将其删除即可。完整代码如下：

```
def text_clearTitle(text):
    text = text.lower()                          #将文本转换成小写
    text = re.sub(r"[^a-z]"," ",text)            #替换非标准字符，^是求反操作
    text = re.sub(r" +", " ", text)              #替换多重空格
    text = text.strip()                          #取出首尾空格
    text = text + " eos"                         #添加结束符，请注意，eos 前面有一个空格
return text
```

这样获取的结果如图 8-23 所示。

```
wal mart dec sales still seen up pct eos
sabotage stops iraq s north oil exports eos
corporate cost cutters miss out eos
murdoch will shell out mil for manhattan penthouse eos
au says sudan begins troop withdrawal from darfur reuters eos
insurgents attack iraq election offices reuters eos
syria redeploys some security forces in lebanon reuters eos
security scare closes british airport ap eos
iraqi judges start quizzing saddam aides ap eos
musharraf says won t quit as army chief reuters eos
```

图 8-23　AG_NEWS 标题文本抽取结果

可以看到，不同的标题被整合成一系列可能对人类来说没有任何表示意义的字符。

2. 文本的One-Hot处理

下面对生成的字符串进行 One-Hot 处理，处理方式非常简单，首先建立一个 26 个字母的字符表：

```
alphabet_title = "abcdefghijklmnopqrstuvwxyz"
```

根据每个字符在字符表中出现的位置序号进行编号，建立一个长度为26，值均为0的序列，根据字符对应的序号将序列中对应位置设置为 1，其他位置依旧为 0。例如字符“c”在字符表中第 3 个，那么获取的字符矩阵为：

```
[0,0,1,0,0,0,0,0,0,0,0,0,0,0,0,0,0,0,0,0,0,0,0,0,0,0]
```

其他的类似，代码如下：

```
def get_one_hot(list):
values = np.array(list)
n_values = len(alphabet_title) + 1
return np.eye(n_values)[values]
```

这段代码的作用是将生成的字符序列转换成矩阵，如图 8-24 所示。

```
                   [[0. 1. 0. 0. 0. 0. 0. 0. 0. 0. 0. 0. 0. 0. 0. 0. 0. 0. 0. 0. 0. 0. 0. 0.
                     0. 0. 0.]
                    [0. 0. 1. 0. 0. 0. 0. 0. 0. 0. 0. 0. 0. 0. 0. 0. 0. 0. 0. 0. 0. 0. 0. 0.
                     0. 0. 0.]
                    [0. 0. 0. 1. 0. 0. 0. 0. 0. 0. 0. 0. 0. 0. 0. 0. 0. 0. 0. 0. 0. 0. 0. 0.
                     0. 0. 0.]
                    [0. 0. 0. 0. 1. 0. 0. 0. 0. 0. 0. 0. 0. 0. 0. 0. 0. 0. 0. 0. 0. 0. 0. 0.
                     0. 0. 0.]
                    [0. 0. 0. 0. 0. 1. 0. 0. 0. 0. 0. 0. 0. 0. 0. 0. 0. 0. 0. 0. 0. 0. 0. 0.
                     0. 0. 0.]
                    [0. 0. 0. 0. 0. 0. 1. 0. 0. 0. 0. 0. 0. 0. 0. 0. 0. 0. 0. 0. 0. 0. 0. 0.
                     0. 0. 0.]
                    [1. 0. 0. 0. 0. 0. 0. 0. 0. 0. 0. 0. 0. 0. 0. 0. 0. 0. 0. 0. 0. 0. 0. 0.
[1,2,3,4,5,6,0]  ->  0. 0. 0.]]
```

图 8-24　字符序列转换成矩阵示意图

下一步将字符串按字符表中的顺序转换成数字序列，代码如下：

```
def get_char_list(string):
    alphabet_title = "abcdefghijklmnopqrstuvwxyz"
    char_list = []
    for char in string:
        num = alphabet_title.index(char)
        char_list.append(num)
    return char_list
```

这样生成的结果如下：

```
hello  ->  [7, 4, 11, 11, 14]
```

将代码段整合在一起，最终结果如下：

```
def get_one_hot(list,alphabet_title = None):
    if alphabet_title == None:                    #设置字符集
        alphabet_title = "abcdefghijklmnopqrstuvwxyz"
    else:alphabet_title = alphabet_title
    values = np.array(list)                       #获取字符数列
    n_values = len(alphabet_title) + 1            #获取字符表长度
    return np.eye(n_values)[values]

def get_char_list(string,alphabet_title = None):
    if alphabet_title == None:
        alphabet_title = "abcdefghijklmnopqrstuvwxyz"
    else:alphabet_title = alphabet_title
    char_list = []
```

```
    for char in string:                      #获取字符串中的字符
        num = alphabet_title.index(char)     #获取对应位置
        char_list.append(num)                #组合位置编码
    return char_list
#主代码
def get_string_matrix(string):
    char_list = get_char_list(string)
    string_matrix = get_one_hot(char_list)
    return string_matrix
```

这样生成的结果如图 8-25 所示。

```
[[0. 0. 0. 0. 0. 0. 0. 1. 0. 0. 0. 0. 0. 0. 0. 0. 0. 0. 0. 0. 0. 0. 0.
  0. 0. 0.]
 [0. 0. 0. 0. 1. 0. 0. 0. 0. 0. 0. 0. 0. 0. 0. 0. 0. 0. 0. 0. 0. 0. 0.
  0. 0. 0.]
 [0. 0. 0. 0. 0. 0. 0. 0. 0. 0. 0. 1. 0. 0. 0. 0. 0. 0. 0. 0. 0. 0. 0.
  0. 0. 0.]
 [0. 0. 0. 0. 0. 0. 0. 0. 0. 0. 0. 1. 0. 0. 0. 0. 0. 0. 0. 0. 0. 0. 0.
  0. 0. 0.]
 [0. 0. 0. 0. 0. 0. 0. 0. 0. 0. 0. 0. 0. 0. 1. 0. 0. 0. 0. 0. 0. 0. 0.
  0. 0. 0.]]
```

图 8-25　转换字符串并做 one_hot 处理

可以看到，单词“hello”被转换成一个[5,26]大小的矩阵，供下一步处理。但是这里产生了一个新的问题，对于不同长度的字符串，组成的矩阵行长度是不同的。虽然卷积神经网络可以处理具有不同长度的字符串，但是在本例中还是以相同大小的矩阵作为数据输入进行计算。

3. 生成文本的矩阵的细节处理——矩阵补全

根据文本标题生成 One-Hot 矩阵，而第 2 步中的矩阵生成 One-Hot 矩阵函数，读者可以自行将其变更成类使用，这样能够在使用时更为简易和便捷。此处将使用单独的函数，也就是将第 2 步写的函数引入使用。

```
import csv
import numpy as np
import tools
agnews_title = []
agnews_train = csv.reader(open("./dataset/train.csv","r"))
for line in agnews_train:
    agnews_title.append(tools.text_clearTitle(line[1]))
for title in agnews_title:
    string_matrix = tools.get_string_matrix(title)
    print(string_matrix.shape)
```

打印结果如图 8-26 所示。

```
(51, 28)
(59, 28)
(44, 28)
(47, 28)
(51, 28)
(91, 28)
(54, 28)
(42, 28)
```

图 8-26 补全后的矩阵维度

可以看到，生成的文本矩阵被整形成一个有一定大小规则的矩阵输出。但是这里出现了一个新的问题，对于不同长度的文本，单词和字母的多少并不是固定的，虽然对于全卷积神经网络来说，输入的数据维度可以不用统一和固定，但是这里还是对其进行处理。

对于不同长度的矩阵的处理，一个简单的思路就是将其进行规范化处理，即长的截短，短的补长。这里的思路也是如此，代码如下：

```
def get_handle_string_matrix(string,n = 64):   # n为设定的长度，可以根据需要修正
    string_length= len(string)                 #获取字符串长度
    if string_length > 64:                     #判断是否大于 64
        string = string[:64]                   #长度大于 64 的字符串予以截短
        string_matrix = get_string_matrix(string)    #获取文本矩阵
        return string_matrix
    else:                                            #对于长度不够的字符串
        string_matrix = get_string_matrix(string)    #获取字符串矩阵
        handle_length = n - string_length            #获取需要补全的长度
        pad_matrix = np.zeros([handle_length,28])    #使用全 0 矩阵进行补全
        string_matrix = np.concatenate([string_matrix,pad_matrix],axis=0)  #将
字符矩阵和全 0 矩阵进行叠加，将全 0 矩阵叠加到字符矩阵后面
        return string_matrix
```

代码分成两部分，首先对不同长度的字符进行处理，对于长度大于 64 的字符串只保留前 64 个字符，64 是人为设定的大小，也可以根据需要自由修改。

而对于长度不到 64 的字符串，则需要将其进行补全，补全的方法采用后端补零的方式，即在序列后端加上序号 0 或者特定的“填充字符”，补全的长度为设定的长度与字符串本身长度的差值。

这样经过修饰的代码如下：

```
import csv
import numpy as np
import tools
agnews_title = []
agnews_train = csv.reader(open("./dataset/train.csv","r"))
for line in agnews_train:
    agnews_title.append(tools.text_clearTitle(line[1]))
for title in agnews_title:
    string_matrix = tools. get_handle_string_matrix (title)
    print(string_matrix.shape)
```

打印结果如图 8-27 所示。

```
(64, 28)
(64, 28)
(64, 28)
(64, 28)
(64, 28)
(64, 28)
(64, 28)
(64, 28)
```

图 8-27　标准化补全后的矩阵维度

4. 标签的One-Hot矩阵构建

对于分类的表示，这里同样可以使用矩阵的 One-Hot 方法对其进行分类重构，代码如下：

```
def get_label_one_hot(list):
    values = np.array(list)
    n_values = np.max(values) + 1
    return np.eye(n_values)[values]
```

仿照文本的 One-Hot 函数，根据传进来的序列化参数对列表进行重构，形成一个新的 One-Hot 矩阵，从而能够反映出不同的类别。

5. 数据集的构建

通过准备文本数据集，对文本进行清洗，去除不相干的词，提取主干，并根据需要设定矩阵维度和大小，全部代码如下（tools 工具包即整合后的上文介绍的文字处理工具集）：

```
import csv
import numpy as np
import tools
agnews_label = []                                          #空标签列表
agnews_title = []                                          #空文本标题文档
agnews_train = csv.reader(open("./dataset/train.csv","r")) #读取数据集
for line in agnews_train:                                  #分行迭代文本数据
    agnews_label.append(np.int(line[0]))                   #将标签读入标签列表
    agnews_title.append(tools.text_clearTitle(line[1]))#将文本读入
train_dataset = []
for title in agnews_title:
    string_matrix = tools.get_handle_string_matrix(title)  #构建文本矩阵
    train_dataset.append(string_matrix)  #将创建好的文本 One-Hot 矩阵添加到训练数据
集中
train_dataset = np.array(train_dataset) #将原生的训练列表转换成 NumPy 格式
label_dataset = tools.get_label_one_hot(agnews_label) #将 label 列表转换成
One-Hot 格式
```

这里首先通过 CSV 库获取全文本数据，之后逐行将文本和标签读入，分别将其转换成 One-Hot 矩阵后，利用 NumPy 库将对应的列表转换成 NumPy 格式，结果如图 8-28 所示。

```
(120000, 64, 28)
(120000, 5)
```

图 8-28　标准化转换后的 AG_NEWS

这里分别生成了训练集的数量数据和标签数据的 One-Hot 矩阵列表，训练集的维度为[12000,64,28]，第一个数字是总的样本数，第 2 个和第 3 个数字为生成的矩阵维度。

标签数据是一个二维矩阵，12 000 是样本的总数，5 是类别。这里读者可能会提出疑问，明明只有 4 个类别，为什么会出现 5 个？因为 One-Hot 是从 0 开始的，而标签的分类是从 1 开始的，所以会自动生成一个 0 的标签，这一点请读者自行处理。全部 tools 函数实现代码如下，读者可以将其改成类的形式进行处理。

```
import re
import csv
#rom nltk.corpus import stopwords
from nltk.stem.porter import PorterStemmer
import numpy as np

#对英文文本进行数据清洗
#stoplist = stopwords.words('english')
def text_clear(text):
    text = text.lower()                          #将文本转换成小写
    text = re.sub(r"[^a-z]"," ",text)    #替换非标准字符，^是求反操作
    text = re.sub(r" +", " ", text)      #替换多重空格
    text = text.strip()                          #取出首尾空格
    text = text.split(" ")
    #text = [word for word in text if word not in stoplist]#去除停用词
    text = [PorterStemmer().stem(word) for word in text]   #还原词干部分
    text.append("eos")                           #添加结束符
    text = ["bos"] + text                        #添加开始符
    return text
#对标题进行处理
def text_clearTitle(text):
    text = text.lower()                          #将文本转换成小写
    text = re.sub(r"[^a-z]"," ",text)    #替换非标准字符，^是求反操作
    text = re.sub(r" +", " ", text)      #替换多重空格
    #text = re.sub(" ", "", text)         #替换隔断空格
    text = text.strip()                          #取出首尾空格
    text = text + " eos"                         #添加结束符
    return text
#生成标题的 One-Hot 标签
def get_label_one_hot(list):
    values = np.array(list)
    n_values = np.max(values) + 1
    return np.eye(n_values)[values]
#生成文本的 One-Hot 矩阵
```

```
def get_one_hot(list,alphabet_title = None):
    if alphabet_title == None:                     #设置字符集
        alphabet_title = "abcdefghijklmnopqrstuvwxyz "
    else:alphabet_title = alphabet_title
    values = np.array(list)                        #获取字符数列
    n_values = len(alphabet_title) + 1             #获取字符表长度
    return np.eye(n_values)[values]
#获取文本在词典中的位置列表
def get_char_list(string,alphabet_title = None):
    if alphabet_title == None:
        alphabet_title = "abcdefghijklmnopqrstuvwxyz "
    else:alphabet_title = alphabet_title
    char_list = []
    for char in string:                            #获取字符串中的字符
        num = alphabet_title.index(char)           #获取对应位置
        char_list.append(num)                      #组合位置编码
    return char_list
#生成文本矩阵
def get_string_matrix(string):
    char_list = get_char_list(string)
    string_matrix = get_one_hot(char_list)
    return string_matrix
#获取补全后的文本矩阵
def get_handle_string_matrix(string,n = 64):
    string_length= len(string)
    if string_length > 64:
        string = string[:64]
        string_matrix = get_string_matrix(string)
        return string_matrix
    else:
        string_matrix = get_string_matrix(string)
        handle_length = n - string_length
        pad_matrix = np.zeros([handle_length,28])
        string_matrix = np.concatenate([string_matrix,pad_matrix],axis=0)
        return string_matrix
#获取数据集
def get_dataset():
    agnews_label = []
    agnews_title = []
    agnews_train = csv.reader(open("../dataset/ag_news数据集
/dataset/train.csv","r"))
    for line in agnews_train:
        agnews_label.append(np.int(line[0]))
        agnews_title.append(text_clearTitle(line[1]))
    train_dataset = []
```

```
    for title in agnews_title:
        string_matrix = get_handle_string_matrix(title)
        train_dataset.append(string_matrix)
    train_dataset = np.array(train_dataset)
    label_dataset = get_label_one_hot(agnews_label)
    return train_dataset,label_dataset

if __name__ == '__main__':
    get_dataset()
```

8.3.2　卷积神经网络文本分类模型的实现——Conv1d（一维卷积）

对文本的数据集处理完毕后，下面进入基于卷积神经网络的分类模型设计，如图 8-29 所示。

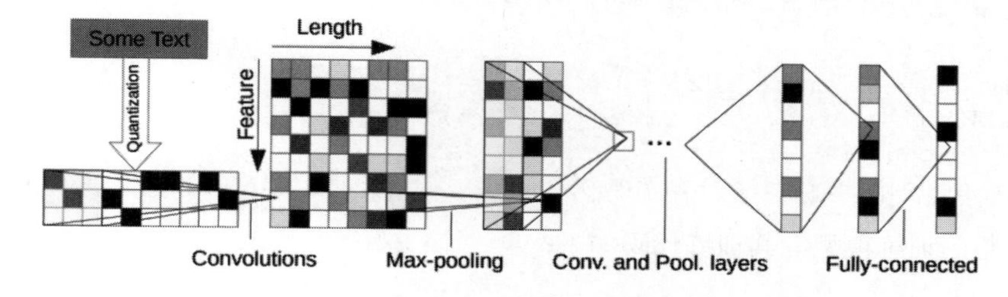

图 8-29　使用卷积神经网络处理字符文本分类

如同图 8-29 所示的结构，我们根据类似的模型设计了一个由 5 层神经网络构成的文本分类模型，如表 8-1 所示。

表 8-1　5 层神经网络文本分类模型结构层次

层　次	结　构
1	Conv 3×3 1×1
2	Conv 5×5 1×1
3	Conv 3×3 1×1
4	full_connect 512
5	full_connect 5

这里使用的是 5 层神经网络，前 3 层是基于一维的卷积神经网络，后两个全连接层用于分类任务，代码如下：

```
import torch
import einops.layers.torch as elt

def char_CNN(input_dim = 28):
    model = torch.nn.Sequential(
        #第一层卷积
        elt.Rearrange("b l c -> b c l"),
        torch.nn.Conv1d(input_dim,32,kernel_size=3,padding=1),
        elt.Rearrange("b c l -> b l c"),
        torch.nn.ReLU(),
        torch.nn.LayerNorm(32),
```

```
        #第二层卷积
        elt.Rearrange("b l c -> b c l"),
        torch.nn.Conv1d(32, 28, kernel_size=3, padding=1),
        elt.Rearrange("b c l -> b l c"),
        torch.nn.ReLU(),
        torch.nn.LayerNorm(28),

        #flatten
        torch.nn.Flatten(),  #[batch_size,64 * 28]
        torch.nn.Linear(64 * 28,64),
        torch.nn.ReLU(),

        torch.nn.Linear(64,5),
        torch.nn.Softmax()
    )
    return model

if __name__ == '__main__':
    embedding = torch.rand(size=(5,64,28))
    model = char_CNN()
    print(model(embedding).shape)
```

这里是完整的训练模型，其训练代码如下：

```
import get_data
from sklearn.model_selection import train_test_split
train_dataset,label_dataset = get_data.get_dataset()
X_train,X_test, y_train, y_test = train_test_split(train_dataset,label_dataset,
test_size=0.1, random_state=828)  #将数据集划分为训练集和测试集
#获取 device
device = "cuda" if torch.cuda.is_available() else "cpu"
model = char_CNN().to(device)
# 定义交叉熵损失函数
def cross_entropy(pred, label):
res = -torch.sum(label * torch.log(pred)) / label.shape[0]
    return torch.mean(res)
optimizer = torch.optim.Adam(model.parameters(), lr=1e-4)
batch_size = 128
train_num = len(X_test)//128
for epoch in range(99):
    train_loss = 0.
    for i in range(train_num):
        start = i * batch_size
        end = (i + 1) * batch_size
        x_batch = torch.tensor(X_train[start:end]).type(torch.float32).
to(device)
        y_batch = torch.tensor(y_train[start:end]).type(torch.float32).
to(device)
        pred = model(x_batch)
        loss = cross_entropy(pred, y_batch)
        optimizer.zero_grad()
        loss.backward()
        optimizer.step()
```

```
            train_loss += loss.item()  # 记录每个批次的损失值
        # 计算并打印损失值
        train_loss /= train_num
        accuracy = (pred.argmax(1) == y_batch.argmax(1)).type(torch.float32).
sum().item() / batch_size
        print("epoch: ",epoch,"train_loss:", round(train_loss,2),"accuracy:",
round(accuracy,2))
```

首先获取完整的数据集，然后通过 train_test_split 函数对数据集进行划分，将数据分为训练集和测试集，而模型的计算和损失函数的优化与前面的 PyTorch 方法类似，这里就不赘述了。

最终结果请读者自行完成。需要说明的是，这里的模型是一个较为简易的短文本分类模型，8.4 节将用另一种方式对这个模型进行修正。

8.4　针对文本的卷积神经网络模型简介——词卷积

使用字符卷积对文本分类是可以的，但是相对于词来说，字符包含的信息并没有“词”的内容多，即使卷积神经网络能够较好地对数据信息进行学习，但是由于包含的内容关系，其最终效果也是差强人意。

在字符卷积的基础上，研究人员尝试使用词为基础数据对文本进行处理，图 8-30 是使用 CNN 做词卷积模型。

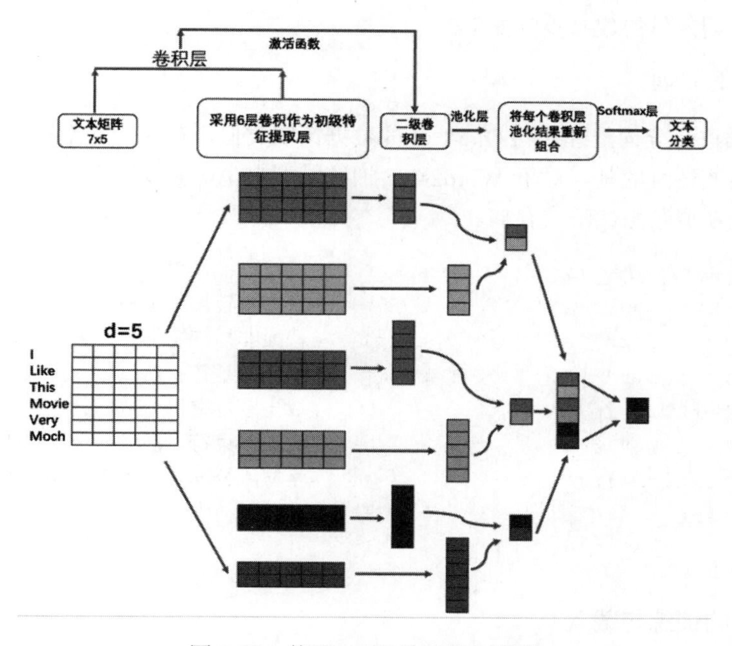

图 8-30　使用 CNN 做词卷积模型

在实际读写中，短文本用于表达较为集中的思想，由于文本长度有限、结构紧凑、能够独立表达意思，因此可以使用基于词卷积的神经网络对数据进行处理。

8.4.1 单词的文本处理

首先对文本进行处理，使用卷积神经网络对单词进行处理一个基本的要求就是将文本转换成计算机可以识别的数据。在 8.3 节的学习中，使用卷积神经网络对字符的 One-Hot 矩阵进行了分析处理。一个简单的想法是，是否可以将文本中的单词依旧处理成 One-Hot 矩阵，如图 8-31 所示。

```
apple    = [1 0 0 0 0]
bag      = [0 1 0 0 0]
cat      = [0 0 1 0 0]
dog      = [0 0 0 1 0]
elephant = [0 0 0 0 1]
```

图 8-31　词的 One-Hot 处理

使用 One-Hot 方法对单词进行表示从理论上可行，但是事实上并不是一种可行的方案，对于基于字符的 One-Hot 方法来说，所有的字符会在一个相对合适的字库中选取，例如从 26 个字母中选取，总量并不是很多（通常少于 128 个），因此组成的矩阵也不会很大。

但是对于单词来说，常用的英文单词或者中文词语一般在 5000 左右，因此建立一个稀疏的庞大的 One-Hot 矩阵是一个不切实际的想法。

目前一个较好的解决方法是使用 Word2Vec 的 Word Embedding 方法，这样可以通过学习将字库中的词转换成维度一定的向量，作为卷积神经网络的计算依据。本小节依旧使用文本标题作为处理的目标。单词的词向量的建立步骤如下。

1. 分词模型的处理

对读取的数据进行分词处理，与 One-Hot 的数据读取类似，首先对文本进行清理，去除停用词和标准化文本。需要注意的是，对于 Word2Vec 训练模型来说，需要输入若干个词列表，因此要将获取的文本分词转换成数组的形式存储。

```
def text_clearTitle_word2vec(text):
    text = text.lower()                          #将文本转换成小写
    text = re.sub(r"[^a-z]"," ",text)            #替换非标准字符，^是求反操作
    text = re.sub(r" +", " ", text)              #替换多重空格
    text = text.strip()                          #取出首尾空格
    text = text + " eos"                         #添加结束符，注意 eos 前有空格
    text = text.split(" ")                       #将文本分词转成列表存储
    return text
```

请读者自行验证。

2. 分词模型的训练与载入

对分词模型的训练与载入是基于已有的分词数组对不同维度的矩阵分别进行处理的。这里需要注意的是，对于 Word2Vec 词向量来说，简单地将待补全的矩阵用全 0 矩阵补全是不合适的，最好的方法是将 0 矩阵修改为一个非常小的常数矩阵，代码如下：

```
    def get_word2vec_dataset(n = 12):
        agnews_label = []                                   #创建标签列表
        agnews_title = []                                   #创建标题列表
        agnews_train = csv.reader(open("../dataset/ag_news 数据集
/dataset/train.csv","r"))
        for line in agnews_train:                           #将数据读取到对应列表中
            agnews_label.append(np.int(line[0]))
            agnews_title.append(text_clearTitle_word2vec(line[1]))    #先将数据进行清
洗之后再读取
        from gensim.models import word2vec                 # 导入 Gensim 包
        model = word2vec.Word2Vec(agnews_title, vector_size=64, min_count=0,
window=5)  # 设置训练参数
        train_dataset = []                                  #创建训练集列表
        for line in agnews_title:                           #对长度进行判定
            length = len(line)                              #获取列表长度
            if length > n:                                  #对列表长度进行判断
                line = line[:n]                             #截取需要的长度列表
                word2vec_matrix = (model.wv[line])          #获取 Word2Vec 矩阵
                train_dataset.append(word2vec_matrix)#将 Word2Vec 矩阵添加到训练集中
            else:                                           #补全长度不够的操作
                word2vec_matrix = (model.wv[line])          #获取 Word2Vec 矩阵
                pad_length = n - length                     #获取需要补全的长度
                pad_matrix = np.zeros([pad_length, 64]) + 1e-10    #创建补全矩阵并增加
一个小数值
                word2vec_matrix = np.concatenate([word2vec_matrix, pad_matrix],
axis=0) #矩阵补全
                train_dataset.append(word2vec_matrix)    #将 Word2Vec 矩阵添加到训练集中
        train_dataset = np.expand_dims(train_dataset,3)  #对三维矩阵进行扩展
        label_dataset = get_label_one_hot(agnews_label)  #转换成 One-Hot 矩阵
    return train_dataset, label_dataset
```

最终结果如图 8-32 所示。

```
(120000, 12, 64, 1)
(120000, 5)
```

图 8-32　词卷积处理后的 AG_NEWS 数据集

注意：代码中使用了 np.concatenate 函数对三维矩阵进行扩展，在不改变具体数值的前提下扩展了矩阵的维度，这样是为接下来使用二维卷积对文本进行分类做数据准备。

8.4.2　卷积神经网络文本分类模型的实现——Conv2d（二维卷积）

如图 8-33 所示是使用二维卷积进行文本分类任务。模型的思想很简单，根据输入的已转换成 Word Embedding 形式的词矩阵，通过不同的卷积提取不同的长度进行二维卷积计算，将最终的计算值进行链接，之后经过池化层获取不同的矩阵均值，最终通过一个全连接层对其进行分类。

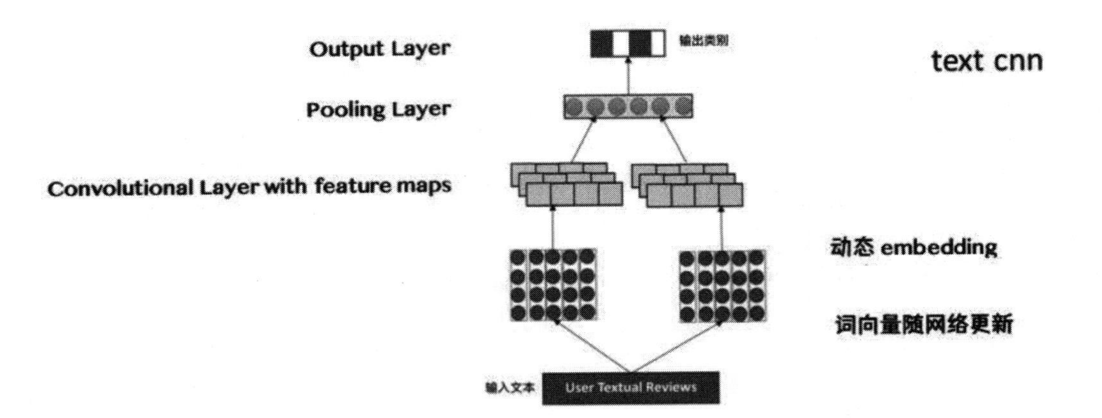

图 8-33　使用二维卷积进行文本分类任务

使用模型进行完整训练的代码如下：

```
import torch
import einops.layers.torch as elt

def word2vec_CNN(input_dim = 28):
    model = torch.nn.Sequential(

        elt.Rearrange("b 1 d 1 -> b 1 1 d"),
        #第一层卷积
        torch.nn.Conv2d(1,3,kernel_size=3),
        torch.nn.ReLU(),
        torch.nn.BatchNorm2d(num_features=3),

        #第二层卷积
        torch.nn.Conv2d(3, 5, kernel_size=3),
        torch.nn.ReLU(),
        torch.nn.BatchNorm2d(num_features=5),

        #flatten
        torch.nn.Flatten(),  #[batch_size,64 * 28]
        torch.nn.Linear(2400,64),
        torch.nn.ReLU(),

        torch.nn.Linear(64,5),
        torch.nn.Softmax()
    )

    return model

"---------------下面是模型训练部分-------------------------------"
import get_data_84 as get_data
```

```
    from sklearn.model_selection import train_test_split

    train_dataset,label_dataset = get_data.get_word2vec_dataset()
    X_train,X_test, y_train, y_test =
train_test_split(train_dataset,label_dataset,test_size=0.1, random_state=828)
    #将数据集划分为训练集和测试集

    #获取 device
    device = "cuda" if torch.cuda.is_available() else "cpu"
    model = word2vec_CNN().to(device)

    # 定义交叉熵损失函数
    def cross_entropy(pred, label):
        res = -torch.sum(label * torch.log(pred)) / label.shape[0]
        return torch.mean(res)

    optimizer = torch.optim.Adam(model.parameters(), lr=1e-4)

    batch_size = 128
    train_num = len(X_test)//128
    for epoch in range(99):
        train_loss = 0.
        for i in range(train_num):
            start = i * batch_size
            end = (i + 1) * batch_size

            x_batch =
torch.tensor(X_train[start:end]).type(torch.float32).to(device)
            y_batch =
torch.tensor(y_train[start:end]).type(torch.float32).to(device)

            pred = model(x_batch)
            loss = cross_entropy(pred, y_batch)

            optimizer.zero_grad()
            loss.backward()
            optimizer.step()
            train_loss += loss.item()  # 记录每个批次的损失值

        # 计算并打印损失值
        train_loss /= train_num
        accuracy = (pred.argmax(1) ==
y_batch.argmax(1)).type(torch.float32).sum().item() / batch_size
        print("epoch: ",epoch,"train_loss:",
round(train_loss,2),"accuracy:",round(accuracy,2))
```

模型使用不同的卷积核分别生成了 3 通道和 5 通道的卷积计算值，池化以后将数据拉伸并连接为平整结构，之后使用两个全连接层作为分类层进行最终的计算并作出预测。

通过对模型的训练可以看到，最终测试集的准确率应该在 80%左右，请读者根据配置自行完成。

8.5 使用卷积实现文本分类的补充内容

在前面的章节中，作者通过不同的卷积（一维卷积和二维卷积）实现了文本的分类，并且通过使用 Gensim 包掌握了对文本进行词向量转换的方法。Word Embedding 是目前最常用的将文本转换成向量的方法，适合较为复杂的词袋中词组较多的情况。

使用 One-Hot 方法对字符进行表示是一种非常简单的方法，但是由于其使用受限较大，产生的矩阵较为稀疏，因此实用性并不是很强，在这里推荐使用 Word Embedding 方式对词进行处理。

读者可能会产生疑问，是否可以使用 Word2Vec 的形式来计算字符的“字向量”？答案是完全可以，并且相对于单纯采用 One-Hot 形式的矩阵表示，会有更好的表现和准确度。

对于汉字的文本处理，一个非常简单的方法是将汉字转换成拼音的形式，使用 Python 提供的拼音库包：

```
pip install pypinyin
```

使用方法如下：

```
from pypinyin import pinyin, lazy_pinyin, Style
value = lazy_pinyin('你好')  # 不考虑多音字的情况
print(value)
```

打印结果如下：

```
['ni', 'hao']
```

这里是不考虑多音字的普通模式，除此之外，还有带拼音符号的多音字，有兴趣的读者可以自行学习。

较为常用的对汉字进行文本处理的方法是使用分词器对文本进行分词，将分词后的词数列去除停用词和副词之后制作 Word Embedding，如图 8-34 所示。

> 在前面的章节中，作者通过不同的卷积（一维卷积和二维卷积）实现了文本的分类，并且通过使用 Gensim 包掌握了对文本进行词向量转化的方法。Word Embedding 是目前最常用的将文本转化成向量的方法，适合较为复杂的词袋中词组较多的情况。
>
> 使用 One-Hot 方法对字符进行表示是一种非常简单的方法，但是由于其使用受限较大，产生的矩阵较为稀疏，因此实用性并不是很强，在这里推荐使用 Word Embedding 方式对词进行处理。
>
> 读者可能会产生疑问，是否可以使用 Word2Vec 的形式来计算字符的“字向量”？答案是完全可以，并且相对于单纯采用 One-Hot 形式的矩阵表示，会有更好的表现和准确度。

图 8-34　使用分词器对文本进行分词

这是本节开始的说明，这里对其进行分词并转换成词向量的形式进行处理。

1. 读取数据

对于数据的读取，这里为了演示，直接使用字符串作为数据的存储格式，而对于多行文本的读取，读者可以使用 Python 类库中的文本读取工具，这里不再赘述。

```
text = "在前面的章节中，作者通过不同的卷积（一维卷积和二维卷积）实现了文本的分类，并且通过使用Gensim掌握了对文本进行词向量转换的方法。词向量Word Embedding是目前最常用的将文本转成向量的方法，比较适合较为复杂词袋中词组较多的情况。使用One-Hot方法对字符进行表示是一种非常简单的方法，但是由于其使用受限较大，产生的矩阵较为稀疏，因此在实用性上并不是很强，作者在这里统一推荐使用Word Embedding的方式对词进行处理。可能有读者会产生疑问，如果使用Word2Vec的形式来计算字符的“字向量”是否可行。那么作者的答案是完全可以，并且准确度相对于单纯采用One-Hot形式的矩阵表示，都能有更好的表现和准确度。"
```

2. 中文文本的清理与分词

下面使用分词工具对中文文本进行分词计算。对于文本分词工具，Python 类库中最为常用的是 jieba 分词，导入如下：

```
import jieba                        #分词器
import re                           #正则表达式库包
```

对于正文的文本，首先需要对其进行清洗和去除非标准字符，这里采用 re 正则表达式对文本进行处理，部分处理代码如下：

```
text = re.sub(r"[a-zA-Z0-9-，。“”()]"," ",text)     #替换非标准字符，^是求反操作
text = re.sub(r" +", " ", text)                    #替换多重空格
text = re.sub(" ", "", text)                       #替换隔断空格
```

处理好的文本如图 8-35 所示。

```
在前面的章节中作者通过不同的卷积一维卷积和二维卷积实现了文本的分类并且通过使用掌握了对文本进行词向量转化
的方法词向量是目前最常用的将文本转成向量的方法比较适合较为复杂词袋中词组较多的情况使用方法对字符进行表示
是一种非常简单的方法但是由于其使用受限较大产生的矩阵较为稀疏因此在实用性上并不是很强作者在这里统一推荐使
用的方式对词进行处理可能有读者会产生疑问如果使用的形式来计算字符的字向量是否可行那么作者的答案是完全可以
并且准确度相对于单纯采用形式的矩阵表示都能有更好的表现和准确度
```

图 8-35　处理好的文本

可以看到文本中的数字、非汉字字符以及标点符号已经被删除，并且由于删除不标准字符遗留的空格也被一一删除了，留下的是完整的待切分的文本内容。

jieba 库包是用于对中文文本进行分词的工具，分词函数如下：

```
text_list = jieba.lcut_for_search(text)
```

使用 jieba 分词对文本进行分词后，将结果以数组的形式存储，打印结果如图 8-36 所示。

```
['在', '前面', '的', '章节', '中', '作者', '通过', '不同', '的', '卷积', '一维', '卷积', '和', '二维', '卷积', '实现', '了', '文本', '的', '
分类', '并且', '通过', '使用', '掌握', '了', '对', '文本', '进行', '词', '向量', '转化', '的', '方法', '词', '向量', '是', '目前', '最', '常
用', '的', '将', '文本', '转', '成', '向量', '的', '方法', '比较', '适合', '较为', '复杂', '词', '袋中', '词组', '较', '多', '的', '情况', '使
用', '方法', '对', '字符', '进行', '表示', '是', '一种', '非常', '简单', '非常简单', '的', '方法', '但是', '由于', '其', '使用', '受限', '
较大', '产生', '的', '矩阵', '较为', '稀疏', '因此', '在', '实用', '实用性', '上', '并', '不是', '很强', '作者', '在', '这里', '统一', '推
荐', '使用', '的', '方式', '对词', '进行', '处理', '可能', '有', '读者', '会', '产生', '疑问', '如果', '使用', '的', '形式', '来', '计算', '
字符', '的', '字', '向量', '是否', '可行', '那么', '作者', '的', '答案', '是', '完全', '可以', '并且', '准确', '准确度', '相对', '于', '单
纯', '采用', '形式', '的', '矩阵', '表示', '都', '能', '有', '更好', '的', '表现', '和', '准确', '准确度']
```

图 8-36　分词后的中文文本

3. 使用Gensim构建词向量

使用 Gensim 构建词向量的方法相信读者已经比较熟悉，这里直接使用即可，代码如下：

```
from gensim.models import word2vec          # 导入Gensim包
# 设置训练参数，注意方括号中的内容
model = word2vec.Word2Vec([text_list], size=50, min_count=1, window=3)
print(model["章节"])
```

有一个非常重要的需要注意的细节，因为 word2vec.Word2Vec 函数接收的是一个二维数组，而本文通过 jieba 分词的结果是一个一维数组，因此需要加上一个数组符号人为地构建一个新的数据结构，否则在打印词向量时会报错。

代码正确执行后，等待 Gensim 训练完成后，打印一个字符的向量，如图 8-37 所示。

```
[ 0.00700214 -0.00771189 -0.00651557  0.00805341  0.00060104 -0.00614405
  0.00336286 -0.00911157  0.0008981   0.00469631 -0.00536773 -0.00359946
  0.0051344  -0.00519805 -0.00942803 -0.00215036 -0.00504649 -0.00531102
  0.00060753 -0.00373814 -0.00554779 -0.00814913  0.00525336 -0.00070392
  0.00515197  0.00504736 -0.00126333 -0.00581168  0.00431437  0.00871824
  0.00618446  0.00265644 -0.00094638 -0.0051491   0.00861935  0.0091601
 -0.00820806 -0.00257573 -0.00670012  0.01000227  0.00413029  0.00592533
 -0.00560609 -0.00134225  0.00945567 -0.00521776  0.00641463  0.00850249
 -0.00726161  0.0013621 ]
```

图 8-37　单个中文词的向量

完整代码如下。

【程序 8-10】

```
import jieba
import re
text = re.sub(r"[a-zA-Z0-9-，。""()]"," ",text) #替换非标准字符，^是求反操作
text = re.sub(r" +", " ", text)                        #替换多重空格
text = re.sub(" ", "", text)                           #替换隔断空格
print(text)
text_list = jieba.lcut_for_search(text)
from gensim.models import word2vec                     # 导入Gensim包
model = word2vec.Word2Vec([text_list], size=50, min_count=1, window=3)# 设置
训练参数
print(model["章节"])
```

后续工程读者可以自行参考二维卷积对文本处理的模型进行计算。

通过本实战案例的演示读者可以看到，对于普通的本文完全可以通过一系列的清洗和向量化处理将其转换成矩阵的形式，之后通过卷积神经网络对文本进行处理。在本实战案例中虽然只是仅仅做了中文向量的词处理，缺乏主题提取、去除停用词等操作，读者可以自行根据需要进行补全。

8.6 本章小结

卷积神经网络并不是只能对图像进行处理，本章演示了使用卷积神经网络对文本进行分类的方法。对于文本处理来说，传统的基于贝叶斯分类和循环神经网络实现的文本分类方法，使用卷积神经网络同样可以实现，而且效果并不比前面两种分类方法差。

卷积神经网络的应用非常广泛，通过正确的数据处理和建模可以达到程序设计人员心中所要求的目标。更重要的是，相对于循环神经网络来说，卷积神经网络在训练过程中的训练速度更快（并发计算），处理范围更大（图矩阵），能够建立更大、更深的特征区域联系（感受野）。因此，卷积神经网络在机器学习中越来越重要。

预训练词向量是本章新加入的内容，可能有读者会问 Word Embedding 等价于什么？等价于把 Embedding 层的网络用预训练好的参数矩阵初始化。但是只能初始化第一层网络参数，再高层的参数就无能为力了。

而下游 NLP 任务在使用 Word Embedding 的时候一般有两种方法：一种是 Frozen，就是 Word Embedding 那层网络参数固定不动；另一种是 Fine-Tuning，就是 Word Embedding 这层参数使用新的训练集合训练，也需要跟着训练过程更新 Word Embedding。

第9章 基于循环神经网络的中文情感分类实战

前面带领读者实现了图像降噪与图像识别等方面的内容，并且在第 8 章基于卷积神经网络完成了英文新闻分类的工作。相信读者已经对使用 PyTorch 2.0 完成项目有了一定的了解。

但是在前期的学习过程中，我们主要以卷积神经网络为主，较少讲述神经网络中的另一个重要内容——循环神经网络（Recurrent Neural Network，RNN）。本章将讲解循环神经网络的基本理论，并以一个基本实现 GRU（Gate Recurrent Unit）为例向读者讲解相关的使用方法。

9.1 实战：循环神经网络与情感分类

循环神经网络的目的是处理序列数据。

在传统的神经网络模型中，是从输入层到隐含层再到输出层，层与层之间是全连接的，每层之间的节点是无连接的。但是这种普通的神经网络对于很多问题无能为力。例如，要预测句子的下一个单词是什么，一般需要用到前面的单词，因为一个句子中的前后单词并不是独立的，即一个序列当前的输出与前面的输出也有关。

而循环神经网络就不存在这种问题，因为循环神经网络在构建时就天然地建立了节点之间的相互联系。

具体的表现形式为循环神经网络网络会对前面的信息进行记忆并应用于当前输出的计算中，即隐藏层之间的节点不再是无连接的，而是有连接的，并且隐藏层的输入不仅包括输入层的输出，还包括上一时刻隐藏层的输出。

循环神经网络如图 9-1 所示。

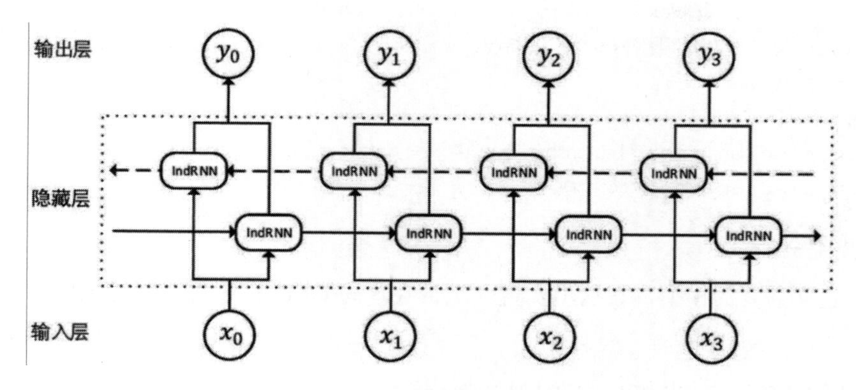

图 9-1　循环神经网络

9.1.1　基于循环神经网络的中文情感分类准备

在讲解循环神经网络的理论知识之前，先带领读者完成循环神经网络的情感分类实战的准备工作。

1. 数据的准备

首先是数据集的准备工作，在这里完成的是中文数据集的情感分类，因此准备了一个已完成情感分类的数据集，读者可以参考本书配套源码中的 dataset\cn\ChnSentiCorp.txt 文件。此时读者需要掌握这个数据集的读取方法，读取的代码如下：

```
max_length = 80            #设置获取的文本长度为 80
labels = []                #用以存放 label
context = []               #用以存放汉字文本
vocab = set()
with open("../dataset/cn/ChnSentiCorp.txt", mode="r", encoding="UTF-8") as
emotion_file:
    for line in emotion_file.readlines():
        line = line.strip().split(",")

        # labels.append(int(line[0]))
        if int(line[0]) == 0:
            labels.append(0)    #由于在后面直接采用 PyTorch 自带的 crossentropy 函数，
因此这里直接输入 0，否则输入[1,0]
        else:
            labels.append(1)
        text = "".join(line[1:])
        context.append(text)
        for char in text: vocab.add(char)    #建立 vocab 和 vocab 编号

voacb_list = list(sorted(vocab))
# print(len(voacb_list))
token_list = []
```

```
#下面对 context 的内容根据 vocab 进行 token 处理
for text in context:
    token = [voacb_list.index(char) for char in text]
    token = token[:max_length] + [0] * (max_length - len(token))
    token_list.append(token)
```

2. 模型的建立

根据需求建立需要的模型，在这里实现一个带有单向 GRU 和双向 GRU 的循环神经网络，代码如下：

```
class RNNModel(torch.nn.Module):
    def __init__(self,vocab_size = 128):
        super().__init__()
        self.embedding_table = 
torch.nn.Embedding(vocab_size,embedding_dim=312)
        self.gru  =  torch.nn.GRU(312,256)  # 注意这里的输出有两个，分别是 out 与 
hidden。out 是序列在模型运行后全部隐藏层的状态，而 hidden 是最后一个隐藏层的状态
        self.batch_norm = torch.nn.LayerNorm(256,256)

        self.gru2 = torch.nn.GRU(256,128,bidirectional=True)  # 注意这里的输出有两个，
分别是 out 与 hidden。out 是序列在模型运行后全部隐藏层的状态，而 hidden 是最后一个隐藏层的状态

    def forward(self,token):
        token_inputs = token
        embedding = self.embedding_table(token_inputs)
        gru_out,_ = self.gru(embedding)
        embedding = self.batch_norm(gru_out)
        out,hidden = self.gru2(embedding)

        return out
```

需要注意的是，对于 GRU 进行神经网络训练，无论是单向 GRU 还是双向 GRU，其结果输出都是两个隐藏层状态，分别是 out 与 hidden。out 是序列在模型运行后序列全部隐藏层的状态，而 hidden 是此序列最后一个隐藏层的状态。

在这里使用的是两层 GRU。有读者会注意到，在对第二个 GRU 进行定义时，有一个额外的参数 bidirectional，用于定义循环神经网络是单向计算还是双向计算，其具体形式如图 9-2 所示。

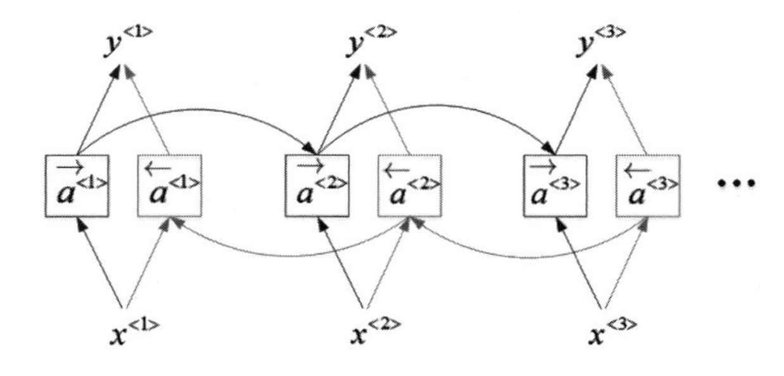

图 9-2　循环神经网络的具体形式

从图 9-2 中可以很明显地看到，左右两个模块分别是循环神经网络单向计算的输出层，这两个方向同时作用，最后生成了最终的隐藏层。

9.1.2　基于循环神经网络的中文情感分类实现

9.1.1 节完成了循环神经网络的数据准备以及模型的定义，下面完成对中文数据集进行情感分类，完整的代码如下：

```
import numpy as np

max_length = 80          #设置获取的文本长度为 80
labels = []              #用以存放 label
context = []             #用以存放汉字文本
vocab = set()
with open("../dataset/cn/ChnSentiCorp.txt", mode="r", encoding="UTF-8") as 
emotion_file:
    for line in emotion_file.readlines():
        line = line.strip().split(",")

        # labels.append(int(line[0]))
        if int(line[0]) == 0:
            labels.append(0)     #由于在后面直接采用 PyTorch 自带的 crossentropy 函数，
因此这里直接输入 0，否则输入[1,0]
        else:
            labels.append(1)
        text = "".join(line[1:])
        context.append(text)
        for char in text: vocab.add(char)    #建立 vocab 和 vocab 编号

voacb_list = list(sorted(vocab))
# print(len(voacb_list))
token_list = []
#下面对 context 的内容根据 vocab 进行 token 处理
for text in context:
    token = [voacb_list.index(char) for char in text]
    token = token[:max_length] + [0] * (max_length - len(token))
    token_list.append(token)

seed = 17
np.random.seed(seed);np.random.shuffle(token_list)
np.random.seed(seed);np.random.shuffle(labels)

dev_list = np.array(token_list[:170])
dev_labels = np.array(labels[:170])
```

```
    token_list = np.array(token_list[170:])
    labels = np.array(labels[170:])

    import torch
    class RNNModel(torch.nn.Module):
        def __init__(self,vocab_size = 128):
            super().__init__()
            self.embedding_table =
torch.nn.Embedding(vocab_size,embedding_dim=312)
            self.gru  =  torch.nn.GRU(312,256)  # 注意这里的输出有两个，分别是out与
hidden。out是序列在模型运行后全部隐藏层的状态，而hidden是最后一个隐藏层的状态
            self.batch_norm = torch.nn.LayerNorm(256,256)

            self.gru2  =  torch.nn.GRU(256,128,bidirectional=True)  # 注意这里的输出
有两个，分别是out与hidden。out是序列在模型运行后全部隐藏层的状态，而hidden是最后一个隐藏层
的状态

        def forward(self,token):
            token_inputs = token
            embedding = self.embedding_table(token_inputs)
            gru_out,_ = self.gru(embedding)
            embedding = self.batch_norm(gru_out)
            out,hidden = self.gru2(embedding)

            return out

    #这里使用顺序模型的方式建立了训练模型
    def get_model(vocab_size = len(voacb_list),max_length = max_length):
        model = torch.nn.Sequential(
            RNNModel(vocab_size),
            torch.nn.Flatten(),
            torch.nn.Linear(2 * max_length * 128,2)
        )
        return model

    device = "cuda"
    model = get_model().to(device)
    model = torch.compile(model)
    optimizer = torch.optim.Adam(model.parameters(), lr=2e-4)

    loss_func = torch.nn.CrossEntropyLoss()

    batch_size = 128
    train_length = len(labels)
    for epoch in (range(21)):
```

```
        train_num = train_length // batch_size
        train_loss, train_correct = 0, 0
        for i in (range(train_num)):
            start = i * batch_size
            end = (i + 1) * batch_size

            batch_input_ids = torch.tensor(token_list[start:end]).to(device)
            batch_labels = torch.tensor(labels[start:end]).to(device)

            pred = model(batch_input_ids)

            loss = loss_func(pred, batch_labels.type(torch.uint8))

            optimizer.zero_grad()
            loss.backward()
            optimizer.step()

            train_loss += loss.item()
            train_correct += ((torch.argmax(pred, dim=-1) ==
(batch_labels)).type(torch.float).sum().item() / len(batch_labels))

        train_loss /= train_num
        train_correct /= train_num
        print("train_loss:", train_loss, "train_correct:", train_correct)

        test_pred = model(torch.tensor(dev_list).to(device))
        correct = (torch.argmax(test_pred, dim=-1) ==
(torch.tensor(dev_labels).to(device))).type(torch.float).sum().item() /
len(test_pred)
        print("test_acc:",correct)
        print("-------------------")
```

在这里使用了从左到右顺序计算的方法来建立循环神经网络模型，在使用 GUR 对数据进行计算后，又使用 Flatten 对序列 embedding 进行了平整化处理。而最终的 Linear 是分类器，作用是对结果进行分类。具体结果请读者自行测试查看。

9.2 循环神经网络理论讲解

前面完成了循环神经网络对情感分类的实战工作，本节开始进入循环神经网络的理论讲解部分，下面还是以 GRU 为例向读者讲解相关内容。

9.2.1　什么是 GRU

我们在前面的实战过程中，使用 GRU 作为核心神经网络层，GRU 是循环神经网络的一种，是为了解决长期记忆和反向传播中的梯度等问题而提出来的一种神经网络结构，是一种用于处理序列数据的神经网络。

GRU 更擅长处理序列变化的数据，比如某个单词的意思会因为上文提到的内容的不同而有所不同，GRU 就能够很好地解决这类问题。

1. GRU的输入与输出结构

GRU 的输入与输出结构如图 9-3 所示。

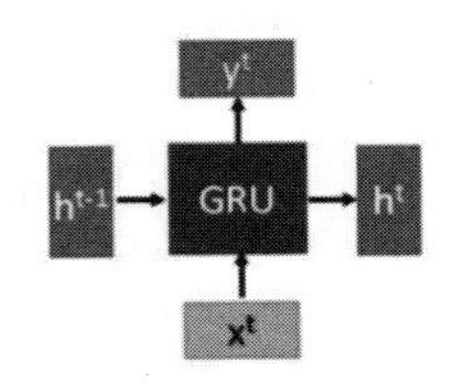

图 9-3　GRU 的输入与输出结构

通过 GRU 的输入与输出结构可以看到，在 GRU 中有一个当前的输入 x^t，和上一个节点传递下来的隐状态（Hidden State）h^{t-1}，这个隐状态包含之前节点的相关信息。

结合 x^t 和 h^{t-1}，GRU 会得到当前隐藏节点的输出 y^t 和传递给下一个节点的隐状态 h^t。

2. 门-GRU的重要设计

一般认为，门是 GRU 能够替代传统的循环神经网络的重要原因。先通过上一个传输下来的状态 h^{t-1} 和当前节点的输入 x^t 来获取两个门控状态，如图 9-4 所示。

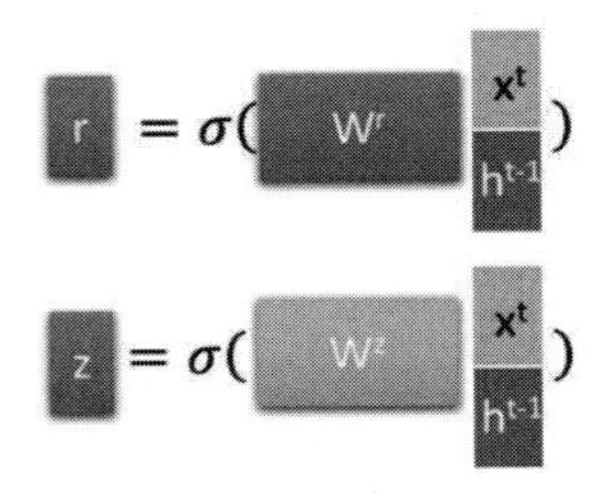

图 9-4　两个门控状态

其中 r 控制重置门控（Reset Gate），z 则控制更新门控（Update Gate）。σ 为 Sigmoid 函数，通过这个函数可以将数据变换为 0~1 范围内的数值，从而充当门控信号。

得到门控信号之后，首先使用重置门控来得到重置之后的数据 $h^{(t-1)'}=h^{t-1}\times r$，再将 $h^{(t-1)'}$ 与输入 x^t 进行拼接，再通过一个 Tanh 激活函数来将数据缩放到-1~1 的范围内，即得到如图 9-5 所示的 h'。

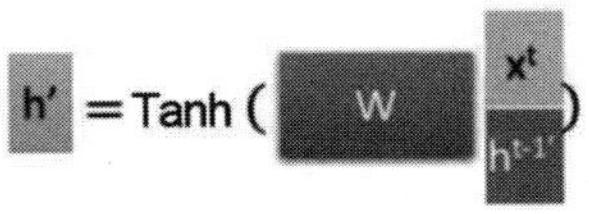

图 9-5　得到 h'

这里的 h'主要是包含当前输入的 x^t 数据。有针对性地将 h'添加到当前的隐藏状态，相当于“记忆了当前时刻的状态”。

3. GRU的结构

GRU 最关键的是“更新记忆”阶段。在这个阶段，GRU 同时进行遗忘和记忆两个步骤，如图 9-6 所示。

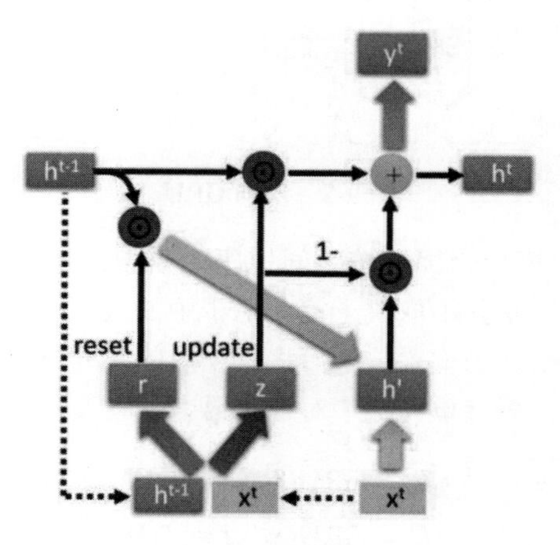

图 9-6　更新记忆

由于使用了先前得到的更新门控 z，从而能够获得新的更新，公式如下：

$$h^t = z \times h^{t-1} + (1-z) \times h'$$

公式说明如下：

- $z \times h^{t-1}$：表示对原本隐藏状态的选择性“遗忘”。这里的z可以想象成遗忘门(Forget Gate)，忘记h^{t-1}维度中一些不重要的信息。
- $(1-z) \times h'$：表示对包含当前节点信息的h'进行选择性“记忆”。与上面类似，这里的$1-z$也会忘记h'维度中的一些不重要的信息。或者，这里可以看作是对h'维度中的某些信息进行选择。

因此，整个公式的操作就是忘记传递下来的 h^{t-1} 中的某些维度信息，并加入当前节点输入的某些维度信息。可以看到，这里的遗忘 z 和选择 $(1-z)$ 是联动的。也就是说，对于传递进来的维度信息，我们会进行选择性遗忘，遗忘了多少权重 (z)，就会使用包含当前输入的 h'中对应的权重弥补 $(1-z)$ 的量，从而使得 GRU 的输出保持一种“恒定”状态。

9.2.2　单向不行，那就双向

前面简单介绍了 GRU 中的参数 bidirectional，bidirectional 是双向传输，其目的是将相同的信息以不同的方式呈现给循环网络，以提高精度并缓解遗忘问题。双向 GRU 是一种常见的 GRU 变体，常用于自然语言处理任务。

GRU 特别依赖顺序或时间，它按顺序处理输入序列的时间步，打乱时间步或反转时间步会完全改变 GRU 从序列中提取的表示。正因如此，如果顺序对问题很重要（比如室温预测等问题），

GRU 的表现会很好。

双向 GRU 利用了这种顺序敏感性，每个 GRU 分别沿一个方向对输入序列进行处理（时间正序和时间逆序）。然后将它们的表示合并在一起，如图 9-7 所示。

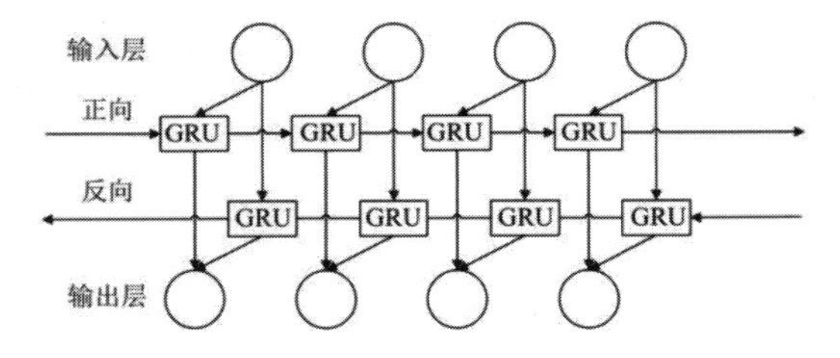

图 9-7　双向 GRU

一般来说，按时间正序的模型会优于按时间逆序的模型。但是对于文本分类这些问题来说，一个单词对理解句子的重要性通常并不取决于它在句子中的位置，即用正序序列和逆序序列，或者随机打断"词语（不是字）"出现的位置，之后将修正后的序列发送给 GRU 模型进行训练，性能几乎相同，这证实了一个假设：虽然单词顺序对理解语言很重要，但使用哪种顺序并不重要。

$$\vec{h}_{it} = \overrightarrow{\text{GRU}}(x_{it}), t \in [1, T]$$
$$\overleftarrow{h}_{it} = \overleftarrow{\text{GRU}}(x_{it}), t \in [T, 1]$$

双向 GRU 还有一个好处是，在机器学习中，如果一种数据表示不同但有用，那么总是值得加以利用，这种表示与其他表示的差异越大越好，它提供了查看数据的全新角度，抓住了数据中被其他方法忽略的内容，因此可以提高模型在某个任务上的性能。

9.3　本章小结

本章介绍了循环神经网络的基本用途与理论定义方法，可以看到循环神经网络能够较好地对序列的离散数据进行处理，这是一种较好的处理方法。但是在实际应用中读者应该发现了，这种模型训练的结果差强人意。

这个问题目前读者不用担心，因为每个深度学习技术高手都是从最基本的内容开始学习的，后续还要学习更为高级的 PyTorch 编程方法。

第 10 章

从 0 起步
——自然语言处理的编码器

好吧，我们又要从 0 开始了。

前面的章节讲解了使用多种方式对字符进行表示的方法，例如最原始的 One-Hot 方法，以及现在较常用的 Word2Vec 和 FastText 词嵌入等。这些都是将字符进行向量化处理的方法。

问题来了，无论是使用旧方法还是现在常用的方法，或者将来出现的新算法，有没有一个统一的称谓？答案是有的，所有的处理方法可以被简称为 Encoder（编码器），其原理如图 10-1 所示。

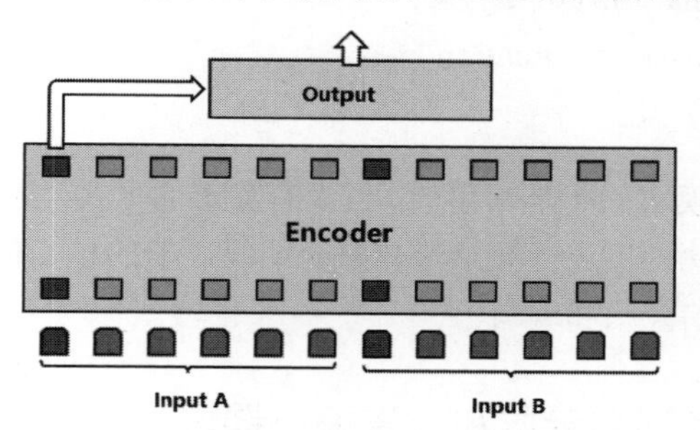

图 10-1　编码器对文本进行投影

编码器的作用是构造一种能够存储字符（词）的若干特征的表达方式（虽然这个特征具体是什么我们不知道，但这样做就行了），这就是前文介绍的 Embedding 形式。

本章将从一个简单的编码器开始，首先介绍其核心架构，以及整体框架的实现，并以此为基础引入编程实战，即一个对汉字和拼音转换的翻译。

但是编码器并不是简单地使用，更重要的内容是在此基础上引入 Transformer 架构的基础概念，这是目前最为流行和通用的编码器架构，并在此基础上衍生出了更多内容，这些内容将在第 11 章详细介绍。而本章着重讲解通用的解码器，读者应将其当成独立的内容来学习。

10.1 编码器的核心——注意力模型

编码器的作用是对输入的字符序列进行编码处理，从而获得特定的词向量结果。为了简便起见，这里直接使用 Transformer 的编码器方案实现本章的编码器，这个也是目前最为常用的编码器架构方案。编码器的结构如图 10-2 所示。

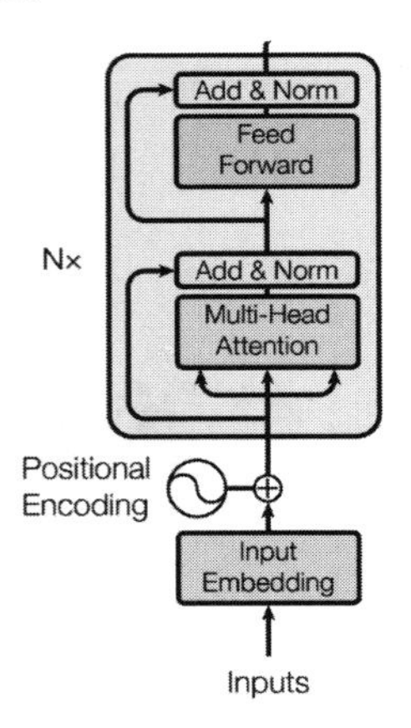

图 10-2 编码器的结构示意图

从图 10-2 可见，编码器是由以下模块构成的：

- 初始词向量（Input Embedding）层。
- 位置编码器（Positional Encoding）层。
- 多头自注意力（Multi-Head Attention）层。
- 前馈（Feed Forward）层。

实际上，编码器的构成模块并不是固定的，也没有特定的形式，Transformer 的编码器架构是目前最为常用的，因此本章以此为例进行介绍。首先介绍编码器的核心内容：注意力模型和架构，然后以此为主完成整个编码器的介绍和编写。

10.1.1 输入层——初始词向量层和位置编码器层

初始词向量层和位置编码器层是数据输入最初的层，作用是将输入的序列通过计算组合成向量矩阵，如图 10-3 所示。

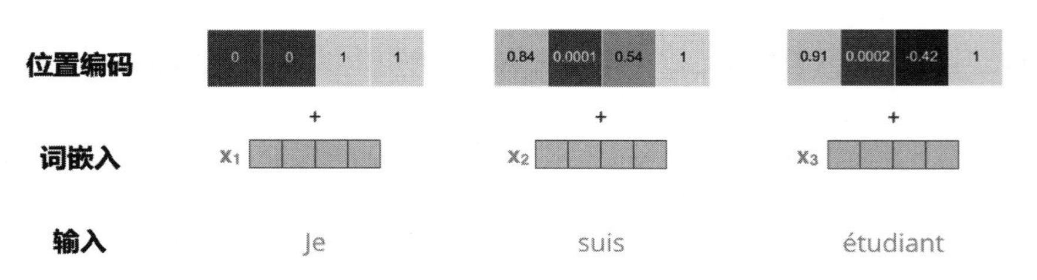

图 10-3 输入层

下面对每一部分依次进行讲解。

1. 初始词向量层

如同大多数的向量构建方法一样，首先将每个输入单词通过词嵌入算法转换为词向量。

其中每个词向量被设定为固定的维度，本书后面将所有词向量的维度设置为 312。具体代码如下：

```
import torch
#将所有词向量的维度设置为 312
word_embedding_table = torch.nn.Embedding(num_embeddings=encoder_vocab_size,
embedding_dim=312)
encoder_embedding = word_embedding_table(inputs)
```

首先使用 torch.nn.Embedding 函数创建了一个随机初始化的向量矩阵，encoder_vocab_size 是字库的个数，一般在编码器中字库是包含所有可能出现的“字”的集合。而 embedding_size 是定义的 Embedding 向量维度，这里使用通用的 312 即可。

2. 位置编码

位置编码是一个非常重要且有创新性的结构输入。一般自然语言处理使用的都是一个个连续的长度序列，因此为了使用输入的顺序信息，需要将序列对应的相对位置和绝对位置信息注入模型中。

由于位置编码维度和词向量维度均被定义成 312，所以两者可以直接相加。

具体来说，位置向量的获取方式有两种：

- 通过模型训练获取。
- 根据特定公式计算获取（用不同频率的 sin 和 cos 函数直接计算）。

由于位置向量有两种获取方式，因此在实际操作中，我们既可以使用一个可训练的参数矩阵，也可以使用一个计算好的固定数值参数矩阵，两者作为位置向量的表述可以起到同样的作用。采用固定数值的参数矩阵计算公式如下：

$$\mathrm{PE}_{(\mathrm{pos},2i)} = \sin(\mathrm{pos}/10000^{2i/d_{\mathrm{model}}})$$
$$\mathrm{PE}_{(\mathrm{pos},2i+1)} = \cos(\mathrm{pos}/10000^{2i/d_{\mathrm{model}}})$$

序列中任意一个位置都可以用三角函数表示，pos 是输入序列的最大长度，d_{model} 设定与词向量相同的位置 312。

i 表示由 0 到 d_{model} 长度构成的序列中任一位置的编号。例如，当 d_{model}=312 时，构成一个[0,1,2,⋯,312]的序列，那么在计算时依次赋值 i = 0、i = 1……等来对每个位置进行计算。完整代码如下：

```
class PositionalEncoding(torch.nn.Module):
    def __init__(self, d_model = 312, dropout = 0.05, max_len=80):
        """
        :param d_model: pe 编码维度，一般与 Word Embedding 相同，方便相加
```

```
        :param dropout: dorp out
        :param max_len: 语料库中最长句子的长度，即 Word Embedding 中的 L
        """
        super(PositionalEncoding, self).__init__()
        # 定义 drop out
        self.dropout = torch.nn.Dropout(p=dropout)
        # 计算 pe 编码
        pe = torch.zeros(max_len, d_model) # 建立空表，每行代表一个词的位置，每列代
表一个编码位
        position = torch.arange(0, max_len).unsqueeze(1) # 建个 arange 表示词的位
置，以便进行公式计算，size=(max_len,1)
        div_term = torch.exp(torch.arange(0, d_model, 2) *     # 计算公式中 10000**
(2i/d_model)-(math.log(10000.0) / d_model))
        pe[:, 0::2] = torch.sin(position * div_term)  # 计算偶数维度的 pe 值
        pe[:, 1::2] = torch.cos(position * div_term)  # 计算奇数维度的 pe 值
        pe = pe.unsqueeze(0)  # size=(1, L, d_model)，为了后续与 word_embedding
相加，意为 batch 维度下的操作相同
        self.register_buffer('pe', pe)  # pe 值是不参加训练的

    def forward(self, x):
        # 输入的最终编码 = word_embedding + positional_embedding
        x = x + self.pe[:, :x.size(1)].clone().detach().requires_grad_(False)
        return self.dropout(x) # size = [batch, L, d_model]
```

这种位置编码函数的写法过于复杂，读者不用追究细节直接使用即可。最终将词向量矩阵和位置编码组合，如图 10-4 所示。

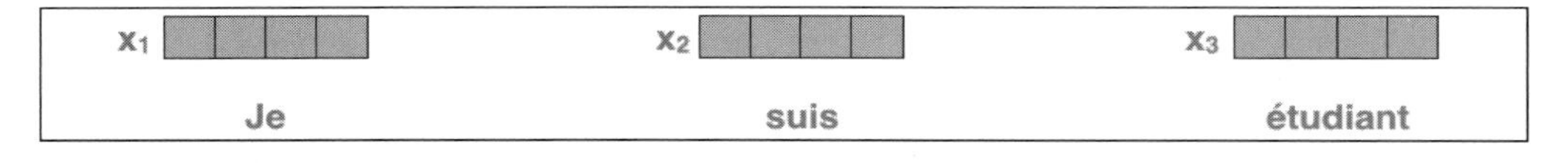

图 10-4　初始词向量

10.1.2　自注意力层（重点）

自注意力层不但是本节的重点，而且是本书的重点（然而实际上非常简单）。

注意力层是使用注意力机制构建的，是能够脱离距离的限制建立相互关系的一种计算机制。注意力机制最早是在视觉图像领域提出来的，来自 2014 年“谷歌大脑”团队的论文 *Recurrent Models of Visual Attention*，其在 RNN 模型上使用了注意力机制来进行图像分类。

随后，Bahdanau 等在论文 *Neural Machine Translation by Jointly Learning to Align and Translate* 中使用类似于注意力机制在机器翻译任务上将翻译和对齐同时进行，这是第一次将注意力机制应用到 NLP 领域中。

接下来，注意力机制被广泛应用在基于 RNN/CNN 等神经网络模型的各种 NLP 任务中。2017 年，Google 机器翻译团队发表的 *Attention is all you need* 中大量使用了自注意力（Self-Attention）机制来学习文本表示。自注意力机制已成为近期的研究热点，并在各种自然语言处理任务上进行探索。

自然语言中的自注意力机制通常指的是不使用其他额外的信息，只使用自我注意力的形式关注本身，进而从句子中抽取相关信息。自注意力又称作内部注意力，它在很多任务上都有十分出色的表现，比如阅读理解、文本继承、自动文本摘要。

下面将介绍一个简单的自注意力机制。

本章建议读者先通读一遍，通读完后，再结合实战代码重新阅读两遍以上以加深理解。

1. 自注意力中的query、key和value

自注意力机制是进行自我关注从而抽取相关信息的机制。从具体实现来看，注意力函数的本质可以被描述为一个查询（query）到一系列键-值（key-value）对的映射，它们被作为一种抽象的向量，主要用来进行计算和辅助自注意力，如图 10-5 所示。

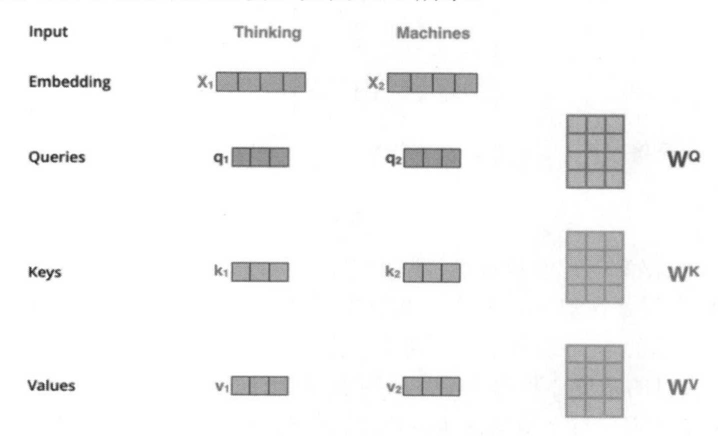

图 10-5　自注意力机制

在上图中，一个单词 Thinking 经过向量初始化后，经过 3 个不同的全连接层重新计算后获取特定维度的值，即看到的 q_1、q_2 的来历也是如此。对单词 Machines 经过 Embedding 向量初始化后，经过与上一个单词相同的全连接层计算，之后依次将 q_1 和 q_2 连接起来，组成一个新的二维矩阵 W^Q，被定义成 Query。

```
WQ= concat([q1, q2],axis = 0)
```

由于是自注意力机制，Key 和 Value 的值与 Query 相同（仅在自注意架构中，Query、Key、Value 的值相同），如图 10-6 所示。

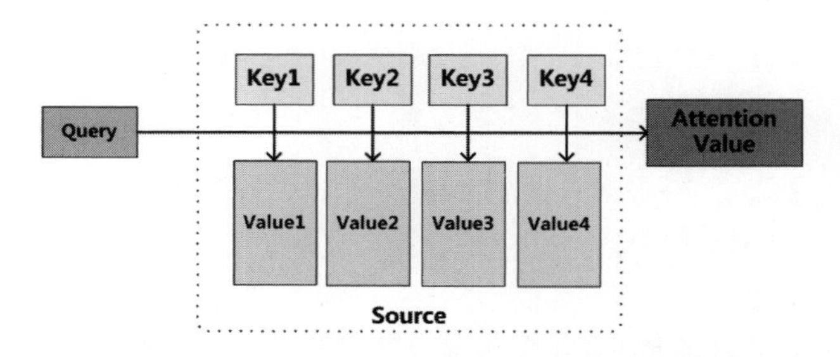

图 10-6　自注意层中的 Query、Key 与 Value

2. 使用Query、Key和Value计算自注意力的值

使用 Query、Key 和 Value 计算自注意力的值的过程如下：

（1）将 Query 和每个 Key 进行相似度计算得到权重，常用的相似度函数有点积、拼接、感知机等，这里使用点积计算，如图 10-7 所示。

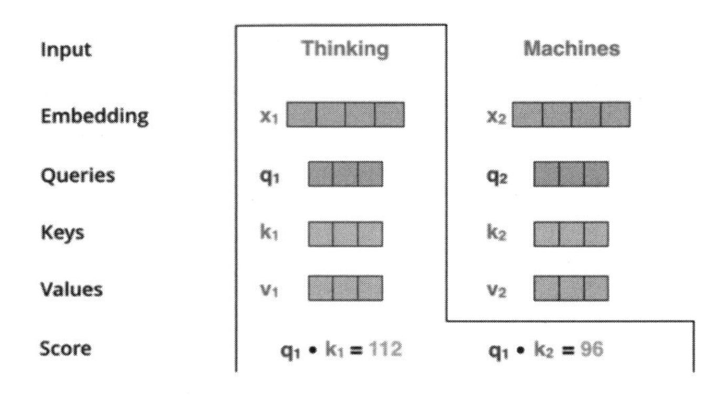

图 10-7　点积计算

（2）使用 Softmax 函数对这些权重进行归一化。

Softmax 函数的作用是计算不同输入之间的权重分数，又称为权重系数。例如，正在考虑 Thinking 这个词，就用它的 q_1 乘以每个位置的 k_i，随后将得分加以处理，再传递给 Softmax，然后通过 Softmax 计算，其目的是使分数归一化，如图 10-8 所示。

Softmax 计算分数决定了每个单词在该位置表达的程度。相关联的单词将具有相应位置上最高的 Softmax 分数。用这个得分乘以每个 Value 向量，可以增强需要关注单词的值，或者降低对不相关单词的关注度。

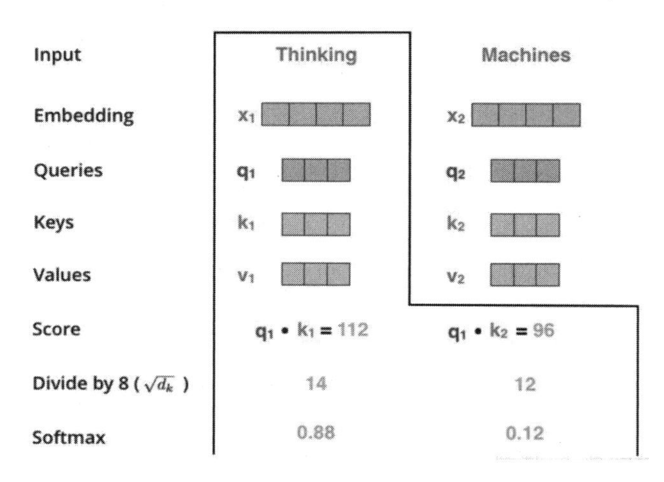

图 10-8　使用 Softmax 函数

Softmax 的分数决定了当前单词在每个句子中每个单词位置的表示程度。很明显，当前单词对应句子中此单词所在位置的 Softmax 的分数最高。但是，有时注意力机制也能关注到此单词之外的其他单词。

（3）每个 Value 向量乘以 Softmax 后的得分，如图 10-9 所示。

累加计算相关向量，这会在此位置产生自注意力层的输出（对于第一个单词），即将权重和相应的键值 Value 进行加权求和，得到最后的注意力值。

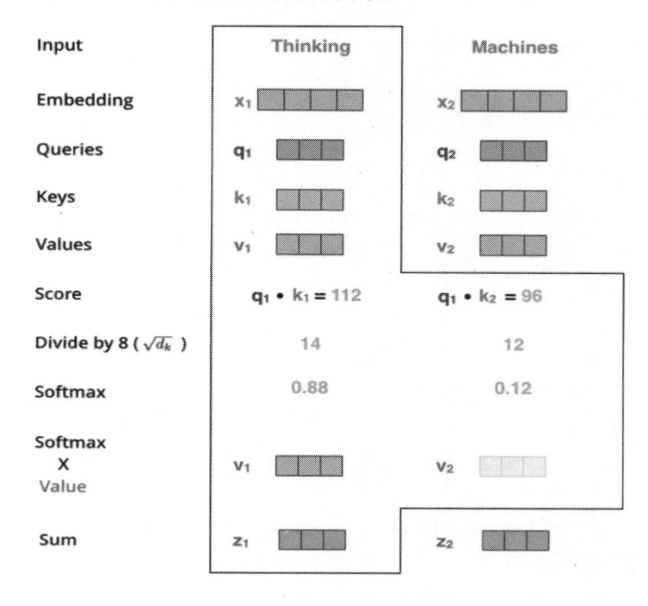

图 10-9　乘以 Softmax

综上所述，自注意力的计算过程（单词级别）就是得到一个可以放到前馈神经网络的向量。然而在实际的实现过程中，该计算会以矩阵的形式完成，以便更快地进行处理。计算自注意力的公式如下：

$$\text{Attention}(\text{Query},\text{Source})=\sum_{i=1}^{Lx}\text{Similarity}(\text{Query},\text{Key}_i)\times\text{Value}_i$$

换成更为通用的矩阵点积的形式来实现，其结构和形式如图 10-10 所示。

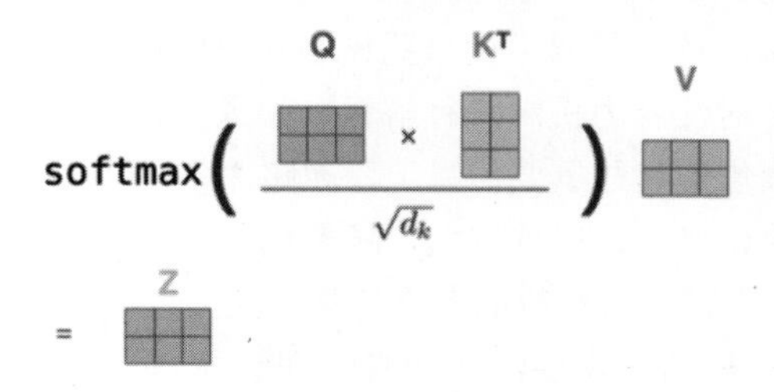

图 10-10　矩阵点积

3. 自注意力计算的代码实现

实际上通过前面的讲解，自注意力模型的基本架构其实并不复杂，基本实现代码如下（仅供演示）。

【程序 10-1】

```
import torch
```

```
    import math
    import einops.layers.torch as elt
    # word_embedding_table =
torch.nn.Embedding(num_embeddings=encoder_vocab_size,embedding_dim=312)
    # encoder_embedding = word_embedding_table(inputs)

    vocab_size = 1024   #字符的种类
    embedding_dim = 312
    hidden_dim = 256
    token = torch.ones(size=(5,80),dtype=int)
    input_embedding = torch.nn.Embedding(num_embeddings=vocab_size,embedding_dim=
embedding_dim)(token)

    #对输入的 input_embedding 进行修正，这里进行了简写
    query = torch.nn.Linear(embedding_dim,hidden_dim)(input_embedding)
    key = torch.nn.Linear(embedding_dim,hidden_dim)(input_embedding)
    value = torch.nn.Linear(embedding_dim,hidden_dim)(input_embedding)

    key = elt.Rearrange("b l d -> b d l")(key)
    #计算 query 与 key 之间的权重系数
    attention_prob = torch.matmul(query,key)

    #使用 softmax 对权重系数进行归一化计算
    attention_prob = torch.softmax(attention_prob,dim=-1)

    #计算权重系数与 value 的值，从而获取注意力值
    attention_score = torch.matmul(attention_prob,value)

    print(attention_score.shape)
```

核心代码实现起来很简单，读者只要掌握这些核心代码即可。

换个角度来看，从概念上对注意力机制进行解释，注意力机制可以理解为从大量信息中有选择地筛选出少量重要信息，并聚焦到这些重要信息上，忽略大多不重要的信息，这种思路仍然成立。聚焦的过程体现在权重系数的计算上，权重越大，越聚焦于其对应的 Value 值，即权重代表了信息的重要性，而权重与 Value 的点积是其对应的最终信息。

完整的注意力层代码如下，这里需要注意的是，在计算自注意力的完整代码中，相对于前面的代码段，这里加入 mask 部分，这是为了在计算时忽略为了将所有的序列 padding 成一样的长度而进行的掩码计算操作。

【程序 10-2】

```
    import torch
    import math
    import einops.layers.torch as elt
```

```
class Attention(torch.nn.Module):
    def __init__(self,embedding_dim = 312,hidden_dim = 256):
        super().__init__()
        self.query_layer = torch.nn.Linear(embedding_dim, hidden_dim)
        self.key_layer = torch.nn.Linear(embedding_dim, hidden_dim)
        self.value_layer = torch.nn.Linear(embedding_dim, hidden_dim)

    def forward(self,embedding,mask):
        input_embedding = embedding

        query = self.query_layer(input_embedding)
        key = self.key_layer(input_embedding)
        value = self.value_layer(input_embedding)

        key = elt.Rearrange("b l d -> b d l")(key)
        # 计算query与key之间的权重系数
        attention_prob = torch.matmul(query, key)

        # 使用softmax对权重系数进行归一化计算
        attention_prob += mask * -1e5  # 根据注意力mask的位置修正注意力权重值
        attention_prob = torch.softmax(attention_prob, dim=-1)

        # 计算权重系数与value的值，从而获取注意力值
        attention_score = torch.matmul(attention_prob, value)
        return (attention_score)
```

具体结果请读者自行打印查阅。

10.1.3　ticks 和 LayerNormalization

10.1.2 节的最后通过 PyTorch 2.0 自定义层编写了注意力模型的代码。可以看到在标准的自注意力层中还根据 mask 的位置修正了掩码值。掩码层的作用是获取输入序列的“有意义的值”，而忽视本身用作填充或补全序列的值。一般用 0 表示有意义的值，而用 1 表示填充值(这一点并不固定，0 和 1 的意思可以互换）。

```
[2,3,4,5,5,4,0,0,0] -> [0,0,0,0,0,0,1,1,1]
```

计算掩码的代码如下所示：

```
def create_padding_mark(seq):
    mask = torch.not_equal(seq, 0).float()
    mask = torch.unsqueeze(mask, dim=-1)
    return mask
```

此外，计算出来的 query 与 key（参见上一小节程序 10-2 中加黑的代码）的点积还需要除以一

个常数，其作用是缩小点积的值，以便进行 Softmax 计算。

这种做法常被称为 ticks，即采用一点小技巧使得模型训练更加准确和便捷。LayerNormalization 函数作用就是如此，下面详细介绍。

LayerNormalization 函数是专门用于对序列进行整形的函数，其目的是防止字符序列在计算过程中发散，从而对神经网络的拟合过程造成影响。PyTorch 2.0 中对 LayerNormalization 也定义了高级 API，调用方法如下：

```
    layer_norm = torch.nn.LayerNorm(normalized_shape, eps=1e-05,
elementwise_affine=True, device=None, dtype=None)函数
    embedding = layer_norm(embedding)   #使用 layer_norm 对输入数据进行处理
```

图 10-11 展示了 LayerNormalization 函数与 BatchNormalization 函数的不同，可以看到，BatchNormalization 是对一个 batch 中不同序列处于同一位置的数据进行归一化计算，而 LayerNormalization 是对同一序列不同位置的数据进行归一化处理。

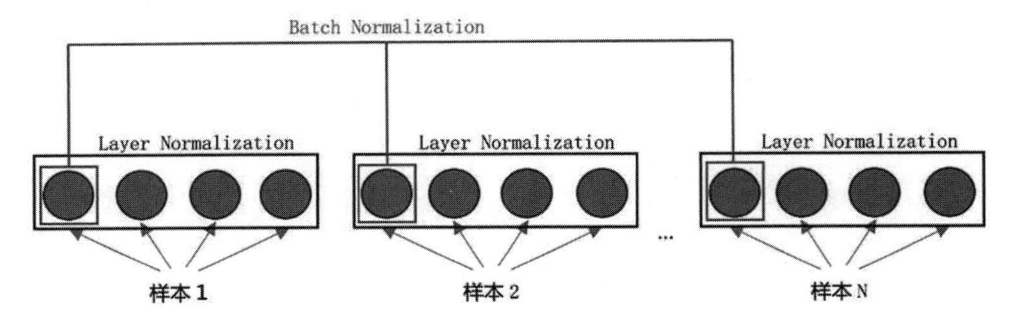

图 10-11　LayerNormalization 函数与 BatchNormalization 函数的不同

有兴趣的读者可以进一步学习，这里不再赘述。具体归一化方法如下（注意一定要显式声明归一化的维度）：

```
    embedding = torch.rand(size=(5,80,312))
    print(torch.nn.LayerNorm(normalized_shape=[80,312])(embedding).shape)  #显式
声明归一化的维度
```

10.1.4　多头自注意力

10.1.2 节的最后使用 PyTorch 2.0 编写了完整的自注意力层的代码。从中可以看到，除了使用自注意力核心模型外，还额外加入了掩码层和点积的除法运算，以及为了整形所使用的 LayerNormalization 函数。实际上，这些都是为了使得整体模型在训练时更加简易和便捷而做出的优化。

聪明的读者应该发现了，前面无论是掩码计算、点积计算还是使用 LayerNormalization，都是在一些细枝末节上进行修补，有没有可能对注意力模型做一个较大的结构调整，使其更加适应模型的训练？

下面将在此基础上介绍一种较为大型的 ticks，即多头自注意力架构，这种架构在原始的自注意力模型的基础上做出较大的优化。

多头注意力（Multi-Head Attention）结构如图 10-12 所示，query、key、value 首先经过一个线性变换，之后计算相互之间的注意力值。相对于原始自注意力的计算方法，这里的计算要做 h 次（h 为头的数目），其实就是所谓的多头，每一次计算一个头。而每次 query、key、value 进行线性变换的参数 W 是不一样的。

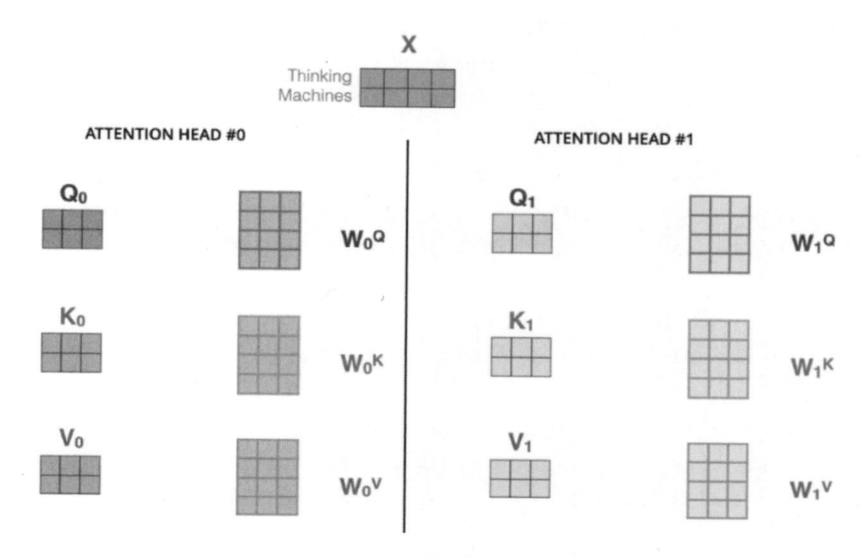

图 10-12　多头注意力结构

将 h 次的缩放点积注意力值的结果进行拼接，再进行一次线性变换，得到的值作为多头注意力的结果，如图 10-13 所示。

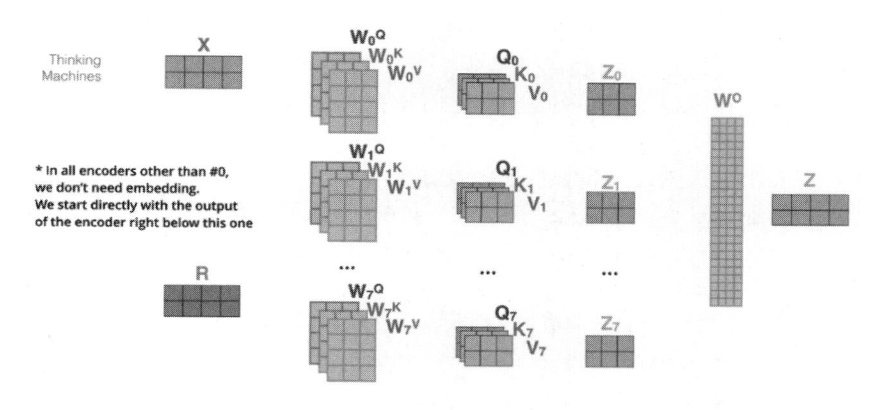

图 10-13　多头注意力的结果

可以看到，这样计算得到的多头注意力值的不同之处在于进行了 h 次计算，而不只是计算一次，这样的好处是允许模型在不同的表示子空间学习到相关的信息，并且相对于单独的注意力模型，多头注意力模型的计算复杂度大大降低了。拆分多头注意力模型的代码如下：

```
def splite_tensor(tensor,h_head):
    embedding = elt.Rearrange("b l (h d) -> b l h d",h = h_head)(tensor)
    embedding = elt.Rearrange("b l h d -> b h l d", h=h_head)(embedding)
```

```
return embedding
```

在此基础上，可以对注意力模型进行修正，新的多头注意力层代码如下：

【程序 10-3】

```
class Attention(torch.nn.Module):
    def __init__(self,embedding_dim = 312,hidden_dim = 312,n_head = 6):
        super().__init__()
        self.n_head = n_head
        self.query_layer = torch.nn.Linear(embedding_dim, hidden_dim)
        self.key_layer = torch.nn.Linear(embedding_dim, hidden_dim)
        self.value_layer = torch.nn.Linear(embedding_dim, hidden_dim)

    def forward(self,embedding,mask):
        input_embedding = embedding

        query = self.query_layer(input_embedding)
        key = self.key_layer(input_embedding)
        value = self.value_layer(input_embedding)

        query_splited = self.splite_tensor(query,self.n_head)
        key_splited = self.splite_tensor(key,self.n_head)
        value_splited = self.splite_tensor(value,self.n_head)

        key_splited = elt.Rearrange("b h l d -> b h d l")(key_splited)
        # 计算query与key之间的权重系数
        attention_prob = torch.matmul(query_splited, key_splited)

        # 使用softmax对权重系数进行归一化计算
        attention_prob += mask * -1e5  # 在自注意力权重的基础上加上掩码值
        attention_prob = torch.softmax(attention_prob, dim=-1)

        # 计算权重系数与value的值，从而获取注意力值
        attention_score = torch.matmul(attention_prob, value_splited)
        attention_score = elt.Rearrange("b h l d -> b l (h d)")(attention_score)

        return (attention_score)

    def splite_tensor(self,tensor,h_head):
        embedding = elt.Rearrange("b l (h d) -> b l h d",h = h_head)(tensor)
        embedding = elt.Rearrange("b l h d -> b h l d", h=h_head)(embedding)
        return embedding

if __name__ == '__main__':
```

```
embedding = torch.rand(size=(5,16,312))
mask = torch.ones((5,1,16,1))    #注意设计 mask 的位置，长度是 16
Attention()(embedding,mask)
```

比较单一的注意力模型，多头注意力模型能够简化计算，并且在更多维的空间上对数据进行整合。最新的研究表明，实际上使用多头注意力模型，每个头所关注的内容并不一致，有的头关注相邻之间的序列，而有的头会关注更远处的单词。

图 10-14 展示了一个 8 头注意力模型架构。

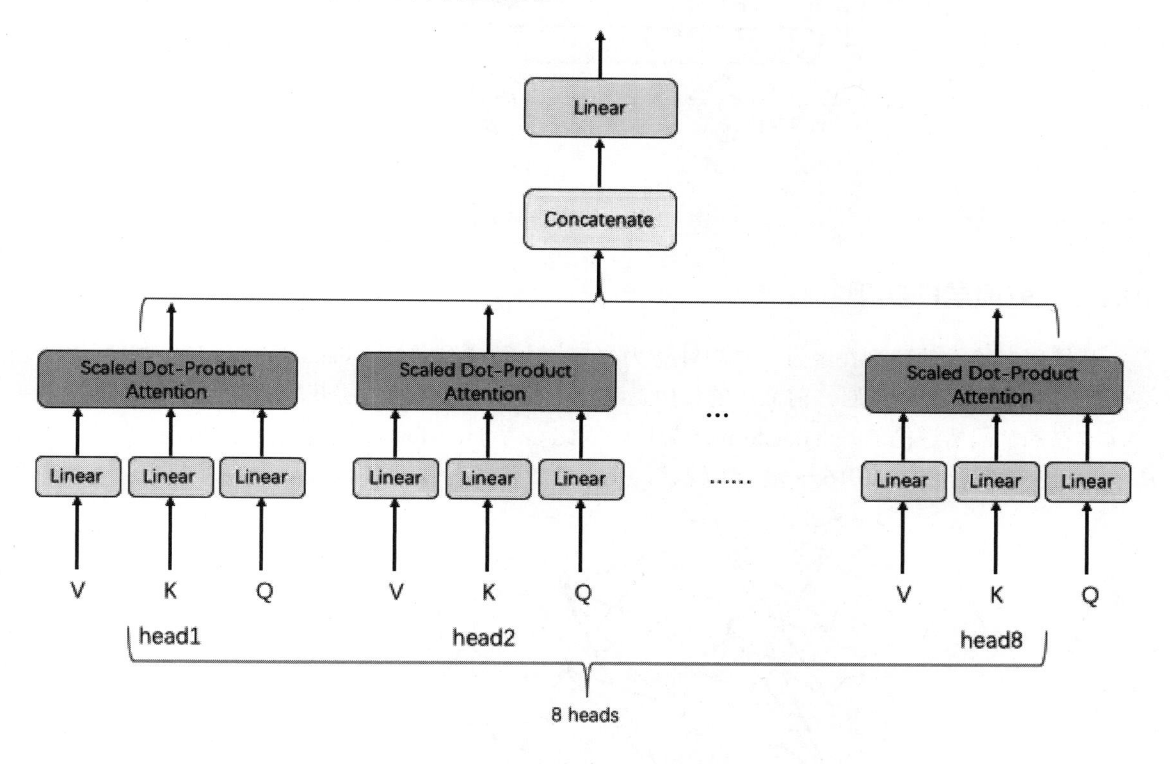

图 10-14　8 头注意力模型架构

10.2　编码器的实现

本节开始介绍编码器的实现。

前面介绍了编码器的核心部件——注意力模型，并且介绍了输入端的词嵌入初始化方法和位置编码，本节将使用 Transformer 编码器方案来构建，这是目前最常用的架构方案。

从图 10-15 可以看到，一个编码器的构造分成 3 部分：初始向量层、注意力层和前馈层。

初始向量层和注意力层在上一节已经讲解完毕，本节将介绍最后一部分：前馈层。之后将使用这 3 部分构造出本书的编码器架构。

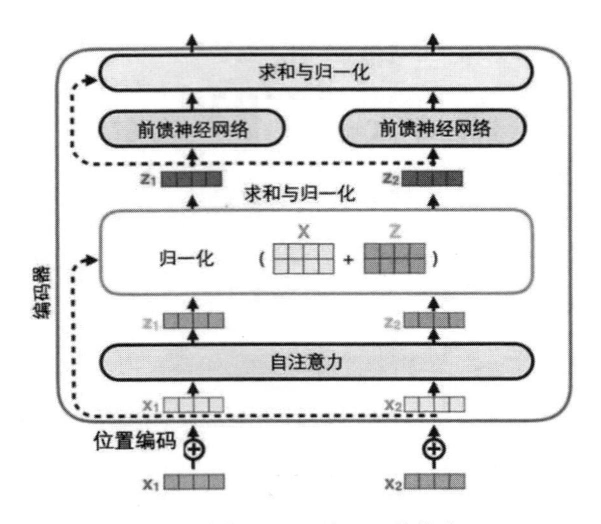

图 10-15 编码器的构造

10.2.1 前馈层的实现

从编码器输入的序列在经过一个自注意力层后，会传递到前馈（Feed Forward）神经网络中，这个神经网络被称为前馈层。前馈层的作用是进一步整形通过注意力层获取的整体序列向量。

本书的解码器遵循的是 Transformer 架构，因此参考 Transformer 中解码器的构建，如图 10-16 所示。相信读者看到图 10-16 一定会很诧异，是不是放错了？并没有。

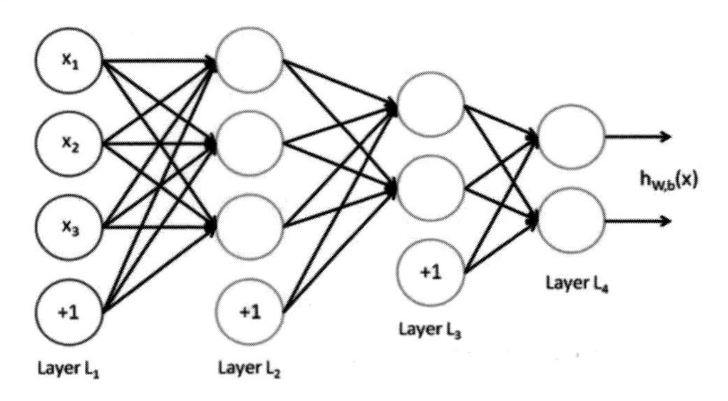

图 10-16 Transformer 中解码器的构建

所谓前馈神经网络，实际上就是加载了激活函数的全连接层神经网络（或者使用一维卷积实现的神经网络，这里不详细介绍）。

既然了解了前馈神经网络，其实现也很简单，代码如下：

【程序 10-4】

```
import torch

class FeedForWard(torch.nn.Module):
    def __init__(self,embedding_dim = 312,scale = 4):
        super().__init__()
```

```
        self.linear1 = torch.nn.Linear(embedding_dim,embedding_dim*scale)
        self.relu_1 = torch.nn.ReLU()
        self.linear2 = torch.nn.Linear(embedding_dim*scale,embedding_dim)
        self.relu_2 = torch.nn.ReLU()
        self.layer_norm = torch.nn.LayerNorm(normalized_shape=embedding_dim)
    def forward(self,tensor):
        embedding = self.linear1(tensor)
        embedding = self.relu_1(embedding)
        embedding = self.linear2(embedding)
        embedding = self.relu_2(embedding)
        embedding = self.layer_norm(embedding)
        return embedding
```

代码很简单，需要注意的是，前面使用了两个带激活函数的全连接层实现了“前馈”，然而实际上为了减少参数，减轻运行负担，可以使用一维卷积或者空洞卷积替代全连接层实现前馈神经网络，具体读者可以自行完成。

10.2.2　编码器的实现

经过本章前面的分析，实现一个 Transformer 架构的编码器并不困难，只需要按照架构依次组合在一起即可。实现代码如下：

```
import torch
import math
import einops.layers.torch as elt

class FeedForWard(torch.nn.Module):
    def __init__(self,embedding_dim = 312,scale = 4):
        super().__init__()
        self.linear1 = torch.nn.Linear(embedding_dim,embedding_dim*scale)
        self.relu_1 = torch.nn.ReLU()
        self.linear2 = torch.nn.Linear(embedding_dim*scale,embedding_dim)
        self.relu_2 = torch.nn.ReLU()
        self.layer_norm = torch.nn.LayerNorm(normalized_shape=embedding_dim)
    def forward(self,tensor):
        embedding = self.linear1(tensor)
        embedding = self.relu_1(embedding)
        embedding = self.linear2(embedding)
        embedding = self.relu_2(embedding)
        embedding = self.layer_norm(embedding)
        return embedding

class Attention(torch.nn.Module):
    def __init__(self,embedding_dim = 312,hidden_dim = 312,n_head = 6):
        super().__init__()
```

```
        self.n_head = n_head
        self.query_layer = torch.nn.Linear(embedding_dim, hidden_dim)
        self.key_layer = torch.nn.Linear(embedding_dim, hidden_dim)
        self.value_layer = torch.nn.Linear(embedding_dim, hidden_dim)

    def forward(self,embedding,mask):
        input_embedding = embedding

        query = self.query_layer(input_embedding)
        key = self.key_layer(input_embedding)
        value = self.value_layer(input_embedding)

        query_splited = self.splite_tensor(query,self.n_head)
        key_splited = self.splite_tensor(key,self.n_head)
        value_splited = self.splite_tensor(value,self.n_head)

        key_splited = elt.Rearrange("b h l d -> b h d l")(key_splited)
        # 计算query与key之间的权重系数
        attention_prob = torch.matmul(query_splited, key_splited)

        # 使用softmax对权重系数进行归一化计算
        attention_prob += mask * -1e5  # 在自注意力权重的基础上加上掩码值
        attention_prob = torch.softmax(attention_prob, dim=-1)

        # 计算权重系数与value的值，从而获取注意力值
        attention_score = torch.matmul(attention_prob, value_splited)
        attention_score = elt.Rearrange("b h l d -> b l (h d)")(attention_score)

        return (attention_score)

    def splite_tensor(self,tensor,h_head):
        embedding = elt.Rearrange("b l (h d) -> b l h d",h = h_head)(tensor)
        embedding = elt.Rearrange("b l h d -> b h l d", h=h_head)(embedding)
        return embedding

class PositionalEncoding(torch.nn.Module):
    def __init__(self, d_model = 312, dropout = 0.05, max_len=80):
        """
        :param d_model: pe编码维度，一般与Word Embedding相同，方便相加
        :param dropout: dorp out
        :param max_len: 语料库中最长句子的长度，即Word Embedding中的L
        """
        super(PositionalEncoding, self).__init__()
        # 定义drop out
        self.dropout = torch.nn.Dropout(p=dropout)
```

```
        # 计算pe编码
        pe = torch.zeros(max_len, d_model) # 建立空表，每行代表一个词的位置，每列代
表一个编码位
        position = torch.arange(0, max_len).unsqueeze(1) # 建个arange表示词的位
置，以便进行公式计算，size=(max_len,1)
        div_term = torch.exp(torch.arange(0, d_model, 2) *    # 计算公式中10000**
(2i/d_model)-(math.log(10000.0) / d_model))
        pe[:, 0::2] = torch.sin(position * div_term)  # 计算偶数维度的pe值
        pe[:, 1::2] = torch.cos(position * div_term)  # 计算奇数维度的pe值
        pe = pe.unsqueeze(0)  # size=(1, L, d_model)，为了后续与word_embedding
相加，意为batch维度下的操作相同
        self.register_buffer('pe', pe)  # pe值是不参加训练的

    def forward(self, x):
        # 输入的最终编码 = word_embedding + positional_embedding
        x = x + self.pe[:, :x.size(1)].clone().detach().requires_grad_(False)
        return self.dropout(x) # size = [batch, L, d_model]

class Encoder(torch.nn.Module):
    def __init__(self,vocab_size = 1024,max_length = 80,embedding_size =
312,n_head = 6,scale = 4,n_layer = 3):
        super().__init__()
        self.n_layer = n_layer
        self.embedding_table =
torch.nn.Embedding(num_embeddings=vocab_size,embedding_dim=embedding_size)
        self.position_embedding = PositionalEncoding(max_len=max_length)
        self.attention = Attention(embedding_size,embedding_size,n_head)
        self.feedward = FeedForWard()
    def forward(self,token_inputs):
        token = token_inputs
        mask = self.create_mask(token)

        embedding = self.embedding_table(token)
        embedding = self.position_embedding(embedding)
        for _ in range(self.n_layer):
            embedding = self.attention(embedding,mask)
            embedding = torch.nn.Dropout(0.1)(embedding)
            embedding = self.feedward(embedding)

        return embedding

    def create_mask(self,seq):
        mask = torch.not_equal(seq, 0).float()
        mask = torch.unsqueeze(mask, dim=-1)
        mask = torch.unsqueeze(mask, dim=1)
```

```
        return mask

if __name__ == '__main__':
    seq = torch.ones(size=(3,80),dtype=int)
    Encoder()(seq)
```

可以看到，真正实现一个编码器，从理论和架构上来说并不困难，只需要读者细心即可。

10.3 实战编码器：汉字拼音转换模型

本节将结合前面两节的内容实战编码器，即使用编码器完成一个训练——拼音与汉字的转换，效果参考图 10-17。

图 10-17　拼音和汉字

10.3.1 汉字拼音数据集处理

首先是数据集的准备和处理，本例准备了 150 000 条汉字和拼音的对应数据。

1. 数据集展示

汉字拼音数据集如下：

```
    A11_0   lv4 shi4 yang2 chun1 yan1 jing3 da4 kuai4 wen2 zhang1 de di3 se4 si4 yue4 de lin2 luan2 geng4 shi4 lv4 de2 xian1 huo2 xiu4 mei4 shi1 yi4 ang4 ran2  绿 是 阳 春 烟 景 大 块 文 章 的 底 色 四 月 的 林 峦 更 是 绿 得 鲜 活 秀 媚 诗 意 盎 然
    A11_1   ta1 jin3 ping2 yao1 bu4 de li4 liang4 zai4 yong3 dao4 shang4 xia4 fan1 teng2 yong3 dong4 she2 xing2 zhuang4 ru2 hai3 tun2 yi1 zhi2 yi3 yi1 tou2 de you1 shi4 ling3 xian1   他 仅 凭 腰 部 的 力 量 在 泳 道 上 下 翻 腾 蛹 动 蛇 行 状 如 海 豚 一 直 以 一 头 的 优 势 领 先
    A11_10  pao4 yan3 da3 hao3 le zha4 yao4 zen3 me zhuang1 yue4 zheng4 cai2 yao3
```

```
le yao3 ya2 shu1 de tuo1 qu4 yi1 fu2 guang1 bang3 zi chong1 jin4 le shui3 cuan4 dong4
    炮 眼 打 好 了 炸 药 怎 么 装 岳 正 才 咬 了 咬 牙 倏 地 脱 去 衣 服 光 膀 子 冲 进 了 水 窜 洞
    A11_100 ke3 shei2 zhi1 wen2 wan2 hou4 ta1 yi1 zhao4 jing4 zi zhi3 jian4 zuo3 xia4
yan3 jian3 de xian4 you4 cu1 you4 hei1 yu3 you4 ce4 ming2 xian3 bu4 dui4 cheng1
    可 谁 知 纹 完 后 她 一 照 镜 子 只 见 左 下 眼 睑 的 线 又 粗 又 黑 与 右 侧 明 显 不 对 称
```

简单介绍一下。数据集中的数据分成 3 部分，每部分使用特定空格键隔开：

```
A11_10 … … … ke3 shei2 … … …可 谁 … … …
```

- 第一部分的A11_i为序号，表示序列的条数和行号。
- 第二部分是拼音编号，这里使用的是汉语拼音，与真实的拼音标注不同的是去除了拼音原始标注，而使用数字1、2、3、4替代，分别代表当前读音的第一声到第四声，这一点请读者注意。
- 最后一部分是汉字的序列，这里与第二部分的拼音部分一一对应。

2. 获取字库和训练数据

获取数据集中字库的个数是一个非常重要的问题，一个非常好的办法是：使用 set 格式的数据读取全部字库中的不同字符。

创建字库和训练数据的完整代码如下：

```
max_length = 64
with open("zh.tsv", errors="ignore", encoding="UTF-8") as f:
    context = f.readlines()                                    #读取内容
    for line in context:
        line = line.strip().split("  ")                        #切分每行中的不同部分
        pinyin = ["GO"] + line[1].split(" ") + ["END"]  #处理拼音部分，在头尾加上
起止符号
        hanzi = ["GO"] + line[2].split(" ") + ["END"]    #处理汉字部分，在头尾加上
起止符号
        for _pinyin, _hanzi in zip(pinyin, hanzi):  #创建字库
            pinyin_vocab.add(_pinyin);hanzi_vocab.add(_hanzi)

        pinyin = pinyin + ["PAD"] * (max_length - len(pinyin))
        hanzi = hanzi + ["PAD"] * (max_length - len(hanzi))
        pinyin_list.append(pinyin);hanzi_list.append(hanzi) #创建汉字列表
```

这里说明一下，首先context读取了全部数据集中的内容，之后根据空格将其分成3部分。对拼音和汉字部分，将其转换成一个序列，并在前后分别加上起止符 GO 和 END。实际上也可以不加，为了明确地描述起止关系，才加上了起止标注。

实际上，还需要加上一个特定的符号 PAD，这是为了对单行序列进行补全，最终的数据如下：

```
['GO', 'liu2', 'yong3' , … … … , 'gan1', ' END', 'PAD', 'PAD' , … … …]
['GO', '柳', '永' , … … … , '感', 'END', 'PAD', 'PAD' , … … …]
```

pinyin_list 和 hanzi_list 是两个列表，分别用来存放对应的拼音和汉字训练数据。最后不要忘记

在字库中加上PAD符号：

```
pinyin_vocab = ["PAD"] + list(sorted(pinyin_vocab))
hanzi_vocab = ["PAD"] + list(sorted(hanzi_vocab))
```

3. 根据字库生成Token数据

获取的拼音标注和汉字标注的训练数据并不能直接用于模型训练，模型需要转换成Token的一系列数字列表，代码如下：

```
def get_dataset():
    pinyin_tokens_ids = []          #新的拼音Token列表
    hanzi_tokens_ids = []           #新的汉字Token列表

   for pinyin,hanzi in zip(tqdm(pinyin_list),hanzi_list):
        #获取新的拼音Token
        pinyin_tokens_ids.append([pinyin_vocab.index(char) for char in pinyin])
        #获取新的汉字Token
        hanzi_tokens_ids.append([hanzi_vocab.index(char) for char in hanzi])
   return pinyin_vocab,hanzi_vocab,pinyin_tokens_ids,hanzi_tokens_ids
```

代码中创建了两个新的列表，分别用于对拼音和汉字的Token进行存储，从而获取根据字库序号编号后形成的新序列Token。

10.3.2　汉字拼音转换模型的确定

下面进行模型的编写。实际上，单纯使用10.2节提供的模型也是可以的，但是一般需要对其进行修正。单纯使用一层编码器对数据进行编码，在效果上可能并没有多层编码器准确率高，一个简单的解决方法就是增加多层编码器对数据进行编码，如图10-18所示。

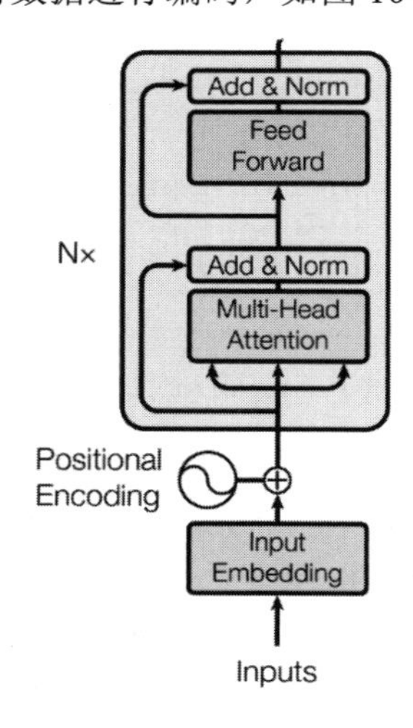

图10-18　多层编码器

实现代码如下。

【程序 10-5】

```
import torch
import math
import einops.layers.torch as elt

class FeedForWard(torch.nn.Module):
    def __init__(self,embedding_dim = 312,scale = 4):
        super().__init__()
        self.linear1 = torch.nn.Linear(embedding_dim,embedding_dim*scale)
        self.relu_1 = torch.nn.ReLU()
        self.linear2 = torch.nn.Linear(embedding_dim*scale,embedding_dim)
        self.relu_2 = torch.nn.ReLU()
        self.layer_norm = torch.nn.LayerNorm(normalized_shape=embedding_dim)
    def forward(self,tensor):
        embedding = self.linear1(tensor)
        embedding = self.relu_1(embedding)
        embedding = self.linear2(embedding)
        embedding = self.relu_2(embedding)
        embedding = self.layer_norm(embedding)
        return embedding

class Attention(torch.nn.Module):
    def __init__(self,embedding_dim = 312,hidden_dim = 312,n_head = 6):
        super().__init__()
        self.n_head = n_head
        self.query_layer = torch.nn.Linear(embedding_dim, hidden_dim)
        self.key_layer = torch.nn.Linear(embedding_dim, hidden_dim)
        self.value_layer = torch.nn.Linear(embedding_dim, hidden_dim)

    def forward(self,embedding,mask):
        input_embedding = embedding
        query = self.query_layer(input_embedding)
        key = self.key_layer(input_embedding)
        value = self.value_layer(input_embedding)
        query_splited = self.splite_tensor(query,self.n_head)
        key_splited = self.splite_tensor(key,self.n_head)
        value_splited = self.splite_tensor(value,self.n_head)
        key_splited = elt.Rearrange("b h l d -> b h d l")(key_splited)
        # 计算query与key之间的权重系数
        attention_prob = torch.matmul(query_splited, key_splited)
        # 使用softmax对权重系数进行归一化计算
        attention_prob += mask * -1e5  # 在自注意力权重的基础上加上掩码值
        attention_prob = torch.softmax(attention_prob, dim=-1)
        # 计算权重系数与value的值，从而获取注意力值
```

```
        attention_score = torch.matmul(attention_prob, value_splited)
        attention_score = elt.Rearrange("b h l d -> b l (h d)")(attention_score)
        return (attention_score)

    def splite_tensor(self,tensor,h_head):
        embedding = elt.Rearrange("b l (h d) -> b l h d",h = h_head)(tensor)
        embedding = elt.Rearrange("b l h d -> b h l d", h=h_head)(embedding)
        return embedding

class PositionalEncoding(torch.nn.Module):
    def __init__(self, d_model = 312, dropout = 0.05, max_len=80):
        """
        :param d_model: pe编码维度，一般与Word Embedding相同，方便相加
        :param dropout: dorp out
        :param max_len: 语料库中最长句子的长度，即Word Embedding中的L
        """
        super(PositionalEncoding, self).__init__()
        # 定义drop out
        self.dropout = torch.nn.Dropout(p=dropout)
        # 计算pe编码
        pe = torch.zeros(max_len, d_model) # 建立空表，每行代表一个词的位置，每列代
表一个编码位
        position = torch.arange(0, max_len).unsqueeze(1) # 建个arange表示词的位
置，以便进行公式计算，size=(max_len,1)
        div_term = torch.exp(torch.arange(0, d_model, 2) *    # 计算公式中10000**
(2i/d_model) - (math.log(10000.0) / d_model))
        pe[:, 0::2] = torch.sin(position * div_term)  # 计算偶数维度的pe值
        pe[:, 1::2] = torch.cos(position * div_term)  # 计算奇数维度的pe值
        pe = pe.unsqueeze(0)  # size=(1, L, d_model)，为了后续与word_embedding
相加，意为batch维度下的操作相同
        self.register_buffer('pe', pe)  # pe值是不参加训练的

    def forward(self, x):
        # 输入最终的编码 = word_embedding + positional_embedding
        x = x + self.pe[:, :x.size(1)].clone().detach().requires_grad_(False)
        return self.dropout(x) # size = [batch, L, d_model]

class Encoder(torch.nn.Module):
    def __init__(self,vocab_size = 1024,max_length = 80,embedding_size =
312,n_head = 6,scale = 4,n_layer = 3):
        super().__init__()
        self.n_layer = n_layer
        self.embedding_table = torch.nn.Embedding(num_embeddings=vocab_size,
embedding_dim=embedding_size)
        self.position_embedding = PositionalEncoding(max_len=max_length)
```

```
        self.attention = Attention(embedding_size,embedding_size,n_head)
        self.feedward = FeedForWard()

    def forward(self,token_inputs):
        token = token_inputs
        mask = self.create_mask(token)
        embedding = self.embedding_table(token)
        embedding = self.position_embedding(embedding)
        for _ in range(self.n_layer):
            embedding = self.attention(embedding,mask)
            embedding = torch.nn.Dropout(0.1)(embedding)
            embedding = self.feedward(embedding)
        return embedding

    def create_mask(self,seq):
        mask = torch.not_equal(seq, 0).float()
        mask = torch.unsqueeze(mask, dim=-1)
        mask = torch.unsqueeze(mask, dim=1)
        return mask
```

相对于 10.2.2 节的编码器构建示例，这里使用了多层的自注意力层和前馈层。需要注意的是，这里只是在编码器层中加入了更多层的多头注意力层和前馈层，而不是直接加载更多的编码器。

10.3.3 模型训练部分的编写

本小节进行模型训练部分的编写。在这里采用简单的模型训练程序的编写方式来完成代码的编写。

1. 导入数据集和创建数据的生成函数

对于数据的获取，由于模型在训练过程中不可能一次性将所有的数据导入，因此需要创建一个生成器，将获取的数据按批次发送到训练模型，在这里我们使用一个 for 循环来完成这个数据输入的任务。

【程序 10-6】

```
    pinyin_vocab,hanzi_vocab,pinyin_tokens_ids,hanzi_tokens_ids =
get_data.get_dataset()
    batch_size = 32
    train_length = len(pinyin_tokens_ids)
    for epoch in range(21):
        train_num = train_length // batch_size
        train_loss, train_correct = [], []
        for i in tqdm(range((train_num))):
            ...
```

这段代码用于完成数据的生成工作，按既定的 batch_size 大小生成数据 batch，之后在 epoch 的循环中将数据输入进行迭代。

下面是训练模型的完整实战代码。

【程序 10-7】

```
import numpy as np
import torch
import attention_model
import get_data
max_length = 64
from tqdm import tqdm
char_vocab_size = 4462
pinyin_vocab_size = 1154

def get_model(embedding_dim = 312):
    model = torch.nn.Sequential(
        attention_model.Encoder(pinyin_vocab_size,max_length=max_length),
        torch.nn.Dropout(0.1),
        torch.nn.Linear(embedding_dim,char_vocab_size)
    )
    return model

device = "cuda"
model = get_model().to(device)
model = torch.compile(model)
optimizer = torch.optim.Adam(model.parameters(), lr=3e-5)
loss_func = torch.nn.CrossEntropyLoss()

pinyin_vocab,hanzi_vocab,pinyin_tokens_ids,hanzi_tokens_ids = 
get_data.get_dataset()

batch_size = 32
train_length = len(pinyin_tokens_ids)
for epoch in range(21):
    train_num = train_length // batch_size
    train_loss, train_correct = [], []

    for i in tqdm(range((train_num))):
        model.zero_grad()
        start = i * batch_size
        end = (i + 1) * batch_size
        batch_input_ids = torch.tensor(pinyin_tokens_ids[start:end]).
int().to(device)
        batch_labels = torch.tensor(hanzi_tokens_ids[start:end]).to(device)
        pred = model(batch_input_ids)
        batch_labels = batch_labels.to(torch.uint8)
```

```
            active_loss = batch_labels.gt(0).view(-1) == 1

            loss = loss_func(pred.view(-1, char_vocab_size)[active_loss],
batch_labels.view(-1)[active_loss])
            optimizer.zero_grad()
            loss.backward()
            optimizer.step()

        if (epoch +1) %10 == 0:
            state = {"net":model.state_dict(), "optimizer":optimizer.state_dict(),
"epoch":epoch}
            torch.save(state, "./saver/modelpara.pt")
```

通过将训练代码和模型组合在一起，即可完成模型的训练。最后的预测部分，即使用模型进行拼音和汉字的转换部分，请读者自行完成。

10.4　本章小结

本小结对模型的设计做一些补充。

首先，需要向读者说明的是，本章的模型设计并没有完全遵守 Transformer 中编码器的设计，而是仅仅建立了多层注意力层和前馈层，这是与真实的 Transformer 中的解码器不一致的地方。

其次，对于数据的设计，这里直接将不同字符或者拼音作为独立的字符进行存储，这样做的好处在于可以使得数据的最终生成更加简单，但是增加字符个数会增大搜索空间，因此对训练的要求更高。还有一种划分方法，即将拼音拆开，使用字母和音标分离的方式进行处理，有兴趣的读者可以尝试一下。

作者在编写本章内容时发现，对于输入的数据来说，这里输入的值是词嵌入的 Embedding 和位置编码的和，如果读者尝试了只使用单一的词嵌入 Embedding 的话，可以发现，相对于使用叠加的 Embedding 值，单一的词嵌入 Embedding 对于同义字的分辨会产生问题，即：

```
qu4 na3 去哪 去拿
```

qu4 na3 的发音相同，无法分辨出到底是“去哪”还是“去拿”。有兴趣的读者可以做一个测试，也可以深入研究一下这个问题。

本章就是这些内容，但是相对于 Transformer 架构来说，仅有编码器是不完整的，在编码器的基础上，还存在一个对应的解码器，这将在第 12 章介绍，并且会解决一个非常重要的问题——文本对齐。

到这里，读者一定急不可耐地想继续学习下去，但是，请记住本章开始的提示，建议阅读本章内容 3 遍以上。

现在，请你带着编码器和汉字拼音转换模型回过头来重新阅读本章内容。

第 11 章

站在巨人肩膀上的预训练模型 BERT

经过前面的学习，读者应该对使用深度学习框架 PyTorch 2.0 进行自然语言处理有了一个基础性的认识，如果读者按部就班地学习，那么也不会觉得很难。

第 10 章介绍了一种新的基于注意力模型的编码器，如果读者在学习第 10 章内容时注意到，作为编码器的 encoder_layer（编码器层）与作为分类使用的 dense_layer（全连接层）可以分开独立使用，那么一个自然而然的想法就是能否将编码器层和全连接层分开，利用训练好的模型作为编码器独立使用，并且可以根据具体项目接上不同的“尾端”，以便在预训练好的编码器上通过“微调”的方式进行训练。

好了，有了想法就要行动起来。

11.1 预训练模型 BERT

BERT（Bidirectional Encoder Representation from Transformer）是 2018 年 10 月由 Google AI 研究院提出的一种预训练模型，如图 11-1 所示。它使用了在第 10 章中介绍的编码器结构的层级和构造方法，最大的特点是抛弃了传统的循环神经网络和卷积神经网络，通过注意力模型将任意位置的两个单词的距离转换成 1，有效地解决了自然语言处理中棘手的文本长期依赖问题。

图 11-1 BERT

BERT 实际上是一种替代了 Word Embedding 的新型文字编码方案，是一种目前计算文字在不同文本中的语境而“动态编码”的最优方法。BERT 被用来学习文本句子的语义信息，比如经典的词向量表示。BERT 包括句子级别的任务（如句子推断、句子间的关系）和字符级别的任务（如实体识别）。

11.1.1　BERT 的基本架构与应用

BERT 的模型架构是一个多层的双向注意力结构的 Encoder 部分。本节先来看 BERT 的输入，再复习前面介绍的 BERT 模型架构。

1. BERT的输入

BERT 的输入的编码向量（长度是 512）是 3 个嵌入特征的单位，如图 11-2 所示。

- 词嵌入（Token Embedding）：根据每个字符在“字表”中的位置赋予一个特定的Embedding值。
- 位置嵌入（Position Embedding）：将单词的位置信息编码成特征向量，是向模型中引入单词位置关系至关重要的一环。
- 分割嵌入（Segment Embedding）：用于区分两个句子，例如B是不是A的下文（如对话场景、问答场景等）。对于句子对，第一个句子的特征值是0，第二个句子的特征值是1。

2. BERT的模型架构

与第 10 章介绍的编码器结构相似，BERT 实际上是由多个 Encoder Block 叠加而成的，通过使用注意力模型的多个层次来获得文本的特征提取，如图 11-3 所示。

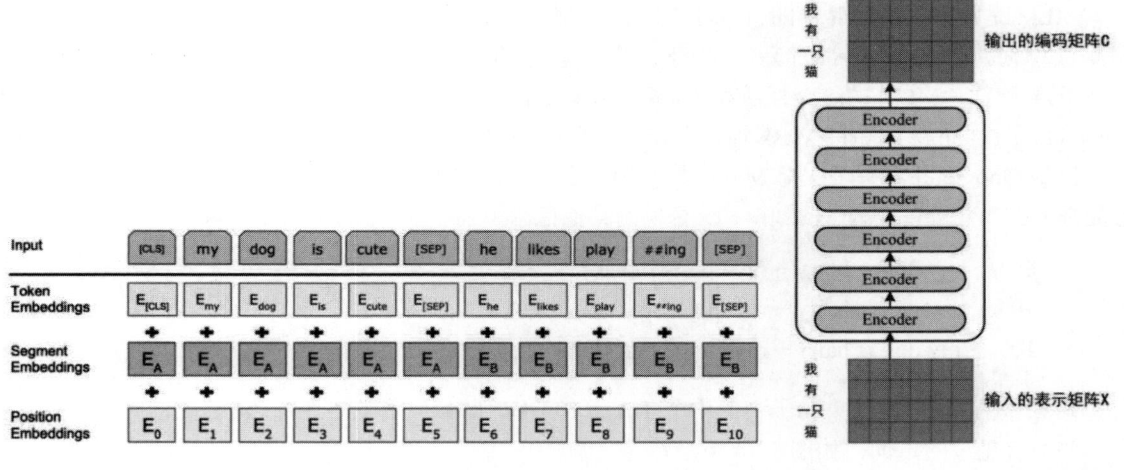

图 11-2　BERT 的输入　　　图 11-3　BERT 的模型架构

11.1.2　BERT 预训练任务与 Fine-Tuning

在介绍 BERT 的预训练任务的方案前，先介绍一下 BERT 在使用时的思路，即 BERT 在训练过程中将自己的训练任务和可替换的微调（Fine-Tuning）系统分离。

1. 开创性的预训练任务方案

Fine-Tuning 的目的是根据具体任务的需求替换不同的后端接口，即在已经训练好的语言模型的基础上加入少量的任务的专门属性。例如，对于分类问题，在语言模型的基础上加一层 Softmax 网络，然后在新的语料上重新训练来进行 Fine-Tuning。除了最后一层外，所有的参数都没有变化，如图 11-4 所示。

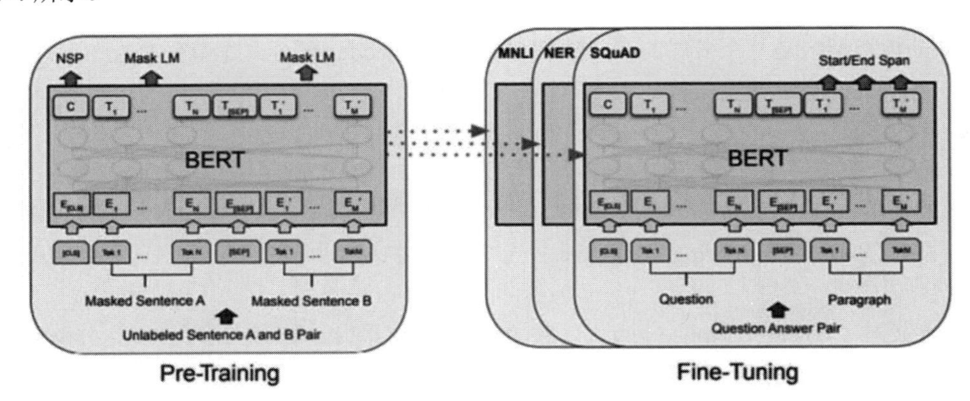

图 11-4　Fine-Tuning

BERT 在设计时作为预训练模型训练任务，为了最好地让 BERT 掌握预言的含义和方法，BERT 采用了多任务的方式，包括遮蔽语言模型（Masked Language Model，MLM）和下一个句子预测（Next Sentence Prediction，NSP）。

（1）任务 1：MLM

MLM 是指在训练的时候随机从输入语料上 Mask（遮挡、替换）掉一些单词，然后通过上下文预测该单词，该任务非常像读者在中学时期经常做的完形填空题。正如传统的语言模型算法和 RNN 匹配那样，MLM 的这个性质和 Transformer 的结构是非常匹配的。在 BERT 的实验中，15%的 Embedding Token 会被随机 Mask 掉。在训练模型时，一个句子会被多次“喂”到模型中用于参数学习，但是 Google 并没有每次都 Mask 掉这些单词，而是在确定要 Mask 掉的单词之后按一定比例进行处理：80%直接替换为[Mask]，10%替换为其他任意单词，10%保留原始 Token。

- 80%: my dog is hairy→my dog is [mask]。
- 10%: my dog is hairy→my dog is apple。
- 10%: my dog is hairy→my dog is hairy。

这么做的原因是，如果句子中的某个 Token 100%被 Mask，那么在 Fine-Tuning 的时候模型就会有一些没有见过的单词，如图 11-5 所示。

图 11-5　MLM

加入随机 Token 的原因是，Transformer 要保持对每个输入 Token 的分布式表征，否则模型会记住这个[mask]是 Token 'hairy'。至于单词带来的负面影响，因为一个单词被随机替换掉的概率只有 15%×10% =1.5%，所以这个负面影响其实是可以忽略不计的。

（2）任务 2：NSP

NSP 的任务是判断句子 B 是不是句子 A 的下文。如果是的话，就输出'IsNext'，否则输出'NotNext'。训练数据的生成方式是从平行语料中随机抽取连续的两句话，其中 50%保留抽取的两句话，符合 IsNext 关系；剩下的 50%随机从语料中提取，它们的关系是 NotNext。这个关系保存在如图 11-6 所示的[CLS]符号中。

图 11-6　NSP

2．BERT用于具体NLP任务（Fine-Tuning）

在海量单语料上训练完BERT之后，便可以将其应用到NLP的各个任务中了。对于其他任务来说，我们也可以根据 BERT 的输出信息做出对应的预测。图 11-7 展示了 BERT 在 11 个不同任务中的模型，它们只需要在 BERT 的基础上再添加一个输出层，便可以完成对特定任务的微调。这些任务类似于我们做过的文科试卷，其中有选择题、简答题等。

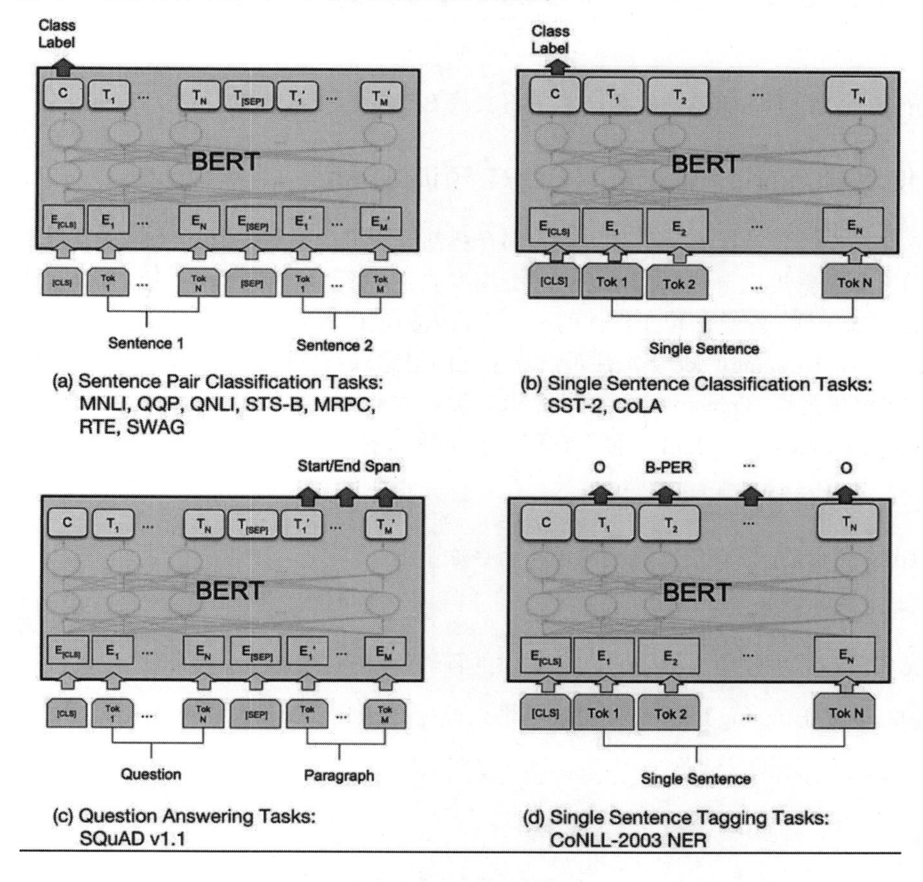

图 11-7　模型训练任务

预训练得到的 BERT 模型可以在后续执行 NLP 任务时进行微调，主要涉及以下内容：

- 一对句子的分类任务：自然语言推断（MNLI）、句子语义等价判断（QQP）等，如图11-7（a）所示，需要将两个句子传入BERT，然后使用[CLS]的输出值C对句子对进行分类。
- 单个句子的分类任务：句子情感分析（SST-2）、判断句子语法是否可以接受（CoLA）等，如图11-7（b）所示。只需要输入一个句子，无须使用[SEP]标志，然后使用[CLS]的输出值C进行分类。
- 问答任务：SQuAD v1.1数据集，样本是语句对（Question, Paragraph）。其中，Question表示问题；Paragraph是一段来自Wikipedia的文本，包含问题的答案。训练的目标是在Paragraph中找出答案的起始位置（Start，End）。如图11-7（c）所示，将Question和Paragraph传入BERT，然后BERT根据Paragraph所有单词的输出预测Start和End的位置。
- 单个句子的标注任务：命名实体识别（NER）等。输入单个句子，然后根据BERT对每个单词的输出T预测这个单词属于Person、Organization、Location、Miscellaneous还是Other（非命名实体）。

11.2　实战BERT：中文文本分类

前面介绍了BERT的结构与应用，本节将实战BERT的文本分类。

11.2.1　使用Hugging Face获取BERT预训练模型

BERT是一个预训练模型，其基本架构和存档都有相应的服务公司提供下载服务，而Hugging Face是目前专门免费提供自然语言处理预训练模型的公司。

Hugging Face是一家总部位于纽约的聊天机器人初创服务商，开发的应用在青少年中颇受欢迎，相比于其他公司，Hugging Face更加注重产品带来的情感以及环境因素。在GitHub上开源的自然语言处理、预训练模型库 Transformer提供了NLP领域大量优秀的预训练语言模型和调用框架。

使用Hugging Face获取BERT预训练模型的步骤如下：

步骤01 安装依赖。

安装Hugging Face依赖的方法很简单，命令如下：

```
pip install transformers
```

安装完成后，即可使用Hugging Face提供的预训练模型BERT。

步骤02 使用Hugging Face提供的代码格式进行BERT的引入与使用，代码如下：

```
from transformers import BertTokenizer
from transformers import BertModel

tokenizer = BertTokenizer.from_pretrained('bert-base-chinese')
pretrain_model = BertModel.from_pretrained("bert-base-chinese")
```

这里需要从网上下载模型，下载完毕后即可进行使用，如图 11-8 所示。

```
Downloading (…)solve/main/vocab.txt: 100%|██████████| 110k/110k [00:00<00:00, 159kB/s]
C:\miniforge3\lib\site-packages\huggingface_hub\file_download.py:129: UserWarning: `huggingface_hub
To support symlinks on Windows, you either need to activate Developer Mode or to run Python as an a
  warnings.warn(message)
Downloading (…)okenizer_config.json: 100%|██████████| 29.0/29.0 [00:00<00:00, 9.69kB/s]
Downloading (…)lve/main/config.json: 100%|██████████| 624/624 [00:00<00:00, 156kB/s]
```

图 11-8　下载模型

下面的代码演示了使用 BERT 编码器获取对应文本的 Token。

【程序 11-1】

```
from transformers import BertTokenizer
from transformers import BertModel

tokenizer = BertTokenizer.from_pretrained('bert-base-chinese')
pretrain_model = BertModel.from_pretrained("bert-base-chinese")

tokens = tokenizer.encode("春眠不觉晓
",max_length=12,padding="max_length",truncation=True)

print(tokenizer("春眠不觉晓
",max_length=12,padding="max_length",truncation=True))
```

这里使用了两种方法打印，结果如下：

```
[101, 3217, 4697, 679, 6230, 3236, 102, 0, 0, 0, 0, 0]
{'input_ids': [101, 3217, 4697, 679, 6230, 3236, 102, 0, 0, 0, 0, 0],
'token_type_ids': [0, 0, 0, 0, 0, 0, 0, 0, 0, 0, 0, 0], 'attention_mask': [1, 1,
1, 1, 1, 1, 1, 0, 0, 0, 0, 0]}
```

第一行是使用 encode 函数获取的 Token，第二行是直接对其加码获取到的 3 个不同的 Token 表示，对应前面的 BERT 输入，请读者自行验证学习。

需要注意的是，我们输入的是 5 个字符“春眠不觉晓”，而在加码后变成了 7 个字符，这是因为 BERT 默认会在单独的文本中加入[CLS]和[SEP]作为特定的分隔符。

如果想打印使用 BERT 计算的对应文本的 Embedding 值，那么可以使用如下代码。

【程序 11-2】

```
import torch
from transformers import BertTokenizer
from transformers import BertModel

tokenizer = BertTokenizer.from_pretrained('bert-base-chinese')
pretrain_model = BertModel.from_pretrained("bert-base-chinese")

tokens = tokenizer.encode("春眠不觉晓
",max_length=12,padding="max_length",truncation=True)
print(tokens)
```

```
    print("----------------------")
    print(tokenizer("春眠不觉晓
",max_length=12,padding="max_length",truncation=True))
    print("----------------------")

    tokens = torch.tensor([tokens]).int()
    print(pretrain_model(tokens))
```

打印结果如图 11-9 所示。最终获得一个维度为[1,12,768]的矩阵，用以表示输入的文本。

```
BaseModelOutputWithPoolingAndCrossAttentions(last_hidden_state=tensor([[[-0.7610,  0.5203, -0.5595,  ...,  0.2348, -0.3034, -0.2319],
         [-0.3700,  0.3413,  0.1149,  ..., -0.4818, -0.4290,  0.2263],
         [ 0.3181, -0.6902, -0.5592,  ...,  0.0486, -0.9572,  0.5351],
         ...,
         [-0.4579,  0.1151, -0.4484,  ..., -0.0074, -0.3413, -0.0734],
         [-0.3379,  0.0399, -0.5630,  ...,  0.0669, -0.3690, -0.0972],
         [-0.4661, -0.0887, -0.4187,  ...,  0.0287, -0.3780, -0.1812]]],
       grad_fn=<NativeLayerNormBackward0>), pooler_output=tensor([[ 0.9663,  0.9998,  0.5572,  0.9757,  0.5380,  0.7366, -0.5035, -0.9482,
          0.9395, -0.9557,  0.9999,  0.4464, -0.9639, -0.9798,  0.9971, -0.9789,
         -0.1002,  0.9984,  0.9760, -0.1109,  0.9822, -1.0000, -0.9701,  0.5122,
          0.3168,  0.8870,  0.5767, -0.8974, -0.9999,  0.8627,  0.8348,  0.9847,
          0.8508, -0.9999, -0.9871,  0.3431, -0.6705,  0.8024, -0.8633, -0.9536,
         -0.9600, -0.3843,  0.4416, -0.8395, -0.9982,  0.2444, -1.0000, -0.9959,
          0.1417,  0.9994, -0.7871, -0.9966, -0.1539,  0.3426, -0.8759,  0.9154,
         -0.9940,  0.5318,  1.0000,  0.9626,  0.9977, -0.8483,  0.7340, -0.9917,
```

图 11-9　打印结果

11.2.2　BERT 实战文本分类

我们先回到第 9 章中的一个实战演示，在第 9 章带领读者完成了基于循环神经网络的中文情感分类实战，但是当时的问题是结果可能并不能令人满意，此时通过使用预训练模型查看预测结果。

步骤 01 数据的准备。

对于所需要使用的情感分类数据集，这里使用本书自带的 dataset 数据集中的 ChnSentiCorp.txt 文件。

步骤 02 数据的处理。

在这里使用 BERT 自带的 tokenizer 函数将文本转换成需要的 Token。完整代码如下：

```
    import numpy as np
    from transformers import BertTokenizer

    tokenizer = BertTokenizer.from_pretrained('bert-base-chinese')

    max_length = 80          #设置获取的文本长度为 80
    labels = []              #用以存放 label
    context = []             #用以存放汉字文本
    token_list = []

    with open("../dataset/cn/ChnSentiCorp.txt", mode="r", encoding="UTF-8") as
emotion_file:
```

```
        for line in emotion_file.readlines():
            line = line.strip().split(",")

            # labels.append(int(line[0]))
            if int(line[0]) == 0:
                labels.append(0)    #由于后面直接采用 PyTorch 自带的 crossentropy 函数，因
此这里直接输入 0，否则输入[1,0]
            else:
                labels.append(1)
            text = "".join(line[1:])
            token = tokenizer.encode(text,max_length=max_length,padding=
"max_length",truncation=True)

            token_list.append(token)
            context.append(text)

    seed = 828
    np.random.seed(seed);np.random.shuffle(token_list)
    np.random.seed(seed);np.random.shuffle(labels)

    dev_list = np.array(token_list[:170]).astype(int)
    dev_labels = np.array(labels[:170]).astype(int)

    token_list = np.array(token_list[170:]).astype(int)
    labels = np.array(labels[170:]).astype(int)
```

这里首先通过 BERT 自带的 tokenizer 对输入的文本进行编码处理，之后将其拆分成训练集与验证集。

步骤 03 模型的设计。

与第 10 章的示例不同之处在于，这里使用 BERT 作为文本的特征提取器，而在后面仅使用了一个二分类层作为分类函数，需要说明的是，由于 BERT 的输入不同，这里将其拆分成两种模型，分别是 simple 版与标准版。simple 版的代码如下：

```
    import torch
    import torch.utils.data as Data
    from transformers import BertModel
    from transformers import BertTokenizer
    from transformers import AdamW

    # 定义下游任务模型
    class ModelSimple(torch.nn.Module):
        def __init__(self, pretrain_model_name = "bert-base-chinese"):
            super().__init__()
            self.pretrain_model = BertModel.from_pretrained(pretrain_model_name)
```

```
        self.fc = torch.nn.Linear(768, 2)

    def forward(self, input_ids):
        with torch.no_grad():  # 上游的模型不进行梯度更新
            output = self.pretrain_model(input_ids=input_ids)  # input_ids: 编
码之后的数字(token) )
        output = self.fc(output[0][:, 0])  # 取出每个 batch 的第一列作为 CLS，即(16,
786)
        output = output.softmax(dim=1)  # 通过 softmax 函数，使其在 1 的维度上进行缩
放，使元素位于[0,1] 范围内，总和为 1
        return output
```

标准版预训练模型代码如下：

```
class Model(torch.nn.Module):
    def __init__(self, pretrain_model_name = "bert-base-chinese"):
        super().__init__()
        self.pretrain_model = BertModel.from_pretrained(pretrain_model_name)
        self.fc = torch.nn.Linear(768, 2)

    def forward(self, input_ids,attention_mask,token_type_ids):
        with torch.no_grad():  # 上游的模型不进行梯度更新
            output = self.pretrain_model(input_ids=input_ids,  # input_ids: 编
码之后的数字(token)
            attention_mask=attention_mask,  #attention_mask: 其中 pad 的位置是 0，
其他位置是 1
            # token_type_ids: 第一个句子和特殊符号的位置是 0，第二个句子的位置是 1
            token_type_ids=token_type_ids)
        output = self.fc(output[0][:, 0])  # 取出每个 batch 的第一列作为 CLS，即
(16,786)
        output = output.softmax(dim=1)  # 通过 softmax 函数，使其在 1 的维度上进行缩
放，使元素位于[0,1] 范围内，总和为 1
        return output
```

标准版和 simple 版的区别主要在于输入格式不同。而对于不同的输入格式，有兴趣的读者可以在本章内容完成后自行尝试。

步骤 04 模型的训练。

完整代码如下。

【程序 11-3】

```
import torch
import model
device = "cuda"
model = model.ModelSimple().to(device)
model = torch.compile(model)
```

```
    optimizer = torch.optim.Adam(model.parameters(), lr=2e-4)
    loss_func = torch.nn.CrossEntropyLoss()

    import get_data
    token_list = get_data.token_list
    labels = get_data.labels

    dev_list = get_data.dev_list
    dev_labels = get_data.dev_labels

    batch_size = 128
    train_length = len(labels)
    for epoch in (range(21)):
        train_num = train_length // batch_size
        train_loss, train_correct = 0, 0
        for i in (range(train_num)):
            start = i * batch_size
            end = (i + 1) * batch_size
            batch_input_ids = torch.tensor(token_list[start:end]).to(device)
            batch_labels = torch.tensor(labels[start:end]).to(device)
            pred = model(batch_input_ids)

            loss = loss_func(pred, batch_labels.type(torch.uint8))
            optimizer.zero_grad()
            loss.backward()
            optimizer.step()
            train_loss += loss.item()
            train_correct += ((torch.argmax(pred, dim=-1) ==
(batch_labels)).type(torch.float).sum().item() / len(batch_labels))

        train_loss /= train_num
        train_correct /= train_num
        print("train_loss:", train_loss, "train_correct:", train_correct)
        test_pred = model(torch.tensor(dev_list).to(device))
        correct = (torch.argmax(test_pred, dim=-1) ==
(torch.tensor(dev_labels).to(device))).type(torch.float).sum().item() /
len(test_pred)
        print("test_acc:",correct)
        print("--------------------")
```

上面的代码比较简单，就不再过多解析了。需要注意的是，使用 BERT 会增大显存的消耗，因此在具体使用场景中，读者可以根据自己硬件的具体情况设置不同的 batch_size 值。代码运行最终结果如下所示。

```
    --------------------
    train_loss: 0.46196953270394925 train_correct: 0.8595074152542372
```

```
test_acc: 0.9
--------------------
train_loss: 0.460362914255l099 train_correct: 0.860301906779661
test_acc: 0.9
--------------------
train_loss: 0.4588900986364332 train_correct: 0.8609639830508474
test_acc: 0.9058823529411765
--------------------
train_loss: 0.4575323578664812 train_correct: 0.8626853813559322
test_acc: 0.9058823529411765
--------------------
train_loss: 0.4562745584269701 train_correct: 0.8636122881355932
test_acc: 0.9117647058823529
--------------------
train_loss: 0.4551042293087911 train_correct: 0.8641419491525424
test_acc: 0.9117647058823529
--------------------
train_loss: 0.45401099576788434 train_correct: 0.8652012711864406
test_acc: 0.9117647058823529
--------------------
```

读者可以运行一下代码，结果将展示全部 10 个 Epoch 的过程，最终准确率达到 0.9176。另外，由于作者设置的训练时间与学习率的关系，此结果并不是最优的结果，读者可以自行尝试完成。

11.3　更多的预训练模型

Hugging Face 除了提供 BERT 预训练模型的下载之外，还提供了其他预训练模型的下载，打开 Hugging Face 主页，如图 11-10 所示。

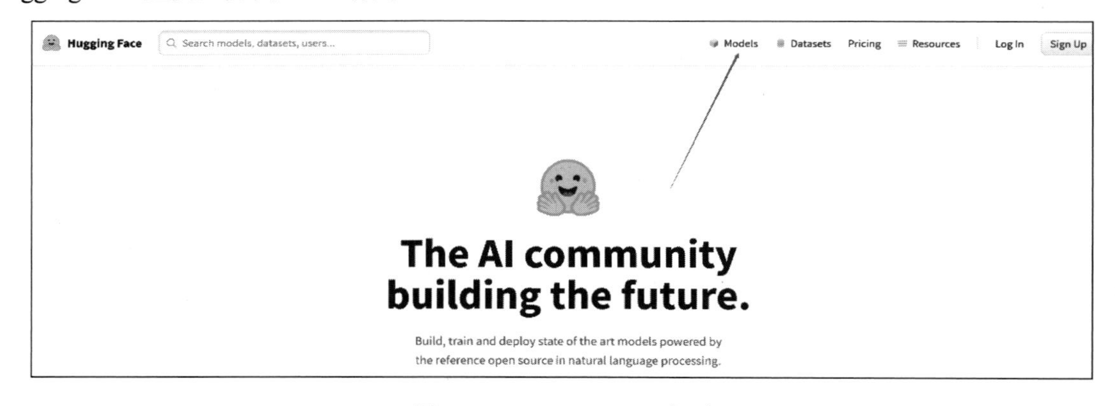

图 11-10　Hugging Face 主页

单击页面顶端的 Models 菜单之后，可以出现预训练模型的选择界面，如图 11-11 所示。

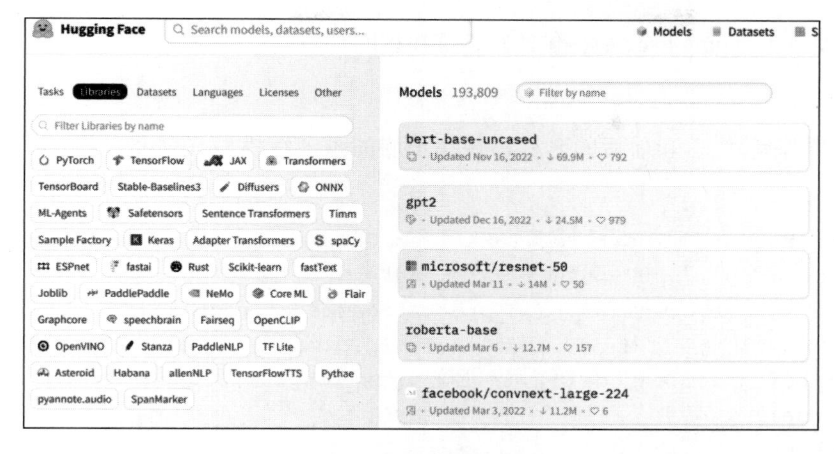

图 11-11　预训练模型的选择

在左侧依次是“任务选择”“使用框架”“训练数据集”以及“模型语言”选项，这里选择我们使用的 PyTorch 与 zh 标签，即使用 PyTorch 构建的中文数据集，右边会呈现对应的模型，如图 11-12 所示。

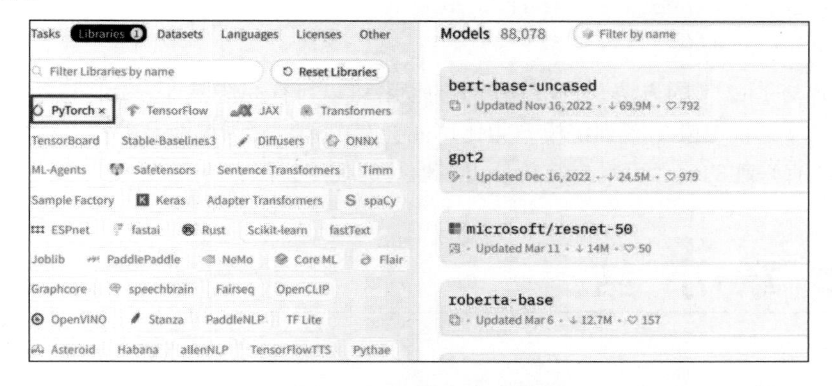

图 11-12　选择我们需要的模型

图 11-13 右边为 Hugging Face 所提供的基于 PyTorch 框架的中文预训练模型，刚才我们所使用的 BERT 模型也在其中。我们可以选择另一个模型进行模型训练，比如基于“全词遮掩”的 GPT2 模型进行训练，如图 11-13 所示。

图 11-13　选择中文的 PyTorch 的 BERT 模型

这里首先复制 Hugging Face 所提供的预训练模型的全名：

```
model_name = "uer/gpt2-chinese-ancient"
```

注意，需要保留“/”和前后的名称。替换不同的预训练模型只需要替换说明字符，代码如下：

```
from transformers import BertTokenizer,GPT2Model
model_name = "uer/gpt2-chinese-ancient"
tokenizer = BertTokenizer.from_pretrained(model_name)
pretrain_model = GPT2Model.from_pretrained(model_name)
tokens = tokenizer.encode("春眠不觉晓",max_length=12,padding="max_length",
truncation=True)
print(tokens)
print("----------------------")
print(tokenizer("春眠不觉晓",max_length=12,padding="max_length",
truncation=True))
print("----------------------")
tokens = torch.tensor([tokens]).int()
print(pretrain_model(tokens))
```

剩下的内容与 11.2 节的方法一致，有兴趣的读者可以自行完成验证。

最终结果与普通的 BERT 预训练模型相比可能会有出入，原因可能是多种多样的，这不在本书的评判范围内，有兴趣的读者可以自行验证更多模型的使用方法。

11.4 本章小结

本章介绍了预训练模型的使用，以经典的预训练模型 BERT 为例，演示了使用 BERT 进行文本分类的方法。

除此之外，在使用预训练模型时，使用每个序列中的第一个 Token 可以较好地表示完整序列的功能，这在某些任务中能起到较好的作用。

Hugging Face 提供了很多预训练模型下载，本章也介绍了很多使用预训练模型的方法，有兴趣的读者可以自行学习和比较不同的预训练模型。

第 12 章

从 1 起步——自然语言处理的解码器

本章从 1 开始。

第 10 章介绍了编码器的架构和实现代码。如果读者按要求把第 10 章阅读了 3 遍或者 3 遍以上，那么相信你对编码器的编写已经很熟悉了。

本章的解码器是在编码器的基础上对模型进行少量修正，在不改变整体架构的情况下进行模型设计。可以说，如果读者掌握了编码器的原理，那么掌握解码器的概念、设计和原理一定易如反掌。

本章首先介绍解码器的原理和程序编写，然后着重解决一个非常大的问题——文本对齐。

文本对齐是自然语言处理中一个不可轻易逾越的障碍，本章将以翻译模型的实战为例，系统地讲解文本对齐的方法，并实现一个基于汉字和拼音的“翻译系统”。

本章是对上一章的继承，如果读者想先完整地体验编码器-解码器系统，可以先查看 12.1.4 节，这是对解码器的完整实现，然后详细学习 12.2 节的实战部分。待程序运行顺畅之后，再参考 12.1 节重新学习解码器相关内容，加深印象。如果读者想了解更多细节，建议按讲解的顺序循序渐进地学习。

12.1 解码器的核心——注意力模型

顾名思义，解码器就是对传送过来的数据进行解码，如编码后的数据或者通过词嵌入输入的 Embedding 数据。解码器的结构如图 12-1 所示。

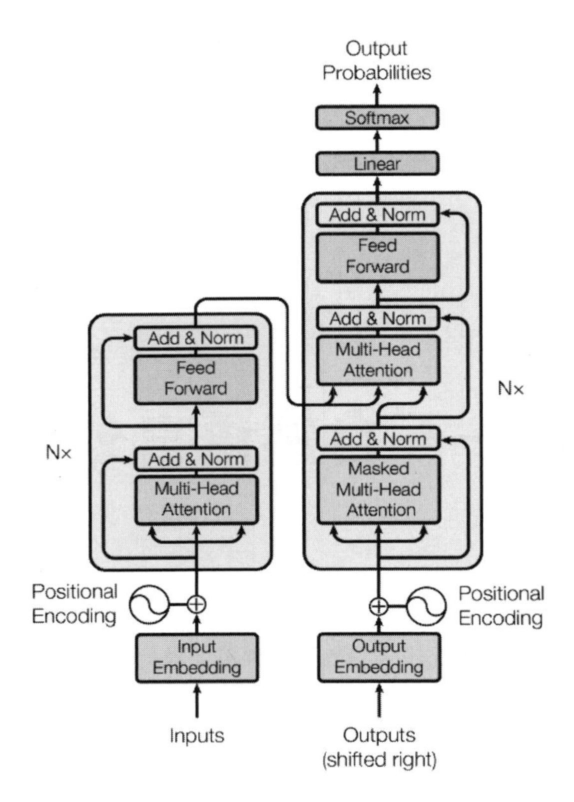

图 12-1　解码器结构示意图

解码器的架构与编码器相似，但是还有相当一部分的区别，说明如下：

- 相对于编码器的单一输入（无论是叠加还是单独的词向量Embedding），解码器的输入有两部分，分别是编码器的输入和目标的Embedding输入。
- 相对于编码器中的多头注意力模型，解码器中的多头注意力模型分成两种，分别是多头自注意力层和多头交互注意力层。

总而言之，相对于编码器中的“单一模块”，解码器中更多的是“双模块”，即“编码器”的输入和“解码器本身”的输入协同处理。下面就这些内容详细介绍。

12.1.1　解码器的输入和交互注意力层的掩码

如果换一种编码器和解码器的表示方法，如图 12-2 所示，可以清楚地看到，经过多层编码器的输出被输入多层的解码器中。但是需要注意的是，编码器的输出对于解码器来说，并不是直接使用，而是解码器本身先进行一次自注意力编码。

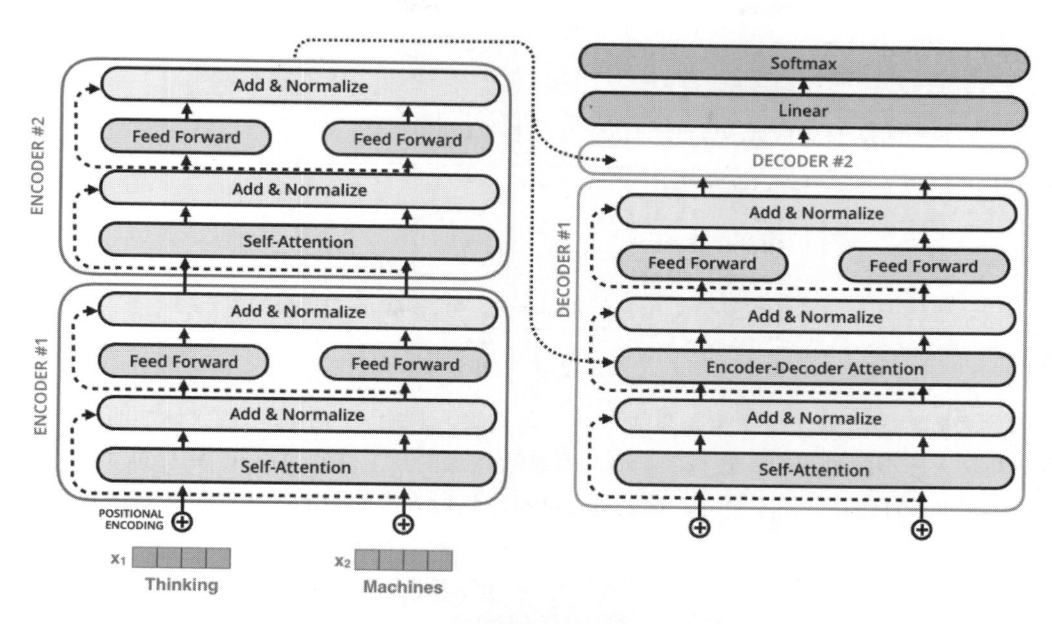

图 12-2　编码器和解码器的表示方法

1. 解码器的词嵌入Embedding输入

与解码器的词嵌入输入方式一样，编码器本身的词嵌入 Embedding 的处理也是由初始化的 Embedding 向量和位置编码构成的，结构如图 12-3 所示。

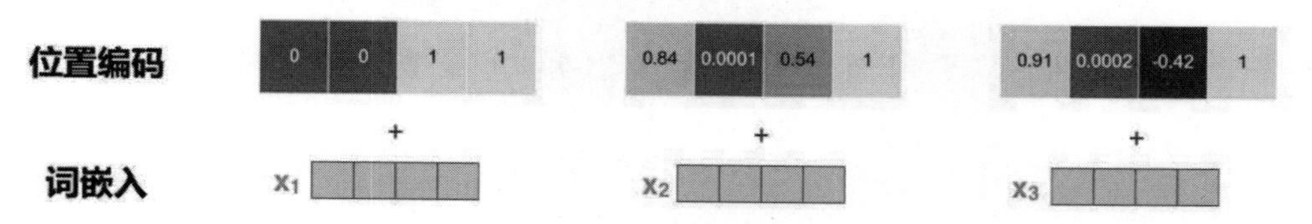

图 12-3　词嵌入 Embedding 的处理

2. 解码器的自注意力层（重点学习掩码的构建）

解码器的自注意力层是对输入的词嵌入 Embedding 进行编码的部分，这里的构造与编码器中的构造相同，不再过多阐述。

但是相对于编码器的掩码部分，解码器的掩码操作有其特殊的要求。

事实上，解码器的输入和编码器在处理上不太一样，一般可以认为编码器的输入都是一个完整的序列，而解码器在训练以及在数据的生成过程中是逐个进行 Token 生成的，为了防止“偷看”，解码器的自注意力层只能够关注输入序列当前位置以及之前的字，不能够关注之后的字。因此，需要将当前输入的字符 Token 之后的 Token 都添加上 Mask，使之在经过 Softmax 计算之后的权重变为 0，拟态输入的是 PAD 字符，代码如下：

```
def create_look_ahead_mask(size):
    mask = 1 - tf.linalg.band_part(tf.ones((size, size)), -1, 0)
    return mask
```

如果单独打印代码：

```
mask = create_look_ahead_mask(4)
print(mask)
```

这里的参数 size 设置成 4，以此打印的结果如图 12-4 所示。

```
tf.Tensor(
[[0. 1. 1. 1.]
 [0. 0. 1. 1.]
 [0. 0. 0. 1.]
 [0. 0. 0. 0.]], shape=(4, 4), dtype=float32)
```

图 12-4　打印结果

可以看到，函数的实际作用是生成一个三角掩码，对输入的值做出依次增加的梯度，这样可以保持在输入模型的过程中，数据的接收也是依次增加的，当前的 Token 只与其本身和其前面的 Token 进行注意力计算，而不会与后续的进行计算。这段内容的图形化效果如图 12-5 所示。

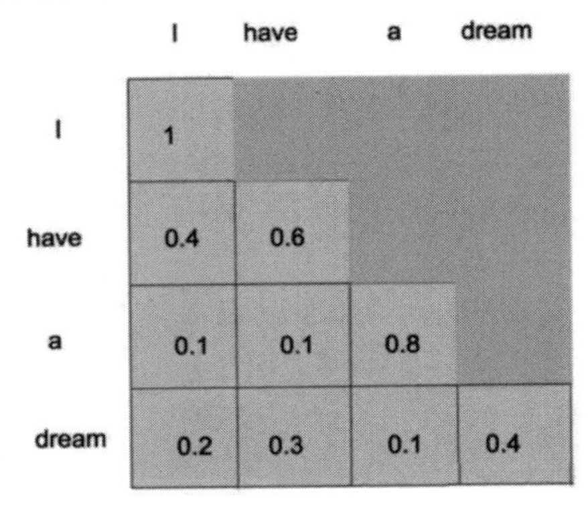

图 12-5　三角掩码器

此外，对于解码器自注意力层的输入，即 query、key、value 的定义和设定，在解码器的自注意力层的输入都是由叠加后的词嵌入 Embedding 输入，因此可以与编码器类似，直接将其设置成同一个。

3. 解码器和编码器的交互注意力层（重点学习query、key、value的定义）

编码器和解码器处理后的数据需要“交融”，从而进行新的数据整合和生成，而进行数据整合和生成的架构和模块在本例中所处的位置是交互注意力层。

编码器中的交互注意力层的架构和同处于编码器中的自注意力层没有太大的差别，其差别主要是输入的不同，以及使用掩码对数据的处理上。下面分别进行阐述。

1）交互注意力层

交互注意力层的作用是将编码器输送的“全部”词嵌入 Embedding，与解码器获取的“当前”的词嵌入 Embedding 进行“融合”计算，使得当前的词嵌入“对齐”编码器中对应的信息，从而获取解码后的信息。

下面从解码器的图示角度进行讲解。

从图 12-6 可以看到，对于交互注意力的输入，从编码器中输入的是两个，而解码器自注意力层中输入的是一个。读者可能会有疑问，对于注意力层的 query、key、value 到底是如何安排和处理的？

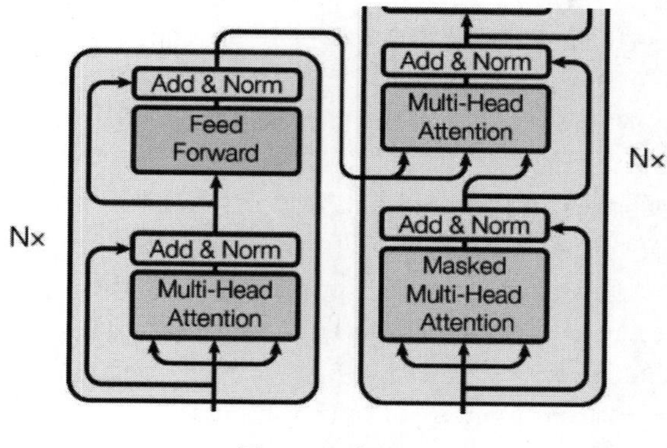

图 12-6　解码器

问题的解答还是要回归注意力层的定义：

$$\begin{aligned}\text{attention}((K,V),q) &= \sum_{i=1}^{N}\alpha_i v_i \\ &= \sum_{i=1}^{N}\frac{\exp(s(k_i,q))}{\sum_j \exp(s(k_j,q))}v_i\end{aligned}$$

实际上，就是首先使用 query 计算与 key 的权重，之后使用权重与 value 携带的信息进行比较，从而将 value 中的信息“融合”到 query 中。

非常简单地可以得到，在交互注意力层中，解码器的自注意力词嵌入 Embedding 首先与编码器的输入词嵌入 Embedding 计算权重，之后使用计算后的权重来计算编码器中的信息。即：

query = 解码器词嵌入 Embedding
key = 编码器词嵌入 Embedding
value = 编码器词嵌入 Embedding

2）交互注意力中的掩码层（对谁进行掩码处理）

下面处理的是解码器中多头注意力的掩码层，相对于单一的自注意力层来说，一个非常显著的问题是对谁进行掩码处理。

对这个问题的解答，需要重新回到注意力模型的定义：

$$z_i = \text{Soft}\max(\text{scores}) \times v$$

从权重的计算来看，解码器的词嵌入 Embedding（query）与编码器输入词嵌入 Embedding（key 和 value）进行权重计算，从而将 query 的值与 key 和 value 进行“融合”。基于这点考虑，选择对编码器输入的词嵌入 Embedding 进行掩码处理。

如果读者对此不理解，现在请记住：

```
mask the encoder input embedding
```

有兴趣的读者可以自行查阅更多资料进行学习。

下面两个函数分别展示了普通掩码处理和在解码器中自注意力层掩码的程序写法。

```
#创建解码器中的交互注意力掩码
def creat_self_mask(from_tensor, to_tensor):
    """
    这里需要注意，from_tensor 是输入的文本序列，即 input_word_ids ，应该是 2D 的，
    即[1,2,3,4,5,6,0,0,0,0]
    to_tensor 是输入的 input_word_ids，应该是 2D 的，即[1,2,3,4,5,6,0,0,0,0]
    最终的结果是输出两个 3D 的相乘
    注意：后面如果需要 4D 的，则使用 expand 添加一个维度即可
    """
    batch_size, from_seq_length = from_tensor.shape
    to_mask = torch.not_equal(from_tensor, 0).int()
    to_mask = elt.Rearrange("b l -> b 1 l")(to_mask)  # 这里扩充了数据类型
    broadcast_ones = torch.ones_like(to_tensor)
    broadcast_ones = torch.unsqueeze(broadcast_ones, dim=-1)
    mask = broadcast_ones * to_mask
    mask.to("cuda")
return mask
```

打印结果和演示请读者自行完成。

如果需要进一步提高准确率，那么需要对掩码进行进一步处理：

```
def create_look_ahead_mask(from_tensor, to_tensor):
    cross_mask = creat_self_mask(from_tensor, to_tensor)
    look_ahead_mask = torch.tril(torch.ones(to_tensor.shape[1],
from_tensor.shape[1]))
    look_ahead_mask = look_ahead_mask.to("cuda")
    cross_mask = look_ahead_mask * cross_mask
    return cross_mask
```

下面的代码段合成了 pad_mask 和 look_ahead_mask，并通过 maximum 函数建立与或门，将其合成为一体。

```
    tf.Tensor(
[[[[1. 0. 0. 0.]]]
 [[[1. 1. 0. 0.]]]
 [[[1. 1. 1. 0.]]]
 [[[1. 1. 1. 1.]]]], shape=(4, 1, 1, 4), dtype=float32)

    +

    tf.Tensor(
[[0. 1. 1. 1.]
 [0. 0. 1. 1.]
 [0. 0. 0. 1.]
 [0. 0. 0. 0.]], shape=(4, 4), dtype=float32)

    =
```

```
    tf.Tensor(
[[[[1. 1. 1. 1.]
   [1. 0. 1. 1.]
   [1. 0. 0. 1.]
   [1. 0. 0. 0.]]]

   [[[1. 1. 1. 1.]
   [1. 1. 1. 1.]
   [1. 1. 0. 1.]
   [1. 1. 0. 0.]]]

   [[[1. 1. 1. 1.]
   [1. 1. 1. 1.]
   [1. 1. 1. 1.]
   [1. 1. 1. 0.]]]

   [[[1. 1. 1. 1.]
   [1. 1. 1. 1.]
   [1. 1. 1. 1.]
   [1. 1. 1. 1.]]]],
shape=(4, 1, 4, 4), dtype=float32)
```

这样的处理可以最大限度地对无用部分进行“掩码操作”，从而使得解码器的输入（query）与编码器的输入（key，value）能够最大限度地融合在一起，以减少干扰。

12.1.2　为什么通过掩码操作能够减少干扰

为什么在注意力层中，通过掩码操作能够减少干扰？

这是由于 query 和 value 在进行点积计算时会产生大量负值，而负值在进行 Softmax 计算时，由于 Softmax 的计算特性，因此会对平衡产生影响，代码如下。

【程序 12-1】

```
class ScaledDotProductAttention(nn.Module):
    def __init__(self):
        super(ScaledDotProductAttention, self).__init__()

    def forward(self, Q, K, V, attn_mask):
        '''
        Q: [batch_size, n_heads, len_q, d_k]
        K: [batch_size, n_heads, len_k, d_k]
        V: [batch_size, n_heads, len_v(=len_k), d_v]
        attn_mask: [batch_size, n_heads, seq_len, seq_len]
        '''
        scores = torch.matmul(Q, K.transpose(-1, -2)) / np.sqrt(d_k)
```

```
        # scores : [batch_size, n_heads, len_q, len_k]
        scores.masked_fill_(attn_mask == 0, -1e9)
        # attn_mask 将矩阵中所有计算为 True 的部分（序列中被填充为 0 的部分），scores 填充为负无穷，表示这个位置的值对于 softmax 没有影响
        attn = nn.Softmax(dim=-1)(scores)
        # attn:  [batch_size, n_heads, len_q, len_k]
        # 对每一行进行 softmax
        context = torch.matmul(attn, V)
        # [batch_size, n_heads, len_q, d_v]
        return context, attn
```

结果如图 12-7 所示。

```
tf.Tensor(
[[-2.149865     0.12186236 -0.92870545  0.58555037]
 [ 0.3833625  -1.1904299  -0.5511145   0.66039836]
 [-2.110816     0.9996369   0.12759463  0.37630746]
 [ 1.6570117  -0.46462783  0.10604692 -0.8762158 ]], shape=(4, 4), dtype=float32)
tf.Tensor(
[[0.0338944  0.32864466 0.1149399  0.52252096]
 [0.3425522  0.07099658 0.13455153 0.45189962]
 [0.02230338 0.50029165 0.20917036 0.26823455]
 [0.7085763  0.08491224 0.15024884 0.05626261]], shape=(4, 4), dtype=float32)
```

图 12-7　打印结果

实际上其中负值是不需要的，因此需要在计算本身的基础上加上一个"负无穷"，降低负值对 Softmax 计算的影响（一般使用-1e5 即可）。

12.1.3　解码器的输出（移位训练方法）

前面两个小节介绍了解码器的一些基本操作，本小节主要介绍解码器在最终阶段解码的变化和一些相关的细节，如图 12-8 所示。

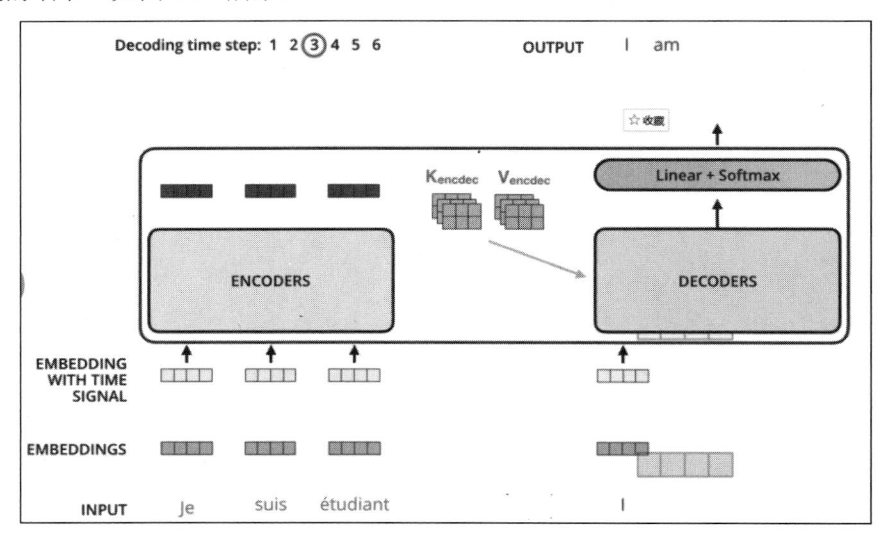

图 12-8　解码器的输出

解码器通过交互注意力的计算选择将当前的解码器词嵌入 Embedding 关注到编码器词嵌入的 Embedding 中，选择生成一个新的词嵌入 Embedding。

这是整体的步骤，当程序开始启动时，首先将编码器中的词嵌入全部输入，解码器首先接收一个起始符号的词嵌入，从而生成第一个解码的结果。

这种输入和输出错位的训练方法是“移位训练”方法。

接下来重复这个过程，每个步骤的输出在下一个时间步被提供给底端解码器，就像编码器之前做的那样，这些解码器会输出它们的解码结果。直到到达一个特殊的终止符号，表示编码器-解码器架构已经完成了输出。

还有一点需要补充的是，解码器输出一个计算后的向量，之后需要将向量重新转换成一个特定的词或者字序列。转换的方法是使用 Softmax 层对这个向量进行分类，根据分类后的概率对其进行映射。

全连接层是一个简单的全连接神经网络，它将解码器栈产生的向量投影到一个更高维的向量（Output）。

之后的 Softmax 层将这些分数转换为概率。选择概率最大的维度，并对应地生成与之关联的字或者词作为此时间步的输出。

12.1.4　解码器的实现

本小节进行解码器的实现。

首先，多注意力层实际上是通用的，代码如下。

【程序 12-2】

```
    class MultiHeadAttention(tf.keras.layers.Layer):
        def __init__(self):
            super(MultiHeadAttention, self).__init__()

        def build(self, input_shape):
            self.dense_query =
tf.keras.layers.Dense(units=embedding_size,activation=tf.nn.relu)
            self.dense_key =
tf.keras.layers.Dense(units=embedding_size,activation=tf.nn.relu)
            self.dense_value =
tf.keras.layers.Dense(units=embedding_size,activation=tf.nn.relu)
            self.dense =
tf.keras.layers.Dense(units=embedding_size,activation=tf.nn.relu)
            super(MultiHeadAttention, self).build(input_shape)  # 一定要在最后调用它

        def call(self, inputs):
            query,key,value,mask = inputs
            shape = tf.shape(query)
```

```
        query_dense = self.dense_query(query)
        key_dense = self.dense_query(key)
        value_dense = self.dense_query(value)
        query_dense = splite_tensor(query_dense)
        key_dense = splite_tensor(key_dense)
        value_dense = splite_tensor(value_dense)

        attention = tf.matmul(query_dense,key_dense,transpose_b=True)
/tf.math.sqrt(tf.cast(embedding_size,tf.float32))

        attention += (mask*-1e9)
        attention = tf.nn.softmax(attention)
        attention = tf.matmul(attention,value_dense)
        attention = tf.transpose(attention,[0,2,1,3])
        attention = tf.reshape(attention,[shape[0],-1,embedding_size])
        attention = self.dense(attention)

        return attention
```

其次，前馈层也可以通用，代码如下。

【程序 12-3】

```
class FeedForWard(tf.keras.layers.Layer):
    def __init__(self):
        super(FeedForWard, self).__init__()

    def build(self, input_shape):
        self.conv_1 =
tf.keras.layers.Conv1D(embedding_size*4,1,activation=tf.nn.relu)
        self.conv_2 =
tf.keras.layers.Conv1D(embedding_size,1,activation=tf.nn.relu)
        super(FeedForWard, self).build(input_shape)  # 一定要在最后调用它

    def call(self, inputs):
        output = self.conv_1(inputs)
        output = self.conv_2(output)
        return output
```

综合利用多层注意力层和前馈层，实现了专用的解码器的程序设计，代码如下。

【程序 12-4】

```
class DecoderLayer(nn.Module):
```

```
    def __init__(self):
        super(DecoderLayer, self).__init__()
        self.dec_self_attn = MultiHeadAttention()
        self.dec_enc_attn = MultiHeadAttention()
        self.pos_ffn = PoswiseFeedForwardNet()

    def forward(self, dec_inputs, enc_outputs, dec_self_attn_mask,
dec_enc_attn_mask):
        '''
        dec_inputs: [batch_size, tgt_len, d_model]
        enc_outputs: [batch_size, src_len, d_model]
        dec_self_attn_mask: [batch_size, tgt_len, tgt_len]
        dec_enc_attn_mask: [batch_size, tgt_len, src_len]
        '''
        # dec_outputs: [batch_size, tgt_len, d_model], dec_self_attn:
[batch_size, n_heads, tgt_len, tgt_len]
        dec_outputs, dec_self_attn = self.dec_self_attn(dec_inputs, dec_inputs,
dec_inputs, dec_self_attn_mask)
        # dec_outputs: [batch_size, tgt_len, d_model], dec_enc_attn: [batch_size,
h_heads, tgt_len, src_len]
        dec_outputs, dec_enc_attn = self.dec_enc_attn(dec_outputs, enc_outputs,
enc_outputs, dec_enc_attn_mask)
        # 再是 encoder-decoder attention 部分
        dec_outputs = self.pos_ffn(dec_outputs)  # [batch_size, tgt_len,
d_model]
        # 特征提取
        return dec_outputs, dec_self_attn, dec_enc_attn
```

12.2　实战解码器：汉字拼音翻译模型

本节进入汉字拼音翻译模型实战。

前面的章节带领读者学习了注意力模型相关知识、前馈层相关知识以及掩码。这 3 方面的内容共同构成了编码器-解码器架构的主要内容，共同组成的就是 Transformer 这一基本架构和内容，如图 12-9 所示。

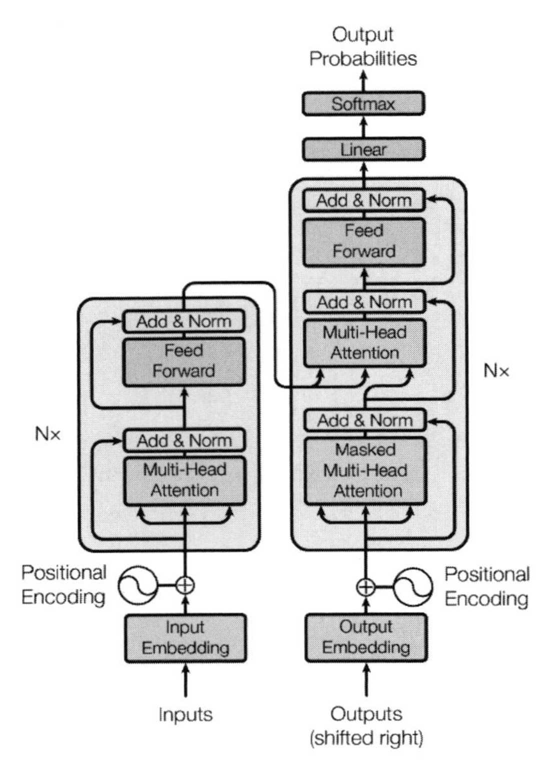

图 12-9　解码器

相信读者已经急不可耐地想利用前面学习的知识完成一个翻译系统，不过在开始之前，还有两个问题留给读者：

（1）与编码器的转换模型相比，编码器-解码器的翻译模型有什么区别？

（2）如果想做汉字→拼音翻译系统，编码器和解码器的输入端分别输入什么内容？

接下来详细介绍。

12.2.1　数据集的获取与处理

在本例中准备了 150000 条汉字和拼音对应数据。

1. 数据集展示

本节实战的汉字拼音数据集如下：

```
    A11_0   lv4 shi4 yang2 chun1 yan1 jing3 da4 kuai4 wen2 zhang1 de di3 se4 si4 yue4
de lin2 luan2 geng4 shi4 lv4 de2 xian1 huo2 xiu4 mei4 shi1 yi4 ang4 ran2  绿 是
阳 春 烟 景 大 块 文 章 的 底 色 四 月 的 林 峦 更 是 绿 得 鲜 活 秀 媚 诗 意 盎 然

    A11_1   ta1 jin3 ping2 yao1 bu4 de li4 liang4 zai4 yong3 dao4 shang4 xia4 fan1
teng2 yong3 dong4 she2 xing2 zhuang4 ru2 hai3 tun2 yi1 zhi2 yi3 yi1 tou2 de you1
shi4 ling3 xian1    他 仅 凭 腰 部 的 力 量 在 泳 道 上 下 翻 腾 蛹 动 蛇 行 状 如 海 豚 一
```

```
直 以 一 头 的 优 势 领 先

    A11_10  pao4 yan3 da3 hao3 le zha4 yao4 zen3 me zhuang1 yue4 zheng4 cai2 yao3
le yao3 ya2 shu1 de tuo1 qu4 yi1 fu2 guang1 bang3 zi chong1 jin4 le shui3 cuan4 dong4
    炮 眼 打 好 了 炸 药 怎 么 装 岳 正 才 咬 了 咬 牙 倏 地 脱 去 衣 服 光 膀 子 冲 进 了 水
窜 洞

    A11_100 ke3 shei2 zhi1 wen2 wan2 hou4 ta1 yi1 zhao4 jing4 zi zhi3 jian4 zuo3 xia4
yan3 jian3 de xian4 you4 cu1 you4 hei1 yu3 you4 ce4 ming2 xian3 bu4 dui4 cheng1
    可 谁 知 纹 完 后 她 一 照 镜 子 只 见 左 下 眼 睑 的 线 又 粗 又 黑 与 右 侧 明 显 不 对
称
```

下面简单介绍一下。数据集中的数据分成 3 部分，每部分使用特定空格键隔开。

```
A11_10 … … … ke3 shei2 … … …可 谁 … … …
```

- 第一部分A11_i为序号，表示序列的条数和行号。
- 第二部分是拼音编号，这里使用的是汉语拼音，而与真实的拼音标注不同的是去除了拼音原始标注，而使用数字1、2、3、4进行替代，分别代表当前读音的第一声到第四声，这点请读者注意。
- 最后一分部是汉字的序列，这里是与第二部分的拼音部分一一对应。

2. 获取字库和训练数据

获取数据集中字库的个数是一个非常重要的问题，一个非常好的方法就是使用 set 格式的数据对全部字库中的不同字符进行读取。

创建字库和训练数据的完整代码如下：

```
import numpy as np
sentences = []
src_vocab = {'⊙': 0, '>': 1, '<': 2}     #这个是汉字 vocab
tgt_vocab = {'⊙': 0, '>': 1, '<': 2}     #这个是拼音 vocab
with open("../dataset/zh.tsv", errors="ignore", encoding="UTF-8") as f:
    context = f.readlines()
    for line in context:
        line = line.strip().split("  ")
        pinyin = line[1]
        hanzi = line[2]
        (hanzi_s) = hanzi.split(" ")
        (pinyin_s) = pinyin.split(" ")
        #[><]
        pinyin_inp = [">"] + pinyin_s
        pinyin_trg = pinyin_s + ["<"]
        line = [hanzi_s,pinyin_inp,pinyin_trg]
        for char in hanzi_s:
            if char not in src_vocab:
                src_vocab[char] = len(src_vocab)
```

```
        for char in pinyin_s:
            if char not in tgt_vocab:
                tgt_vocab[char] = len(tgt_vocab)
        sentences.append(line)
```

这里做一个说明，首先context读取了全部数据集中的内容，之后根据空格将其分成3部分。对于拼音和汉字部分，将其转换成一个序列，并在前后分别加上起止符“GO”和“END”。这实际上也可以不加，为了明确地描述起止关系，才加上了起止的标注。

实际上，还需要加上的一个特定符号是“PAD”，这是为了对单行序列进行补全的操作，那么最终的数据如下所示如下：

```
['GO', 'liu2', 'yong3' , ……… , 'gan1', ' END', 'PAD', 'PAD' , ………]
['GO', '柳', '永' , ……… , '感', ' END', 'PAD', 'PAD' , ………]
```

pinyin_list 和 hanzi_list 分别是两个列表，分别用来存放对应的拼音和汉字训练数据。最后不要忘记在字库中加上“PAD”符号。

```
pinyin_vocab = ["PAD"] + list(sorted(pinyin_vocab))
hanzi_vocab = ["PAD"] + list(sorted(hanzi_vocab))
```

3. 根据字库生成Token数据

获取的拼音标注和汉字标注的训练数据并不能直接用于模型训练，模型需要转换成 Token 的一系列数字列表，代码如下：

```
enc_inputs, dec_inputs, dec_outputs = [], [], []
for line in sentences:
    enc = line[0];dec_in = line[1];dec_tgt = line[2]
    if len(enc) <= src_len and len(dec_in) <= tgt_len and len(dec_tgt) <= tgt_len:
        enc_token = [src_vocab[char] for char in enc];enc_token = enc_token + [0]
* (src_len - len(enc_token))
        dec_in_token = [tgt_vocab[char] for char in dec_in];dec_in_token =
dec_in_token + [0] * (tgt_len - len(dec_in_token))
        dec_tgt_token = [tgt_vocab[char] for char in dec_tgt];dec_tgt_token =
dec_tgt_token + [0] * (tgt_len - len(dec_tgt_token))
        enc_inputs.append(enc_token);dec_inputs.append(dec_in_token);
dec_outputs.append(dec_tgt_token)
```

代码中创建了两个新的列表，分别对拼音和汉字的 token 进行存储，而获取根据字库序号编号后新的序列 token。

12.2.2　翻译模型

翻译模型就是经典的编码器-解码器模型，整体代码如下。

【程序 12-5】

```
# 导入库
```

```
import math
import torch
import numpy as np
import torch.nn as nn
import torch.optim as optim
import torch.utils.data as Data
import einops.layers.torch as elt
import get_dataset_v2
from tqdm import tqdm
sentences = get_dataset_v2.sentences
src_vocab = get_dataset_v2.src_vocab
tgt_vocab = get_dataset_v2.tgt_vocab
src_vocab_size = len(src_vocab) #4462
tgt_vocab_size  = len(tgt_vocab) #1154
src_len = 48
tgt_len = 47    #由于输出比输入多一个符号，因此如此使用
# ************************************************#
# transformer的参数
# Transformer Parameters
d_model = 512
# 每一个词的 Word Embedding 用多少位表示
# （包括positional encoding应该用多少位表示，因为这两个要维度相加，应该是一样的维度）
d_ff = 2048  # FeedForward dimension
# forward线性层变成多少位(d_model->d_ff->d_model)
d_k = d_v = 64  # dimension of K(=Q), V
# K、Q、V矩阵的维度（K和Q是一样的，因为要用K乘以Q的转置），V不一定
'''
换一种说法，就是在进行self-attention的时候，
从input（当然，是加了位置编码之后的input）线性变换之后的3个向量 K、Q、V的维度
'''
n_layers = 6
# encoder和decoder各有多少层
n_heads = 8
# multi-head attention有几个头
# ************************************************#
# 数据预处理
# 将encoder_input、decoder_input和decoder_output进行id化
enc_inputs, dec_inputs, dec_outputs = [], [], []
for line in sentences:
    enc = line[0];dec_in = line[1];dec_tgt = line[2]
    if len(enc) <= src_len and len(dec_in) <= tgt_len and len(dec_tgt) <= tgt_len:
        enc_token = [src_vocab[char] for char in enc];enc_token = enc_token + [0]
* (src_len - len(enc_token))
        dec_in_token = [tgt_vocab[char] for char in dec_in];dec_in_token =
dec_in_token + [0] * (tgt_len - len(dec_in_token))
```

```
        dec_tgt_token = [tgt_vocab[char] for char in dec_tgt];dec_tgt_token =
dec_tgt_token + [0] * (tgt_len - len(dec_tgt_token))
        enc_inputs.append(enc_token);dec_inputs.append(dec_in_token);
dec_outputs.append(dec_tgt_token)
    enc_inputs = torch.LongTensor(enc_inputs)
    dec_inputs = torch.LongTensor(dec_inputs)
    dec_outputs = torch.LongTensor(dec_outputs)
    # print(enc_inputs[0])
    # print(dec_inputs[0])
    # print(dec_outputs[0])
    # ************************************************#
    print(enc_inputs.shape,dec_inputs.shape,dec_outputs.shape)
    class MyDataSet(Data.Dataset):
       def __init__(self, enc_inputs, dec_inputs, dec_outputs):
          super(MyDataSet, self).__init__()
          self.enc_inputs = enc_inputs
          self.dec_inputs = dec_inputs
          self.dec_outputs = dec_outputs
       def __len__(self):
          return self.enc_inputs.shape[0]
       # 有几个 sentence
       def __getitem__(self, idx):
          return self.enc_inputs[idx], self.dec_inputs[idx],
self.dec_outputs[idx]
       # 根据索引找 encoder_input、decoder_input、decoder_output
    loader = Data.DataLoader(
       MyDataSet(enc_inputs, dec_inputs, dec_outputs),
       batch_size=512,
       shuffle=True)
    # ************************************************#
    class PositionalEncoding(nn.Module):
       def __init__(self, d_model, dropout=0.1, max_len=5000):
          super(PositionalEncoding, self).__init__()
          self.dropout = nn.Dropout(p=dropout)
          # max_length_（一个 sequence 的最大长度）
          pe = torch.zeros(max_len, d_model)
          # pe [max_len,d_model]
          position = torch.arange(0, max_len, dtype=torch.float).unsqueeze(1)
          # position  [max_len, 1]
          div_term = torch.exp(
             torch.arange(0, d_model, 2).float()
             * (-math.log(10000.0) / d_model))
          # div_term:[d_model/2]
          # e^(-i*log10000/d_model)=10000^(-i/d_model)
          # d_model 为 embedding_dimension
```

```
        # 两个相乘的维度为[max_len,d_model/2]
        pe[:, 0::2] = torch.sin(position * div_term)
        pe[:, 1::2] = torch.cos(position * div_term)
        # 计算 position encoding
        # pe 的维度为[max_len,d_model]，每一行的奇数和偶数分别取 sin 和 cos(position *
div_term)里面的值
        pe = pe.unsqueeze(0).transpose(0, 1)
        # 维度变成(max_len,1,d_model)
        # 所以直接用 pe=pe.unsqueeze(1)也可以
        self.register_buffer('pe', pe)
        # 放入 buffer 中，参数不会训练
    def forward(self, x):
        '''
        x: [seq_len, batch_size, d_model]
        '''
        x = x + self.pe[:x.size(0), :, :]
        # 选取和 x 一样维度的 seq_length，将 pe 加到 x 上
        return self.dropout(x)
# ************************************************#
# 由于在 Encoder 和 Decoder 中都需要进行 mask 操作
# 因此无法确定这个函数的参数中 seq_len 的值
# 如果在 Encoder 中调用，seq_len 就等于 src_len
# 如果在 Decoder 中调用，seq_len 就有可能等于 src_len
# 也有可能等于 tgt_len（因为 Decoder 有两次 mask）
# src_len 是在 encoder-decoder 中的 mask
# tgt_len 是 decoder mask
def creat_self_mask(from_tensor, to_tensor):
    """
    这里需要注意，from_tensor 是输入的文本序列，即 input_word_ids，应该是 2D 的，即
[1,2,3,4,5,6,0,0,0,0]
    to_tensor 是输入的 input_word_ids，应该是 2D 的，即[1,2,3,4,5,6,0,0,0,0]
    最终的结果是输出 2 个 3D 的相乘
    注意：后面如果需要 4D 的，则使用 expand 添加一个维度即可
    """
    batch_size, from_seq_length = from_tensor.shape
    # 这里只能进行 self attention，不能进行交互
    # assert from_tensor == to_tensor,print("输入 from_tensor 与 to_tensor 不一致，
检查 mask 创建部分，需要自己完成")
    to_mask = torch.not_equal(from_tensor, 0).int()
    to_mask = elt.Rearrange("b l -> b 1 l")(to_mask)  # 这里扩充了数据类型
    broadcast_ones = torch.ones_like(to_tensor)
    broadcast_ones = torch.unsqueeze(broadcast_ones, dim=-1)
    mask = broadcast_ones * to_mask
    mask.to("cuda")
    return mask
```

```
    def create_look_ahead_mask(from_tensor, to_tensor):
        cross_mask = creat_self_mask(from_tensor, to_tensor)
        look_ahead_mask = torch.tril(torch.ones(to_tensor.shape[1],
from_tensor.shape[1]))
        look_ahead_mask = look_ahead_mask.to("cuda")
        cross_mask = look_ahead_mask * cross_mask
        return cross_mask
    # ***********************************************#
    class ScaledDotProductAttention(nn.Module):
        def __init__(self):
            super(ScaledDotProductAttention, self).__init__()
        def forward(self, Q, K, V, attn_mask):
            '''
            Q: [batch_size, n_heads, len_q, d_k]
            K: [batch_size, n_heads, len_k, d_k]
            V: [batch_size, n_heads, len_v(=len_k), d_v]
            attn_mask: [batch_size, n_heads, seq_len, seq_len]
            '''
            scores = torch.matmul(Q, K.transpose(-1, -2)) / np.sqrt(d_k)
            # scores : [batch_size, n_heads, len_q, len_k]
            scores.masked_fill_(attn_mask == 0, -1e9)
            # attn_mask 将矩阵中所有计算为 True 的部分（序列中被填充为 0 的部分），scores 填充
为负无穷，表示这个位置的值对于 softmax 没有影响
            attn = nn.Softmax(dim=-1)(scores)
            # attn:  [batch_size, n_heads, len_q, len_k]
            # 对每一行进行 softmax
            context = torch.matmul(attn, V)
            # [batch_size, n_heads, len_q, d_v]
            return context, attn
    '''
    这里要做的是，通过 Q 和 K 计算出 scores，然后将 scores 和 V 相乘，得到每个单词的 context
vector。
    首先是将 Q 和 K 的转置相乘，相乘之后得到的 scores 还不能立刻进行 Softmax，需要和
attn_mask 相加，把一些需要屏蔽的信息屏蔽掉，attn_mask 是一个仅由 True 和 False 组成的
tensor，并且一定会保证 attn_mask 和 scores 的维度的 4 个值相同（不然无法进行对应位置相加）。
    mask 完了之后，就可以对 scores 进行 Softmax 了。然后再与 V 相乘，得到 context。
    '''
    # ***********************************************#
    class MultiHeadAttention(nn.Module):
        def __init__(self):
            super(MultiHeadAttention, self).__init__()
            self.W_Q = nn.Linear(d_model, d_k * n_heads, bias=False)
            self.W_K = nn.Linear(d_model, d_k * n_heads, bias=False)
            self.W_V = nn.Linear(d_model, d_v * n_heads, bias=False)
            # 3 个矩阵，分别对输入进行 3 次线性变化
```

```
        self.fc = nn.Linear(n_heads * d_v, d_model, bias=False)
        # 变换维度
    def forward(self, input_Q, input_K, input_V, attn_mask):
        '''
        input_Q: [batch_size, len_q, d_model]
        input_K: [batch_size, len_k, d_model]
        input_V: [batch_size, len_v(=len_k), d_model]
        attn_mask: [batch_size, seq_len, seq_len]
        '''
        residual, batch_size = input_Q, input_Q.size(0)
        #  [batch_size, len_q, d_model]
        # (W)-> [batch_size, len_q,d_k * n_heads]
        # (view)->[batch_size, len_q,n_heads,d_k]
        # (transpose)-> [batch_size,n_heads, len_q,d_k ]
        Q = self.W_Q(input_Q).view(batch_size, -1, n_heads, d_k).transpose(1, 2)
        K = self.W_K(input_K).view(batch_size, -1, n_heads, d_k).transpose(1, 2)
        V = self.W_V(input_V).view(batch_size, -1, n_heads, d_v).transpose(1, 2)
        # 生成 Q、K、V 矩阵
        attn_mask = attn_mask.unsqueeze(1)
        # attn_mask : [batch_size, n_heads, seq_len, seq_len]
        context, attn = ScaledDotProductAttention()(Q, K, V, attn_mask)
        # context: [batch_size, n_heads, len_q, d_v],
        # attn: [batch_size, n_heads, len_q, len_k]
        context = context.transpose(1, 2).reshape(batch_size, -1, n_heads * d_v)
        # context: [batch_size, len_q, n_heads * d_v]
        output = self.fc(context)
        # [batch_size, len_q, d_model]
        return nn.LayerNorm(d_model).cuda()(output + residual), attn
```

完整代码中一定会有 3 处地方调用 MultiHeadAttention()，Encoder Layer 调用一次，传入的 input_Q、input_K、input_V 全部都是 enc_inputs，代码如下：

Decoder Layer 中的两次调用，第一次是 decoder_inputs，第二次是两个 encoder_outputs 和一个 decoder_input。

```
# ********************************************#
class PoswiseFeedForwardNet(nn.Module):
    def __init__(self):
        super(PoswiseFeedForwardNet, self).__init__()
        self.fc = nn.Sequential(
            nn.Linear(d_model, d_ff, bias=False),
            nn.ReLU(),
            nn.Linear(d_ff, d_model, bias=False)
        )
    def forward(self, inputs):
        '''
        inputs: [batch_size, seq_len, d_model]
        '''
        residual = inputs
        output = self.fc(inputs)
        return nn.LayerNorm(d_model).cuda()(output + residual)  # [batch_size,
seq_len, d_model]
```

```
        # 也有残差连接和 layer normalization
        # 这段代码非常简单，就是进行两次线性变换，残差连接后再跟一个 Layer Norm
    # ************************************************#
    class EncoderLayer(nn.Module):
        def __init__(self):
            super(EncoderLayer, self).__init__()
            self.enc_self_attn = MultiHeadAttention()
            # 多头注意力机制
            self.pos_ffn = PoswiseFeedForwardNet()
            # 提取特征
        def forward(self, enc_inputs, enc_self_attn_mask):
            '''
            enc_inputs: [batch_size, src_len, d_model]
            enc_self_attn_mask: [batch_size, src_len, src_len]
            '''
            # enc_outputs: [batch_size, src_len, d_model],
            # attn: [batch_size, n_heads, src_len, src_len]每一个头建立一个注意力矩阵
            enc_outputs, attn = self.enc_self_attn(enc_inputs, enc_inputs,
enc_inputs, enc_self_attn_mask)
            # enc_inputs to same Q,K,V
            #输入的 enc inputs 分别乘以 WQ、WK、WV 生成 3 个独立的 Query、Key、Value 矩阵
            enc_outputs = self.pos_ffn(enc_outputs)
            # enc_outputs: [batch_size, src_len, d_model]
            # 输入和输出的维度是一样的
            return enc_outputs, attn
    # 将上述组件拼起来，就是一个完整的 Encoder Layer
    # ************************************************#
    class DecoderLayer(nn.Module):
        def __init__(self):
            super(DecoderLayer, self).__init__()
            self.dec_self_attn = MultiHeadAttention()
            self.dec_enc_attn = MultiHeadAttention()
            self.pos_ffn = PoswiseFeedForwardNet()
        def forward(self, dec_inputs, enc_outputs, dec_self_attn_mask,
dec_enc_attn_mask):
            '''
            dec_inputs: [batch_size, tgt_len, d_model]
            enc_outputs: [batch_size, src_len, d_model]
            dec_self_attn_mask: [batch_size, tgt_len, tgt_len]
            dec_enc_attn_mask: [batch_size, tgt_len, src_len]
            '''
            # dec_outputs: [batch_size, tgt_len, d_model], dec_self_attn:
[batch_size, n_heads, tgt_len, tgt_len]
            dec_outputs, dec_self_attn = self.dec_self_attn(dec_inputs, dec_inputs,
dec_inputs, dec_self_attn_mask)
            # dec_outputs: [batch_size, tgt_len, d_model], dec_enc_attn: [batch_size,
h_heads, tgt_len, src_len]
            # 先是 decoder 的 self-attention
            # print(dec_outputs.shape)
            # print(enc_outputs.shape)
            #
            # print(dec_enc_attn_mask.shape)
            dec_outputs, dec_enc_attn = self.dec_enc_attn(dec_outputs, enc_outputs,
```

```
enc_outputs, dec_enc_attn_mask)
        # 再是 encoder-decoder attention 部分
        dec_outputs = self.pos_ffn(dec_outputs) # [batch_size, tgt_len, d_model]
        # 特征提取
        return dec_outputs, dec_self_attn, dec_enc_attn
    # 在 Decoder Layer 中会调用两次 MultiHeadAttention，第一次是计算 Decoder Input 的
self-attention，得到输出 dec_outputs
    # 然后将 dec_outputs 作为生成 Q 的元素，enc_outputs 作为生成 K 和 V 的元素，再调用一
次 MultiHeadAttention，得到的是 Encoder 和 Decoder Layer 之间的 context vector。最后将
dec_outputs 做一次维度变换，然后返回
    # ********************************************#
    class Encoder(nn.Module):
        def __init__(self):
            super(Encoder, self).__init__()
            self.src_emb = nn.Embedding(src_vocab_size, d_model)
            # 对 encoder 输入的每个单词进行词向量计算词向量/字向量（src_vocab_size 个词，每
个词的维度为 d_model)

            self.pos_emb = PositionalEncoding(d_model)
            # 计算位置向量
            self.layers = nn.ModuleList([EncoderLayer() for _ in range(n_layers)])
            # 将 6 个 Encoder Layer 组成一个 module
        def forward(self, enc_inputs):
            '''
            enc_inputs: [batch_size, src_len]
            '''
            enc_outputs = self.src_emb(enc_inputs)
            # 对每个单词进行词向量计算
            # enc_outputs [batch_size, src_len, d_model]
            enc_outputs = self.pos_emb(enc_outputs.transpose(0, 1)).transpose(0, 1)
            # 添加位置编码
            #  enc_outputs [batch_size, src_len, d_model]
            enc_self_attn_mask = creat_self_mask(enc_inputs, enc_inputs)
            # enc_self_attn: [batch_size, src_len, src_len]
            # 计算得到 encoder-attention 的 pad martix
            enc_self_attns = []
            # 创建一个列表，保存接下来返回的自注意力值
            for layer in self.layers:
                # enc_outputs: [batch_size, src_len, d_model]
                # enc_self_attn: [batch_size, n_heads, src_len, src_len]
                enc_outputs, enc_self_attn = layer(enc_outputs, enc_self_attn_mask)
                enc_self_attns.append(enc_self_attn)
                # 再传进来就不用 positional decoding
                # 记录下每一次的 attention
            return enc_outputs, enc_self_attns
    # nn.ModuleList()里面的参数是列表，列表里面保存了 n_layers 个 Encoder Layer
    # 由于我们控制好了 Encoder Layer 的输入和输出维度相同，因此可以直接用一个 for 循环以嵌套
的方式，将上一次 Encoder Layer 的输出作为下一次 Encoder Layer 的输入
    # ********************************************#
    class Decoder(nn.Module):
        def __init__(self):
            super(Decoder, self).__init__()
            self.tgt_emb = nn.Embedding(tgt_vocab_size, d_model)
```

```
        self.pos_emb = PositionalEncoding(d_model)
        self.layers = nn.ModuleList([DecoderLayer() for _ in range(n_layers)])
    def forward(self, dec_inputs, enc_inputs, enc_outputs):
        '''
        dec_inputs: [batch_size, tgt_len]
        enc_intputs: [batch_size, src_len]
        enc_outputs: [batsh_size, src_len, d_model]经过 6 次 encoder 之后得到的东西
        '''
        dec_outputs = self.tgt_emb(dec_inputs)
        # [batch_size, tgt_len, d_model]
        # 同样地，对 decoder_layer 进行词向量的生成
        dec_outputs = self.pos_emb(dec_outputs.transpose(0, 1)).transpose(0,
1).cuda()
        # 计算它的位置向量
        # [batch_size, tgt_len, d_model]
        dec_self_attn_mask = creat_self_mask(dec_inputs, dec_inputs)
        # [batch_size, tgt_len, tgt_len]
        #dec_self_attn_subsequence_mask =
create_look_ahead_mask(dec_inputs).cuda()
        # [batch_size, tgt_len, tgt_len]
        # 当前时刻看不到未来时刻的东西
        dec_enc_attn_mask = create_look_ahead_mask(enc_inputs,dec_inputs)
        # [batch_size, tgt_len, tgt_len]
        # 布尔+int  false 0 true 1，gt 大于 True
        # 这样把 dec_self_attn_pad_mask 和 dec_self_attn_subsequence_mask 里面为
True 的部分都剔除掉了
        # 也就是说，既屏蔽掉了 pad，也屏蔽掉了 mask
        # 在 decoder 的第二个 attention 里面使用
        dec_self_attns, dec_enc_attns = [], []

        for layer in self.layers:
            # dec_outputs: [batch_size, tgt_len, d_model],
            # dec_self_attn: [batch_size, n_heads, tgt_len, tgt_len],
            # dec_enc_attn: [batch_size, h_heads, tgt_len, src_len]
            dec_outputs, dec_self_attn, dec_enc_attn = layer(dec_outputs,
enc_outputs, dec_self_attn_mask, dec_enc_attn_mask)
            dec_self_attns.append(dec_self_attn)
            dec_enc_attns.append(dec_enc_attn)
        return dec_outputs, dec_self_attns, dec_enc_attns
# ********************************************#
class Transformer(nn.Module):
    def __init__(self):
        super(Transformer, self).__init__()
        self.encoder = Encoder().cuda()
        self.decoder = Decoder().cuda()
        self.projection = nn.Linear(d_model, tgt_vocab_size, bias=False).cuda()
        # 对 decoder 的输出转换维度
        # 从隐藏层维数->英语单词词典大小（选取概率最大的那一个，作为预测结果）
    def forward(self, enc_inputs, dec_inputs):
        '''
        enc_inputs 维度：[batch_size, src_len]
        对于 encoder-input，一个 batch 中有几个 sequence，一个 sequence 有几个字
        dec_inputs: [batch_size, tgt_len]
```

```
        对于 decoder-input，一个 batch 中有几个 sequence，一个 sequence 有几个字
        '''
        # enc_outputs: [batch_size, src_len, d_model],
        # d_model 是每一个字的 Word Embedding 长度
        """
        enc_self_attns: [n_layers, batch_size, n_heads, src_len, src_len]
        注意力矩阵，对于 encoder 和 decoder，每一层、每一句话、每一个头、每两个字之间都有
一个权重系数，
        这些权重系数组成了注意力矩阵(之后的 dec_self_attns 同理，当然 decoder 还有一个
decoder-encoder 的矩阵)
        """
        enc_outputs, enc_self_attns = self.encoder(enc_inputs)
        # dec_outputs: [batch_size, tgt_len, d_model],
        # dec_self_attns: [n_layers, batch_size, n_heads, tgt_len, tgt_len],
        # dec_enc_attn: [n_layers, batch_size, tgt_len, src_len]
        dec_outputs, dec_self_attns, dec_enc_attns = self.decoder(dec_inputs,
enc_inputs, enc_outputs)
        dec_logits = self.projection(dec_outputs)
        # 将输出的维度从 [batch_size, tgt_len, d_model]变成[batch_size, tgt_len,
tgt_vocab_size]
        # dec_logits: [batch_size, tgt_len, tgt_vocab_size]
        return dec_logits.view(-1, dec_logits.size(-1)), enc_self_attns,
dec_self_attns, dec_enc_attns
    # dec_logits 的维度是 [batch_size * tgt_len, tgt_vocab_size]，可以理解为一个句子
    # 这个句子有 batch_size*tgt_len 个单词，每个单词有 tgt_vocab_size 种情况，取概率最大者
    # Transformer 主要是调用 Encoder 和 Decoder
    # 最后返回**********************************************#
    save_path = "./saver/transformer.pt"
    device = "cuda"
    model = Transformer()
    model.to(device)
    #model.load_state_dict(torch.load(save_path))
    criterion = nn.CrossEntropyLoss(ignore_index=0)
    optimizer = optim.AdamW(model.parameters(), lr=2e-5)
    # **********************************************#
    for epoch in range(1024):
        pbar = tqdm((loader), total=len(loader))  # 显示进度条
        for enc_inputs, dec_inputs, dec_outputs in pbar:
            enc_inputs, dec_inputs, dec_outputs = enc_inputs.to(device),
dec_inputs.to(device), dec_outputs.to(device)
            # outputs: [batch_size * tgt_len, tgt_vocab_size]
            outputs, enc_self_attns, dec_self_attns, dec_enc_attns =
model(enc_inputs, dec_inputs)
            loss = criterion(outputs, dec_outputs.view(-1))
            optimizer.zero_grad()
            loss.backward()
            optimizer.step()
            pbar.set_description(f"epoch {epoch + 1} : train loss {loss.item():.6f}
")  # : learn_rate {lr_scheduler.get_last_lr()[0]:.6f}
        torch.save(model.state_dict(), save_path)
    idx2word = {i: w for i, w in enumerate(tgt_vocab)}
    enc_inputs, dec_inputs, dec_outputs = next(iter(loader))
    predict, e_attn, d1_attn, d2_attn = model(enc_inputs[0].view(1, -1).cuda(),
```

```
dec_inputs[0].view(1, -1).cuda())
    predict = predict.data.max(1, keepdim=True)[1]
    print(enc_inputs[0], '->', [idx2word[n.item()] for n in predict.squeeze()])
```

以上就是 Transformer 的结构代码，实际上就是综合了前面所学的全部知识，结合编码器和解码器。读者可以对以上代码进行测试，测试代码如下：

```
if __name__ == "__main__":
    encoder_input = tf.keras.Input(shape=(None,))
    decoder_input = tf.keras.Input(shape=(None,))
    output = Transformer(1024,1024)([encoder_input,decoder_input])
    model = tf.keras.Model((encoder_input,decoder_input),output)
    print(model.summary())
```

打印结果请读者自行验证。

12.2.3 汉字拼音模型的训练

下面是Transformer的训练。需要注意的是，相对于第11章的学习，Transformer的训练过程要注意编码器的输出和解码器的输入的"错位计算"，说明如下。

- 第1次输入：编码器输入完整的序列[GO]ni hao ma[END]。与此同时，解码器的输入端是输入的解码开始符"GO"，经过交互计算后，解码器的输出为"你"。
- 第2次输入：编码器输入完整的序列[GO]ni hao ma[END]。与此同时，解码器的输入端是输入的解码开始符"GO"和字符"你"，经过交互计算后，解码器的输出为"你好"。

这样依次进行多次的输入和输出。

- 最后一次输入：编码器的输入还是完整序列，而此时在解码器的输出端会输出带有结束符的序列，表明解码结束。

第1次输入：

```
编码器输入：[GO]ni hao ma[END]
解码器输入：[GO]
解码器输出：你
```

第2次输入：

```
编码器输入：[GO]ni hao ma[END]
解码器输入：[GO]你
解码器输出：你 好
```

第3次输入：

```
编码器输入：[GO]ni hao ma[END]
解码器输入：[GO]你 好
解码器输出：你 好 吗
```

最终次输入：

```
编码器输入：[GO]ni hao ma[END]
解码器输入：[GO]你 好 吗
解码器输出：你 好 吗 [END]
```

计算步骤如图 12-10 所示。

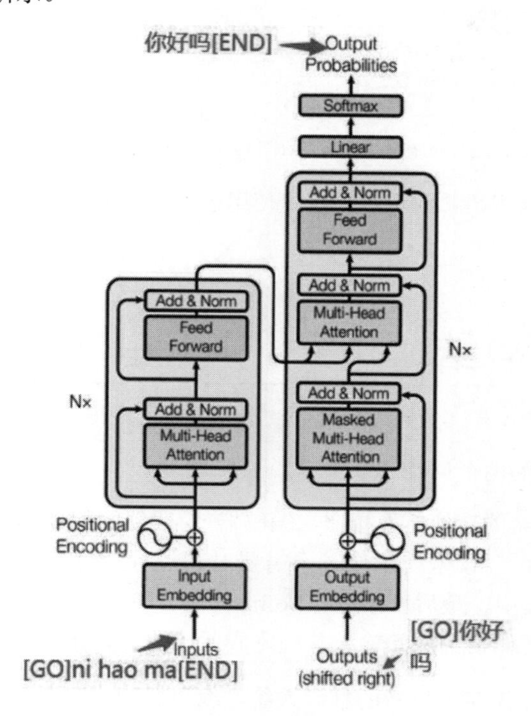

图 12-10　计算步骤

在训练过程中，由于硬件计算显存的大小限制，一般需要用数据生成器（PyTorch 中的 DataLoader）循环生成数据，并且在生成器中进行错位输入，具体请读者自行完成。

12.2.4　汉字拼音模型的使用

相信读者已经发现，相对于汉字拼音转换模型，汉字拼音翻译模型并不是整体一次性输出，而是根据在编码器中输入的内容生成特定的输出内容。

根据这个特性，如果想获取完整的解码器生成的数据内容，就需要采用循环输入的方式完成模型的使用，代码如下。

【程序 12-6】

```
idx2pinyin = {i: w for i, w in enumerate(tgt_vocab)}
idx2hanzi = {i: w for i, w in enumerate(src_vocab)}
context = "你好吗"
token = [src_vocab[char] for char in context]
token = torch.tensor(token)
sentence_tensor = torch.LongTensor(token).unsqueeze(0).to(device)
outputs = [1]
```

```
for i in range(tgt_len):
    trg_tensor = torch.LongTensor(outputs).unsqueeze(0).to(device)
    with torch.no_grad():
        output= model(sentence_tensor, trg_tensor)
    best_guess  = torch.argmax(output,dim=-1).detach().cpu()
    outputs.append(best_guess[-1])
    # if best_guess[-1] == 2:
    #     break
print([idx2pinyin[id.item()] for id in outputs[1:]])
```

代码演示了循环输出预测结果的示例，这里使用了一个 for 循环对预测进行输入，具体请读者自行验证。

12.3 本章小结

首先回答 10.2 节提出的两个问题。

（1）问题 1：与编码器的转换模型相比，编码器-解码器的翻译模型有什么区别？

答：对于转换模型来说，模型在工作时不需要对其进行处理，默认所有的信息都包含在编码器编码的词嵌入 Embedding 中，最后直接进行 Softmax 计算即可。而编码器-解码器的翻译模型需要综合编码器的编码内容和解码器的原始输入共同完成后续的交互计算。

（2）问题 2：如果想做汉字→拼音的翻译系统，编码器和解码器的输入端分别输入什么内容？

答：编码器的输入端输入的是汉字，解码器的输入端输入的是错位的拼音。

本章和第 10 章是相互衔接的，主要针对最新的 Transformer 模型，从其架构入手，详细介绍其主要架构部分、编码器和解码器，以及各种 ticks 和编程小细节，有针对性地对模型优化做了说明。

读者在学习这两章的时候一定要仔细阅读，掌握全部内容，相对于目前和后续的自然语言处理的问题，Transformer 架构是最重要和最基础的内容。

第 13 章 我也可以成为马斯克——无痛的基于 PyTorch 的强化学习实战

强化学习（Reinforcement Learning，RL）又称再励学习、评价学习或增强学习，是机器学习的范式和方法论之一，用于描述和解决智能体（Agent）在与环境交互的过程中，通过学习策略达成回报最大化或实现特定目标的问题。

换句话说，强化学习是一种学习如何从状态映射到行为以使获取的奖励最大的机制。这样的一个 Agent 需要不断地在环境中进行实验，通过环境给予的反馈（奖励）来不断优化状态-行为的对应关系，如图 13-1 所示。因此，反复实验（Trial and Error）和延迟奖励（Delayed Reward）是强化学习最重要的两个特征。

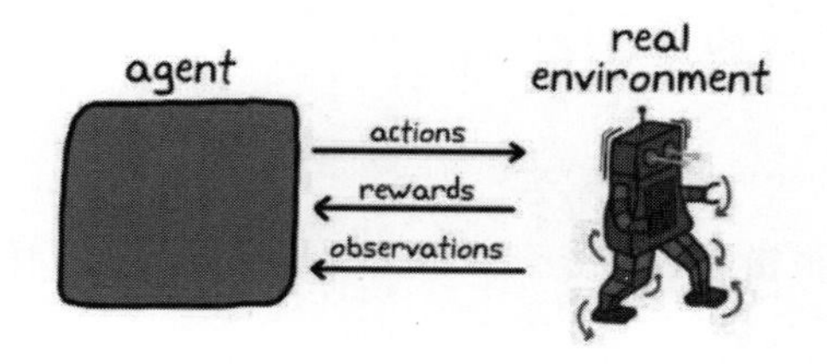

图 13-1　强化学习

凭借 ChatGPT 的成功，强化学习从原本不太受重视到一跃而起，成为协助 ChatGPT 登顶的一个重要辅助工具。本章将讲解强化学习方面的内容，尽量少地使用公式来说明，而采用图示或者文字的方式介绍其理论。

13.1　实战：基于强化学习的火箭回收

我们也可以成为马斯克，这并不是天方夜谭。对于马斯克来说，他创立的 SpaceX 公司制造的猎鹰火箭回收技术处于世界顶端地位。难道说这个火箭回收技术对于深度学习者来说，就是一个遥不可及的梦吗？答案是否定的。中国的老子说过“九层之台，起于累土；千里之行，始于足下”。我们将从头开始，进行火箭回收实战。火箭回收技术的示意图如图13-2所示，读者可以先运行一下配套代码中的火箭回收程序，以便对火箭回收有个感性认识。

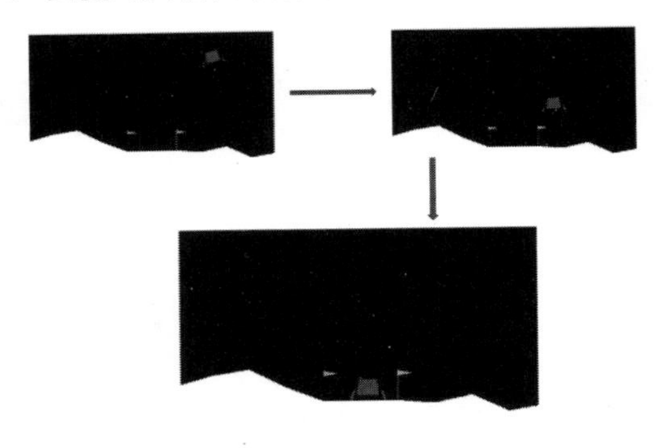

图13-2　火箭回收

13.1.1　火箭回收技术基本运行环境介绍

前面介绍了强化学习的基本内容，本小节需要完成基于强化学习的火箭回收实战，也就是通过强化学习的方案完成对火箭的控制系统，从而将其正常地降落。

首先是项目环境的搭建，在这里读者要有一定的深度学习基础，并准备相应的环境，即Python的运行环境Miniconda以及PyTorch 2.0框架。除此之外，还需要一个专用的深度学习框架Gym，这是一个用于测试强化学习算法的工具包，以游戏过程的形式调试不同的算法。它是一个不依赖强化学习实现的具体编程框架，PyTorch 2.0也可以直接对Gym进行调用，读者只需要关注强化学习部分即可，所以我们只需要考虑“状态”→“神经网络”→“动作”就行了。

对Gym的安装如下：

```
pip install gym
pip install box2d box2d-kengz --user
```

这里请注意，如果安装报错，请自行查询相关的技术网页进行解决。为了验证具体的安装情况，执行以下代码：

```
import gym
import time
# 环境初始化
env = gym.make('LunarLander-v2', render_mode='human')
if True:
    state = env.reset()
    while True:
        # 渲染画面
        # env.render()
        # 从动作空间随机获取一个动作
        action = env.action_space.sample()
```

```
        # Agent 与环境进行一次交互
        observation, reward, done, _ , _= env.step(action)
        print('state = {0}; reward = {1}'.format(state, reward))
        # 判断当前 episode 是否完成
        if done:
            print('游戏结束')
            break
        time.sleep(0.01)
# 环境结束
env.close()
```

代码首先导入 Gym 库的运行环境，即完成了火箭回收的环境配置，读者通过运行此代码段可以看到如图 13-3 所示的界面。

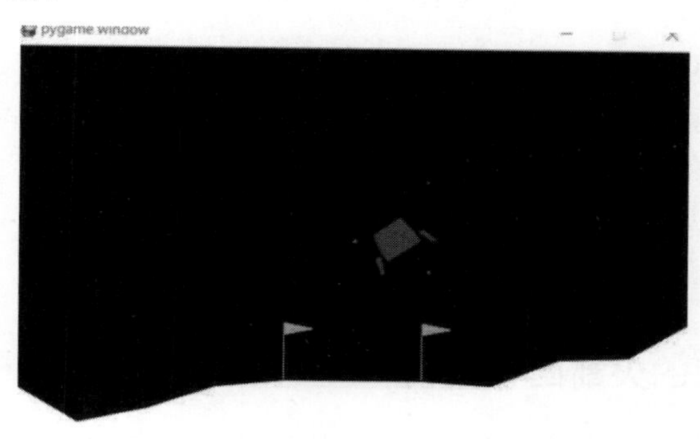

图 13-3　火箭回收运行界面

这是火箭回收的主要展示界面，而在 PyCharm 下方的输出框中会输出如图 13-4 所示的内容。

```
state = (array([ 0.00245399,  1.4199276 ,  0.24854021,  0.40032664, -0.0028367 ,
     -0.05629814,  0.        ,  0.        ], dtype=float32), {}); reward = 3.693495331315576
state = (array([ 0.00245399,  1.4199276 ,  0.24854021,  0.40032664, -0.0028367 ,
     -0.05629814,  0.        ,  0.        ], dtype=float32), {}); reward = 2.9992074375700044
state = (array([ 0.00245399,  1.4199276 ,  0.24854021,  0.40032664, -0.0028367 ,
     -0.05629814,  0.        ,  0.        ], dtype=float32), {}); reward = 2.209163362966821
state = (array([ 0.00245399,  1.4199276 ,  0.24854021,  0.40032664, -0.0028367 ,
     -0.05629814,  0.        ,  0.        ], dtype=float32), {}); reward = -100
```

图 13-4　PyCharm 运行代码输出的数据界面

13.1.2　火箭回收参数介绍

在 13.1.1 节最后的代码输出结果中打印了火箭回收的 state 参数，这是火箭回收过程中的环境参数值，也就是可以通过观测器获取到的火箭状态数值，这些参数包括：

- 水平坐标 x。
- 垂直坐标 y。
- 水平速度。
- 垂直速度。

- 角度。
- 角速度。
- 腿1触地。
- 腿2触地。

而对于操作者来说，可以通过 4 种离散的行动对火箭进行操作，分别如下：

- 0：代表不采取任何行动。
- 2：代表主引擎向下喷射。
- 1、3：分别代表向左、向右喷射。

除此之外，对于火箭还有一个最终的奖励，即对于每一步的操作都要额外计算分值，如下所示：

- 小艇坠毁得到-100分。
- 小艇在旗帜之间成功着地则得100~140分。
- 喷射主引擎（向下喷火）每次-0.3分。
- 小艇最终完全静止再得100分。
- 腿1或是腿2都落地能获得10分。

13.1.3 基于强化学习的火箭回收实战

本小节完成基于强化学习的火箭回收实战，完整的代码如下（请读者运行本章配套源码中的火箭回收代码，第一次学会运行即可，对于部分代码段的理解可参考 13.2 节的算法部分）：

```
import matplotlib.pyplot as plt
import torch
from torch.distributions import Categorical
import gym
import time
import numpy as np
import random
from IPython import display

class Memory:
    def __init__(self):
        """初始化"""
        self.actions = []     # 行动(共 4 种)
        self.states = []      # 状态，由 8 个数字组成
        self.logprobs = []    # 概率
        self.rewards = []     # 奖励
        self.is_dones = []    # 游戏是否结束 is_terminals

    def clear_memory(self):
        del self.actions[:]
```

```
        del self.states[:]
        del self.logprobs[:]
        del self.rewards[:]
        del self.is_dones[:]

class Action(torch.nn.Module):
    def __init__(self, state_dim=8, action_dim=4):
        super().__init__()
        # actor
        self.action_layer = torch.nn.Sequential(
            torch.nn.Linear(state_dim, 128),
            torch.nn.ReLU(),
            torch.nn.Linear(128, 64),
            torch.nn.ReLU(),
            torch.nn.Linear(64, action_dim),
            torch.nn.Softmax(dim=-1)
        )

    def forward(self, state):
        action_logits = self.action_layer(state)  # 计算 4 个方向概率
        return action_logits

class Value(torch.nn.Module):
    def __init__(self, state_dim=8):
        super().__init__()
        # value
        self.value_layer = torch.nn.Sequential(
            torch.nn.Linear(state_dim, 128),
            torch.nn.ReLU(),
            torch.nn.Linear(128, 64),
            torch.nn.ReLU(),
            torch.nn.Linear(64, 1)
        )

    def forward(self, state):
        state_value = self.value_layer(state)
        return state_value

class PPOAgent:
    def __init__(self,state_dim,action_dim,n_latent_var,lr,betas,gamma,
K_epochs, eps_clip):
        self.lr = lr                    # 学习率
        self.betas = betas              # betas
        self.gamma = gamma              # gamma
        self.eps_clip = eps_clip        # 裁剪限制值范围
```

```
        self.K_epochs = K_epochs      # 获取的每批次的数据作为训练使用的次数

        # action
        self.action_layer = Action()
        # critic
        self.value_layer = Value()
        self.optimizer = torch.optim.Adam([{"params":self.action_layer.
parameters()},{"params":self.value_layer.parameters()}], lr=lr, betas=betas)
        #损失函数
        self.MseLoss = torch.nn.MSELoss()

    def evaluate(self,state,action):
        action_probs = self.action_layer(state)#这里输出的结果是 4 类别的[-1,4]
        dist = Categorical(action_probs)    # 转换成类别分布
        # 计算概率密度，log(概率)
        action_logprobs = dist.log_prob(action)
        # 计算信息熵
        dist_entropy = dist.entropy()
        # 评判，对当前的状态进行评判
        state_value = self.value_layer(state)
        # 返回行动概率密度、评判值、行动概率熵
        return action_logprobs, torch.squeeze(state_value), dist_entropy

    def update(self,memory):
        # 预测状态回报
        rewards = []
        discounted_reward = 0   #discounted = 不重要

        #这里可以这样理解，当前步骤决定未来的步骤，而模型需要根据当前步骤对未来的最终结果
进行修正，如果遵循了现在的步骤，就可以看到未来的结果如何
        #而未来的 j 结果会很差，所以模型需要远离会造成坏的结果的步骤，所以就反过来计算
        for reward, is_done in zip(reversed(memory.rewards),
reversed(memory.is_dones)):
            # 回合结束
            if is_done:
                discounted_reward = 0
            # 更新削减奖励(当前状态奖励 + 0.99*上一状态奖励
            discounted_reward = reward + (self.gamma * discounted_reward)
            # 首插入
            rewards.insert(0, discounted_reward)
        #print(len(rewards))          #这里的长度是根据 batch_size 的长度设置的
        # 标准化奖励
        rewards = torch.tensor(rewards, dtype=torch.float32)
        rewards = (rewards - rewards.mean()) / (rewards.std() + 1e-5)
        #print(len(self.memory.states),len(self.memory.actions),
```

```
len(self.memory.logprobs))          # 这里的长度是根据 batch_size 的长度设置的
        # 张量转换
        # convert list to tensor
        old_states = torch.tensor(memory.states)
        old_actions = torch.tensor(memory.actions)
        old_logprobs = torch.tensor(memory.logprobs)

        #迭代优化 K 次
        for _ in range(5):
            # Evaluating old actions and values ：新策略，重用旧样本进行训练
            logprobs, state_values, dist_entropy = self.evaluate(old_states,
old_actions)
            ratios =  torch.exp(logprobs - old_logprobs.detach())
            advantages = rewards - state_values.detach()
            surr1 = ratios * advantages
            surr2 = torch.clamp(ratios, 1 - self.eps_clip,1 + self.eps_clip) *
advantages
            loss = -torch.min(surr1, surr2)  +  0.5 * self.MseLoss(state_values,
rewards) - 0.01 * dist_entropy
            # take gradient step
            self.optimizer.zero_grad()
            loss.mean().backward()
            self.optimizer.step()

    def act(self,state):
        state = torch.from_numpy(state).float()
        # 计算 4 个方向的概率
        action_probs = self.action_layer(state)
        # 通过最大概率计算最终行动方向
        dist = Categorical(action_probs)
        #这个是根据 action_probs 做出符合分布 action_probs 的抽样结果
        action = dist.sample()
        return action.item(),dist.log_prob(action)

state_dim = 8                   ### 游戏的状态是一个 8 维向量
action_dim = 4                  ### 游戏的输出有 4 个取值
n_latent_var = 128              # 神经元个数
update_timestep = 1200          # 每 1200 步 policy 更新一次
lr = 0.002                      # learning rate
betas = (0.9, 0.999)
gamma = 0.99                    # discount factor
K_epochs = 5                    # policy 迭代更新次数
eps_clip = 0.2                  # clip parameter for PPO  论文中表明 0.2 效果不错
random_seed = 929
```

```
    agent = PPOAgent(state_dim ,action_dim,n_latent_var,lr,betas,gamma,
K_epochs,eps_clip)
    memory = Memory()
    # agent.network.train()
    EPISODE_PER_BATCH = 5  # update the  agent every 5 episode
    NUM_BATCH = 200        # totally update the agent for 400 time

    avg_total_rewards, avg_final_rewards = [], []
    env = gym.make('LunarLander-v2', render_mode='rgb_array')
    rewards_list = []
    for i in range(200):
        rewards = []
        # collect trajectory
        for episode in range(EPISODE_PER_BATCH):
            ### 重开一把游戏
            state = env.reset()[0]
            while True:
                #这里 agent 做出 act 动作后，数据已经被存储了。注意这里记录动作时并没有对模型进
行即时更新，而是使用上一轮的模型进行此轮的“数据收集”工作
                with torch.no_grad():
                    action,action_prob = agent.act(state)  ### 按照策略网络输出的概率随
机采样一个动作
                    memory.states.append(state)
                    memory.actions.append(action)
                    memory.logprobs.append(action_prob)

                next_state, reward, done, _, _ = env.step(action)  ### 与环境 state
进行交互，输出 reward 和环境 next_state
                state = next_state
                rewards.append(reward)  ### 记录每一个动作的 reward
                memory.rewards.append(reward)
                memory.is_dones.append(done)

                if len(memory.rewards) >= 1200:
                    agent.update(memory)
                    memory.clear_memory()
                if done or len(rewards) > 1024:
                    rewards_list.append(np.sum(rewards))
                    #print('游戏结束')
                    break
        print(f"epoch: {i} ,rewards looks like ", rewards_list[-1])

    plt.plot(range(len(rewards_list)),rewards_list)
    plt.show()
    plt.close()
```

```
env = gym.make('LunarLander-v2', render_mode='human')
for episode in range(EPISODE_PER_BATCH):
    ### 重开一把游戏
    state = env.reset()[0]
    step = 0
    while True:
        step += 1
        #这里 agent 做出 act 动作后，数据已经被存储了。注意这里记录动作时并没有对模型进行即时更新，而是使用上一轮的模型进行此轮的“数据收集”工作
        action,action_prob = agent.act(state)  ### 按照策略网络输出的概率随机采样一个动作
        # agent 与环境进行一次交互
        state, reward, terminated, truncated, info = env.step(action)
        #print('state = {0}; reward = {1}'.format(state, reward))
        # 判断当前 episode 是否完成
        if terminated or step >= 600:
            print('游戏结束')
            break
        time.sleep(0.01)

print(np.mean(rewards_list))
```

此时火箭回收的最终得分如图 13-5 所示。

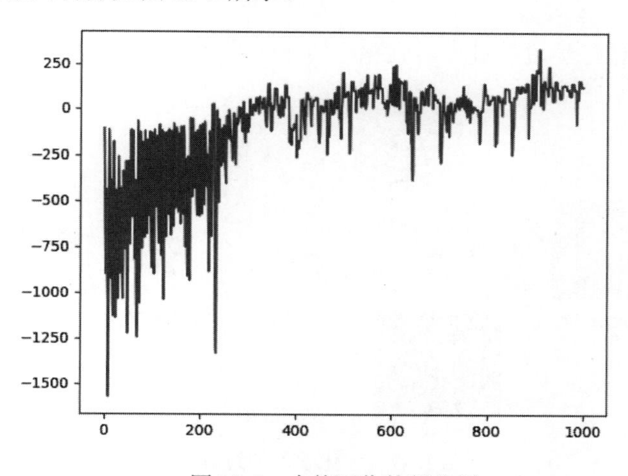

图 13-5　火箭回收的得分图

13.1.4　强化学习的基本内容

在进入实战之前，还需要了解一些强化学习的基本思想、相关思路和方法。

1. 强化学习的总体思想

强化学习背后的思想是，代理（Agent）将通过与环境（Environment）的动作（Action）交互，进而获得奖励（Reward）。从与环境的交互中进行学习，这一思想来自我们的自然经验，想象一下

当你是个孩子的时候，看到一团火，并尝试接触它，如图 13-6 所示。

图 13-6　看到一团火

你觉得火很温暖，感觉很开心（奖励+1），就会觉得火是个好东西，如图 13-7 所示。

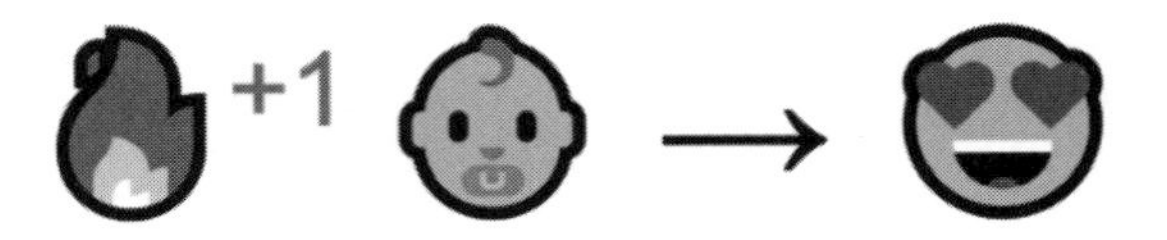

图 13-7　感觉很开心

一旦你尝试去触摸它，就会狠狠地被教育，即火把你的手烧伤了（惩罚-1）。你才明白只有与火保持一定距离，才会产生温暖，火才是个好东西，但不能靠太近，如果太过靠近，就会烧伤自己，如图 13-8 所示。

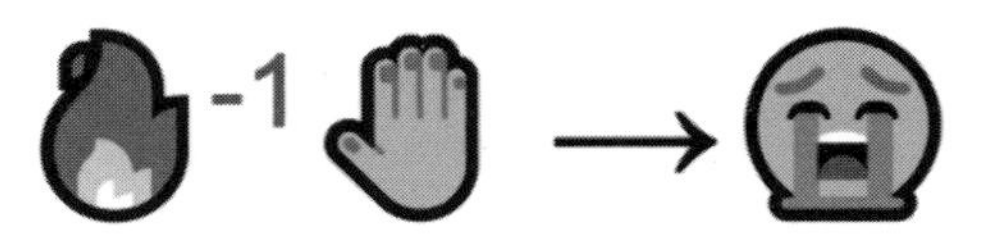

图 13-8　手被烧伤

这是人类通过交互进行学习的过程。强化学习是一种可以根据行为进行计算的学习方法，如图 13-9 所示。

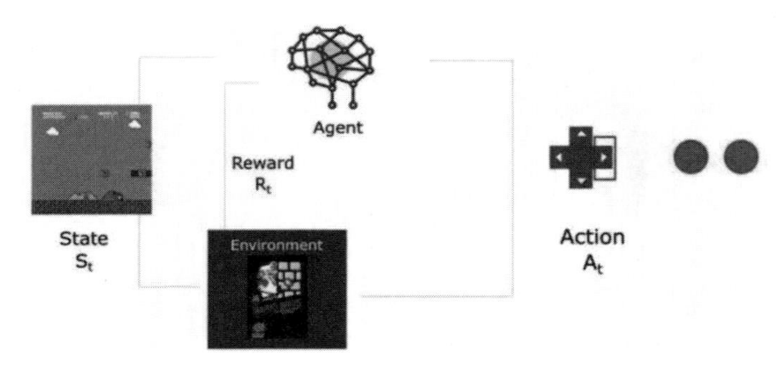

图 13-9　强化学习的过程

举个例子，思考如何训练 Agent 学会玩超级玛丽游戏。这个强化学习过程可以被建模为如下示例的一组循环过程（0、1……即为上图中的 t 下标）：

- Agent从环境中接收到状态S_0。
- 基于状态S_0，Agent执行A_0操作。
- 环境转移至新状态S_1。
- 环境给予R_1奖励。
- ……

强化学习的整体过程中会循环输出状态、行为、奖励的序列，而整体的目标是最大化全局 reward 期望。

2. 强化学习的奖励与衰减

奖励与衰减是强化学习的核心思想，在强化学习中，为了得到最好的行为序列，我们需要最大化累积 reward 期望，也就是奖励的最大化是强化学习的核心目标。

对于奖励的获取，每个时间步的累积 reward 可以写作：

$$G_t = R_{t+1} + R_{t+2} + \cdots$$

等价于：

$$G_t = \sum_{k=0}^{T} R_{t+k+1}$$

相对于长期的奖励来说，更简单的是对近期的奖励的获取。因为相对于长期的奖励，短期的奖励来得快，且发生的概率非常大，因此比长期的奖励更容易预测。

用一个猫捉老鼠的例子来介绍，如图 13-10 所示。图中 Agent 是老鼠，对手是猫，目标是老鼠在被猫吃掉之前，先吃掉最多的奶酪。从图中可以看到，吃掉身边的奶酪要比吃掉猫旁边的奶酪容易许多。

图 13-10　长期与短期激励

老鼠一旦被猫抓住，游戏就会结束，猫身边的奶酪奖励就会有衰减，因此也要把这个考虑进去，对折扣的处理如下（定义 Gamma 为衰减比例，取值范围为 0~1）：

- Gamma越大，衰减越小。这意味着Agent的学习过程更关注长期的回报。
- Gamma越小，衰减越大。这意味着Agent更关注短期的回报。

衰减后的累计奖励期望为：

$$G_t = \sum_{k=0}^{\infty} \gamma^k R_{t+k+1} \quad \text{where} \quad \gamma \in [0,1)$$

$$R_{t+1} + \gamma R_{t+2} + \gamma^2 R_{t+3} \cdots$$

每个时间步间的奖励将与 Gamma 参数相乘，以获得衰减后的奖励值。随着时间步骤的增加，猫距离我们更近，因此未来的奖励概率将变得越来越小。

3. 强化学习的任务分类

任务是强化学习问题中的基础单元，可以有两类任务：事件型与持续型。

事件型任务指的是在一个任务中，有一个起始点和终止点（终止状态）。这会创建一个事件：一组状态、行为、奖励以及新奖励。对于超级玛丽游戏来说，一个事件从游戏开始进行记录，直到角色被杀结束，如图 13-11 所示。

图 13-11　事件型任务

持续型任务意味着任务不存在终止状态。在这种任务中，Agent 将学习如何选择最好的动作，并与环境同步交互。例如通过 Agent 进行自动股票交易，如图 13-12 所示。在这种任务中，并不存在起始点和终止状态，直到我们主动终止，Agent 将一直运行下去。

图 13-12　持续型任务

4. 强化学习的基本处理方法

对于一般的强化学习来说，其主要的学习与训练方法有两种，分别是基于值函数的学习方法与基于策略梯度的学习方法。分别说明如下：

- 基于值函数的学习方法：学习价值函数，计算每个动作在当前环境下的价值，目标就是获取最大的动作价值，即每一步采取回报最大的动作和环境进行互动。
- 基于策略梯度的学习方法：学习策略函数，计算当前环境下每个动作的概率，目标是获取最大的状态价值，即该动作发生后期望回报越高越好。
- AC（Actor-Critic）算法：融合了上述两种方法，将价值函数和策略函数一起进行优化。价值函数负责在环境学习并提升自己的价值判断能力，而策略函数则接受价值函数的评价，尽量采取在价值函数中可以得到高分的策略。

读者可以参考走迷宫的例子进行理解。

其中基于值的方法是对模型迷宫中每个步骤的环境进行评分，如图 13-13 所示。

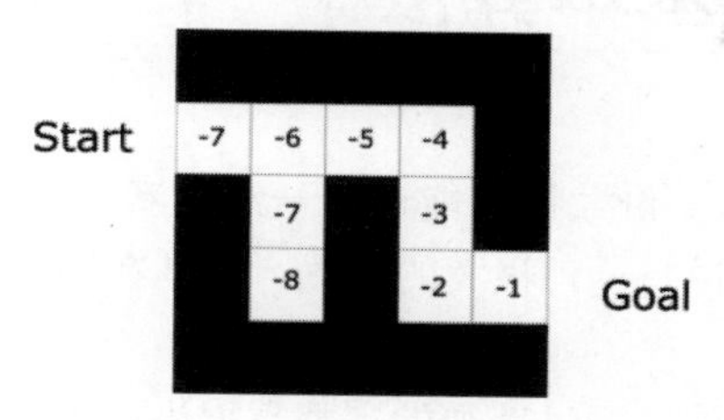

图 13-13　对每个环境本身进行打分

在迷宫问题中，每一步都对周围环境进行打分，并选择得分最大的前进，即-7、-6、-5 等。

而在基于策略梯度的方案中，由模型对行走者的每个动作进行打分，如图 13-14 所示。

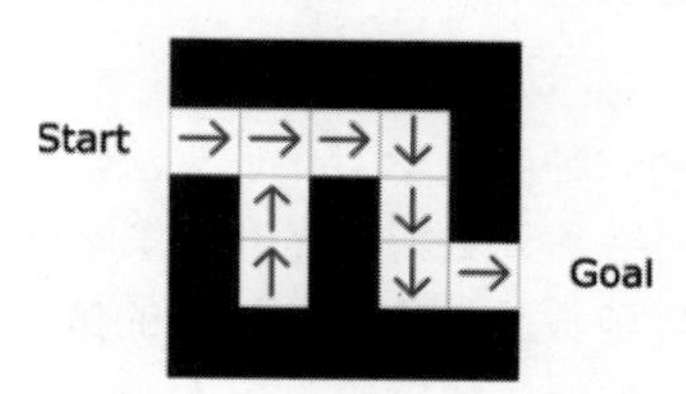

图 13-14　对行走者的每个动作进行打分

在这个过程中，每个动作就是其行进方向是由模型决定的。

在这两个方法中，一个施加在环境中，另一个施加在行走的人上，其中各有各的利弊，为了取长补短，一种新的处理方法——AC 算法被提出，如图 13-15 所示。

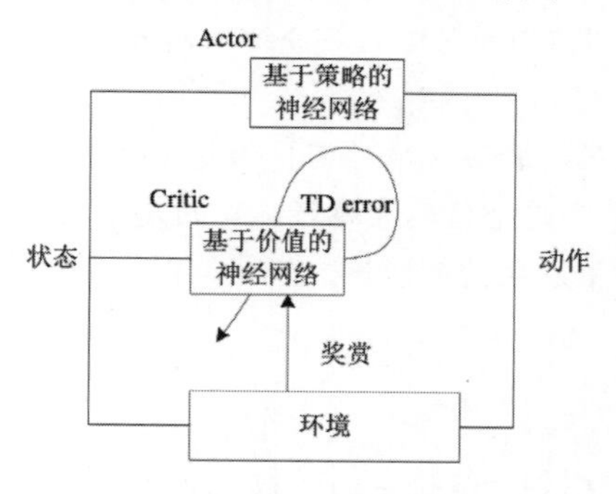

图 13-15　AC 算法（Action & Critic Method）

在这里的 AC 算法将基于值和基于策略梯度的算法做了结合，同时对环境和环境的使用者进行建模，从而可以获得更好的环境适配性。

AC 算法分为两部分，Actor 用的是 policy gradient，它可以在连续动作空间内选择合适的动作；Critic 用的是 Q-Learning，它可以解决离散动作空间的问题。除此之外，因为 Actor 只能在一个回合之后进行更新，导致学习效率较慢，Critic 的加入使得可以使用 TD 方法实现单步更新。这样两种算法相辅相成，就形成了 AC 算法。

Actor 输出每个 Action 的概率，有多少个 Action 就有多少个输出。Critic 基于 Actor 输出的行为评判得分，Actor 再根据 Critic 的评分修改该行为的概率。

13.2　强化学习的基本算法——PPO 算法

在一般的强化学习过程中，一份数据只能进行一次更新，更新完就只能丢掉，等待下一份数据。但是这种方式对深度学习来说是一种极大的浪费，尤其在强化学习中，获取到的数据更是弥足珍贵。

因此，我们需要一种新的算法，通过获得的完整数据进行模型的多次更新，即将每次获取到的数据进行多次利用，而对数据进行多次利用的算法中，具有代表性的就是 PPO（Proximal Policy Optimization，近端策略优化）算法。

13.2.1　PPO 算法简介

PPO 算法属于 AC 算法框架下的一种强化学习代表算法，在采样策略梯度算法训练的同时，还可以重复利用历史的采样数据进行网络参数更新，提升了策略梯度方法的效率。

PPO 算法的突破在于对新旧策略函数的约束，希望新的策略网络与旧的策略网络越接近越好，即实现近端策略优化的本质目的是：新的策略网络可以利用旧的策略网络学习到的数据进行学习，不希望这两个策略相差很大。PPO 算法的损失函数如下：

$$L^{\text{clip}+vf+s}(\theta)=E(L^{\text{clip}}(\theta)-c_1L^{vf}(\theta)+c_2S[\pi_\theta](S_t))$$

其参数说明如下。

- L^{clip}：价值网络的评分，即Critic网络的评分结果，采用Clip的方式使得新旧网络的差距不要过大。
- L^{vf}：价值网络预测的结果和真实环境的回报值越接近越好。
- S：策略网络的输出结果，这个值越大越好，目的是希望策略网络的输出分布不要太过集中，以提高不同动作在环境中发生的可能性。

13.2.2　函数使用说明

在讲解 PPO 算法时，需要用到一些特定的函数，这些函数是我们以前没有用过的，在这里详细说明一下。

1. Categorical类

Categorical 类的作用是根据传递的数据概率建立相应的数据抽样分布，其使用如下：

```
import torch
from torch.distributions import Categorical
action_probs = torch.tensor([0.3,0.7])      #人工建立一个概率值
dist = Categorical(action_probs)            #根据概率建立分布
```

```
c0 = 0
c1 = 1
for _ in range(10240):
    action = dist.sample()                          #根据概率分布进行抽样
    if action == 0:                                 #对抽样结果进行存储
        c0 += 1
    else:
        c1 += 1
print("c0 的概率为: ",c0/(c0 + c1))                  #打印输出的结果
print("c1 的概率为: ",c1/(c0 + c1))
```

首先人工建立一个概率值，然后 Categorical 类帮助我们建立依照这个概率构成的分布函数，sample 的作用是依据存储的概率进行抽样。从最终的打印可以看到，输出的结果可以反映人工概率的分布。

```
c0 的概率为:  0.294795430133776
c1 的概率为:  0.705204569866224
```

2. log_prob函数

log_prob(x)函数用来计算输入数据 x 在分布中对于概率密度的对数，读者可以通过如下代码进行验证：

```
import torch
from torch.distributions import Categorical
action_probs = torch.tensor([0.3,0.7])
#输出不同分布的 log 值
print(torch.log(action_probs))
#根据概率建立一个分布并抽样
dist = Categorical(action_probs)
action = dist.sample()
#获取抽样结果对应的分布 log 值
action_logprobs = dist.log_prob(action)
print(action_logprobs)
```

通过打印可以看到，首先输出了不同分布的log值，然后可以反查出不同取值所对应的分布log值。

```
tensor([-1.2040, -0.3567])
tensor(-1.2040)
```

3. entropy函数

前面在讲解过程中用到了交叉熵（crossEntropy）相关的内容，而 entropy 用于计算数据中蕴含的信息量，在这里熵的计算如下：

```
import torch
from torch.distributions import Categorical
action_probs = torch.tensor([0.3,0.7])
#自己定义的 entropy 实现
def entropy(data):
```

```
    min_real = torch.min(data)
    logits = torch.clamp(data,min=min_real)
    p_log_p = logits * torch.log(data)
    return -p_log_p.sum(-1)
print(entropy(action_probs))
```

此时读者可以对自定义的entropy与PyTorch 2.0自带的entropy计算方式进行比较，代码如下：

```
import torch
from torch.distributions import Categorical
action_probs = torch.tensor([0.3,0.7])
#根据概率建立一个分布并抽样
dist = Categorical(action_probs)
dist_entropy = dist.entropy()
print("dist_entropy:",dist_entropy)
#自己定义的entropy实现
def entropy(data):
    min_real = torch.min(data)
    logits = torch.clamp(data,min=min_real)
    p_log_p = logits * torch.log(data)
    return -p_log_p.sum(-1)
print("self_entropy:",entropy(action_probs))
```

从最终结果可以看到，两者的计算结果是一致的。

```
dist_entropy: tensor(0.6109)
self_entropy: tensor(0.6109)
```

13.2.3　一学就会的 TD-Error 理论介绍

本节讲解TD-Error理论，这个理论主要让读者明确一个分段思维的方法，而不能以主观的评价经验对事物进行估量。

这个TD-Error是ChatGPT中的一个非常重要的理论算法，TD-Error用于动态地解决后续数据量的估算问题。TD-Error示例如图13-16所示。

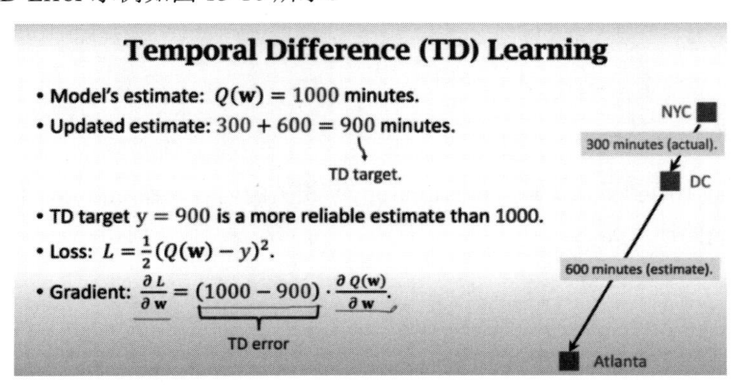

图13-16　TD-Error示例

1. 项目描述与模型预估

在图 13-16 右侧，一名司机驾车从 NYC 到 Atlanta，中途有个中转站 DC。按照现有的先验知识，可以获得如下内容：

- NYC到Atlanta的距离为90千米，而DC是距离出发点NYC300千米的中转站。
- 训练好的模型预估整体路途需要耗时1000分钟。
- 训练好的模型预估从NYC到DC耗时400分钟。
- 训练好的模型预估从DC到Atlanta耗时600分钟。

这是对项目的描述，完整用到预估的知识。需要注意的是，整体 1000 分钟的耗时是由离线模型在出发前预先训练好的，不能根据具体情况随时调整。

2. 到达DC后模型重新估算整体耗时

当司机实际到达中转站 DC 时，发现耗时只有 300 分钟，此时如果模型进一步估算余下的路程所需要的时间，按照出发前的估算算法，剩余时间应该为 1000−400 = 600 分钟。因此，若模型此时重新估算整体路程耗费的时间，可以用如下公式得到：

$$900=300+600$$

这是模型在 DC 估算的整体用时，其中 300 为起始到 DC 的耗时，而 600 为模型按原算法估算的 DC 到 Atalanta 的耗时，900 为已训练模型在 DC 估算的总体耗时。

此时如果在 DC 中转站重新进行模型训练，整体耗时的 target 就会变为 900。

3. 问题

可能有读者会问，为什么不用按比例缩短的剩余时间进行估算，即剩下的时间变为：

$$V_{\text{future}} = 600 \times (300) / 400$$

这样做的问题在于，我们需要相信前期模型做出的预测是基于良好训练的一个可信度很高的值，不能人为地随意对整体的路途进行修正，即前一段路途可能由于种种原因（顺风、逆风等）造成了时间变更，但是并不能保证在后续的路途同样会遇到这样的情况。

因此，在剩余的模型拟合过程中，依旧需要假定模型对未来的原始拟合是正确的，而不能加入自己的假设。

可能有读者会继续问，如果下面再遇到一些事，修正了原计划的路途，怎么办？一个非常好的解决办法就是以那个时间段为中转站重新训练整个模型。把前面路过的作为前面部分，后面没有路过的作为后面部分来处理。

进一步说明，在这个问题中，我们把整体的路段分成了若干份，每隔一段就重新估算时间，这样使得最终的时间与真实时间的差值不会太大。

4. TD-Error

此时，模型整体估算的差值 100 = 1000−900，这一点相信读者很容易理解，即 TD-Error 代表现阶段（也就是在 DC 位置）的估算时间与真实时间的差值为 100。

对于这个用法，可以看到这里的 TD-Error 实际上就是根据现有的误差修正整体模型的预估结果，这样可以使得模型在拟合过程中更好地反映真实的数据。

13.2.4　基于 TD-Error 的结果修正

下面的内容会涉及 PPO 算法的一些细节。

1. 修正后的模型生成的结果不应该和未修正的模型有太大差别

继续前面的例子，如果按原始的假设，对总路程进行拟合分析，在 DC 中转站估算的耗费时间为：

- 错误的模型估算时间：300 + 600 × (300)/400 = 750
- 模型应该输入的时间：300 + 600 = 900

分析结果错误的原因，除了主观地将前期时间损耗同样按比例施加在后期未发生的路程之外，还有一个较为重要的因素是相对原始的估算值 1000，模型对于每次修正的幅度太大（错误的差距为 250，而正确的差距为 100），这样并不适合模型尽快使用已有的数据重新拟合剩下路程的耗费时间。换算到模型输出，其决策器的输出跳跃比较大，很有可能造成模型失真的问题。

下面回到 PPO 算法的说明，这样对于每次做出动作的决定，决策器 Policy 会根据更新做出一个新的分布，我们可以将其记作 pθ′(at|st)，而对于旧的 pθ(at|st)，这两个分布差距太大的话，也就是修正值过大，会使得模型接受不了。读者可以参考下面两个分布的修正过程：

- [0.1,0.2]→[0.15,0.20]→[0.25,0.30]→[0.45,0.40]：一个好的分布修正过程。
- [0.1,0.2]→[1.5,0.48]→[1.2,4.3]→[-0.1,0.7]：一个坏的分布修正过程。

这部分的实现可以参考源码的这条代码进行解读：

```
ratios =  torch.exp(logprobs - old_logprobs.detach())
```

其具体公式如下：

$$\nabla \bar{R}_{\theta} = E_{\tau \sim P\theta(\tau)}[R(\tau)\nabla \log P_{\theta}(\tau)]$$

- 使用数据存储器 π_{θ} 去收集数据，数据来源是 θ，这是初始模型。
- 使用 π_{θ} 中收集的数据去重新训练模型 θ，之后重复上述步骤。

$$\nabla \bar{R}_{\theta} = E_{\tau \sim P\theta'(\tau)}[\frac{P\theta(\tau)}{P\theta'(\tau)} R(\tau)\nabla \log P_{\theta}(\tau)]$$

- 从 θ' 中继续收集数据。
- 根据新的数据重新训练模型 θ。

2. 模型每次输出概率的权重问题

从前面的公式可以得知（新引入的 Adventure 参数会在后文介绍）：

模型应该输入的时间：300 + 600 = 900

TD-Error=1000−900=100

$$\text{Adventure} = \frac{100}{1000} = 0.1$$

这样，如果继续对下面的路径进行划分，对于不同的路径，可以得到如下的 TD-Error 序列：

TD-Error1=80

TD-Error2=50

TD-Error3=20

…

接下来对后续路径多次进行模型拟合，输出新的动作概率时，需要一种连续的概率修正方法，即将当前具体的动作概率输出与不同的整体结果误差的修正联系在一起，具体实现如下：

```
ratios = torch.exp(logprobs - old_logprobs.detach())
advantages = rewards - state_values.detach()        #多个 advantage 组成的序列
surr1 = ratios * advantages
```

代码中的 advantages 表示新的输出对原有输出的改变和修正，具体公式如下：

模型更新公式：

$$= E_{(s_t,a_t)\sim\pi_\theta}[A^\theta(s_t,a_t)\nabla \log P_\theta(a_t^n|s_t^n)]$$

$A^{\theta'}(s_t,a_t)$ **用于更新的数据**

$$= E_{(s_t,a_t)\sim\pi_{\theta'}}[\frac{p_\theta(s_t,a_t)}{p_{\theta'}(s_t,a_t)}\underline{A^\theta(s_t,a_t)}\nabla \log P_\theta(a_t^n|s_t^n)]$$

公式中横线标注的是离散后的 advantages，其作用是对输出的概率进行修正。

13.2.5　对于奖励的倒序构成的说明

关于奖励的构成方法，实现代码如下：

```
    for reward, is_done in zip(reversed(memory.rewards), 
reversed(memory.is_dones)):
        # 回合结束
        if is_done:
            discounted_reward = 0
        # 更新削减奖励(当前状态奖励+0.99×上一状态奖励)
        discounted_reward = reward + (self.gamma * discounted_reward)
        # 首插入
        rewards.insert(0, discounted_reward)
        # 标准化奖励
        rewards = torch.tensor(rewards, dtype=torch.float32)
        rewards = (rewards - rewards.mean()) / (rewards.std() + 1e-5)
```

可以看到，在这里对获取的奖励进行倒转，之后将奖励得分叠加，对于这部分的处理，读者可以这样理解：当前步骤决定未来的步骤，而模型需要根据当前步骤对未来的最终结果进行修正，如果遵循现在的步骤，就可以看到未来的结果如何；如果未来的结果很差，模型就需要尽可能远离造成此结果的步骤，即对输出进行修正。

13.3 本章小结

本章讲解了强化学习的实战，因为涉及较多的理论讲解，因此学习起来难度较大。但是通过本章的学习，读者可以了解和掌握强化学习的原理及其实现方法，并可以独立完成及成功训练一个强化学习模型。

本章选用的是一个较为简单的火箭回收的强化学习例子，其作用是抛砖引玉向读者介绍基本的算法和训练形式。读者可以根据自身的需要查找相关资料，对这部分内容进行强化。

第 14 章

创建你自己的小精灵——基于 MFCC 的语音唤醒实战

基于语音唤醒技术的个人助手是目前非常火爆的深度学习应用方向，其基本原理是基于语音识别技术与语音转换，最重要的是所借助的语音识别技术。

本章开始进入本书非常重要的实战内容——语音识别。本章将介绍语音转换中常用的 MFCC 的来龙去脉，包括音频转换的基本方法，以及使用MFCC进行一项基本的语音识别内容——基于特征词的语音识别实战。

14.1 语音识别的理论基础——MFCC

在语音识别研究领域，音频特征的选择至关重要。本书大部分内容中都在使用一种非常成功的音频特征——梅尔频率倒谱系数（Mel-Frequency Cepstrum Coefficient，MFCC）。

MFCC特征的成功很大程度上得益于心理声学的研究成果，它对人的听觉机理进行了建模。研究发现，音频信号从时域信号转换为频域信号之后，可以得到各种频率分量的能量分布。心理声学的研究结果表明，人耳对于低频信号更加敏感，对于高频信号比较不敏感，具体是什么关系？

心理声学研究结果表明，在低频部分是一种线性关系，但是随着频率的升高，人耳对于频率的敏感程度呈现对数增长的态势。这意味着只从各个频率能量的分布来设计符合人的听觉习惯的音频特征是不太合理的。

MFCC 是基于人耳听觉特性提出来的，它与 Hz 频率呈非线性对应关系。MFCC 利用这种关系，计算得到 Hz 频谱特征，已经广泛地应用于语音识别领域。

MFCC 特征提取包含两个关键步骤：

（1）转换到梅尔频率。

（2）进行倒谱分析。

下面依次进行讲解。

1. 梅尔频率

梅尔刻度是一种基于人耳对等距的音高（Pitch）变化的感官判断而定的非线性频率刻度。作为一种频率域的音频特征，离散傅里叶变换是这些特征计算的基础。一般选择快速傅里叶变换（Fast Fourier Transform，FFT）算法，其粗略的流程如图 14-1 所示。

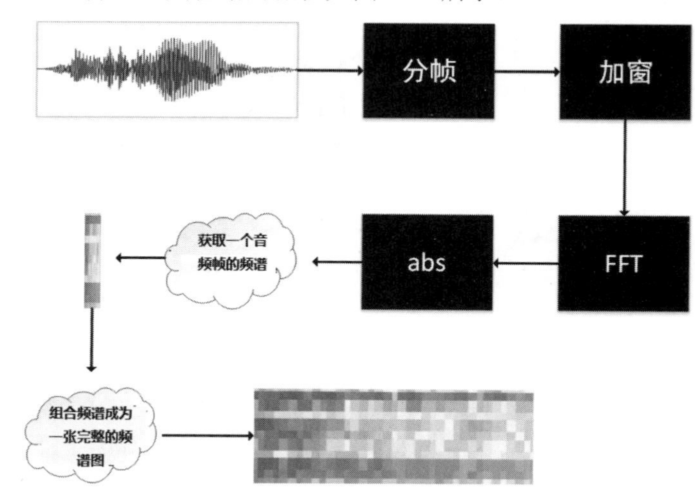

图 14-1　快速傅里叶变换

而梅尔刻度和频率的赫兹关系如下：

$$m = 2595\log\left(1+\frac{f}{700}\right)$$

所以，如果在梅尔刻度上是均匀分度的话，赫兹之间的距离就会越来越大。梅尔刻度的滤波器组的尺度变化如图 14-2 所示。

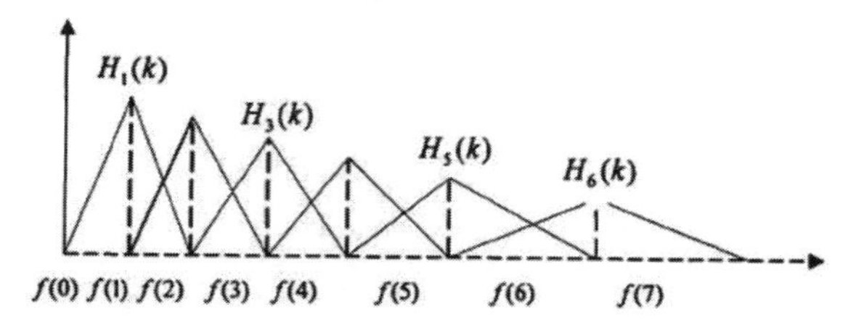

图 14-2　梅尔刻度的滤波器组的尺度变化

梅尔刻度的滤波器组在低频部分的分辨率高，跟人耳的听觉特性是相符的，这也是梅尔刻度的物理意义所在。这一步的含义是：首先对时域信号进行傅里叶变换，转换到频域，然后利用梅尔频率刻度的滤波器组对对应频域信号进行切分，最后每个频率段对应一个数值。

2. 倒谱分析

倒谱的含义是：对时域信号进行傅里叶变换，然后取 log，再进行反傅里叶变换，如图 14-3 所示。倒谱可以分为复倒谱、实倒谱和功率倒谱，这里使用的是功率倒谱。倒谱分析可用于将信号分解，将两个信号的卷积转换为两个信号的相加，从而简化计算。

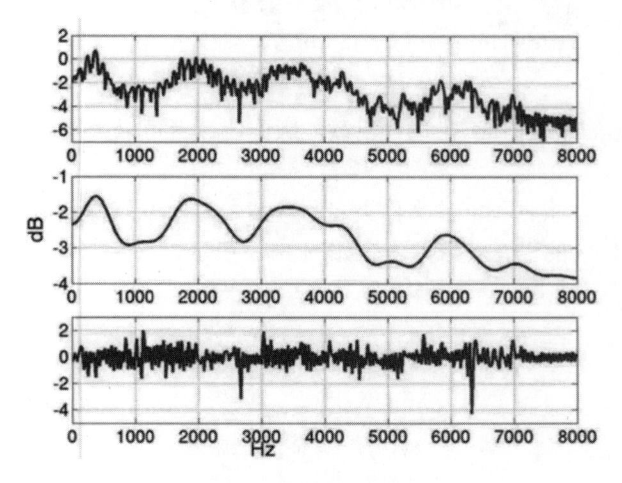

图 14-3　倒谱分析演示

具体公式这里就不阐述了，有兴趣的读者在学习之余可以自行钻研相关内容。接下来向读者演示使用 Python 音频处理库 librosa 计算 MFCC 的过程，代码如下：

```
# 使用 librosa 音频处理库获取音频的梅尔频谱
wav, sr = librosa.load(data_path, sr=32000)          #sr 为取样频率
# 计算音频信号的 MFCC
spec_image = librosa.feature.mfcc(y=wav, sr=sr)
```

这里需要注意的是，sr 的意思是取样频率，其作用是对输入的音频根据特定的取样频率生成对应的音频特征。

读者可以使用.wav 后缀的音频进行尝试。

14.2 语音识别的数据获取与准备

在开始进入语音识别之前，需要获得语音识别基本的数据集，在这里使用 Speech Commands 作为我们进行语音识别的基础数据集。

14.2.1 Speech Commands 简介与数据说明

深度学习的第一步（也是重要的步骤）是数据的准备。数据的来源多种多样，既有不同类型的数据集，也有根据项目需求由项目团队自行准备的数据集。由于本章实战的目的是识别特定词语而进行语音唤醒，因此采用一整套专门的语音识别数据集 Speech Commands。

首先是对于数据集的获取，读者可以使用如下的 PyTorch 代码直接下载数据集：

```
from torchaudio import datasets
datasets.SPEECHCOMMANDS(
    root="../dataset/",                  # 保存数据的路径
    url='speech_commands_v0.02',         # 下载数据版本 URL
    folder_in_archive='SpeechCommands',
    download=True)                       # 这个记得选 True
```

在这里 root 是存储的路径，url 是选择下载的版本，读者可以直接运行这段下载代码对数据进行下载。

打开数据集可以看到，根据不同的文件夹名称，其中内部被分成了 35 个类别，每个类别以名称命名，包含符合该文件名的语音发音，内容如图 14-4 所示。

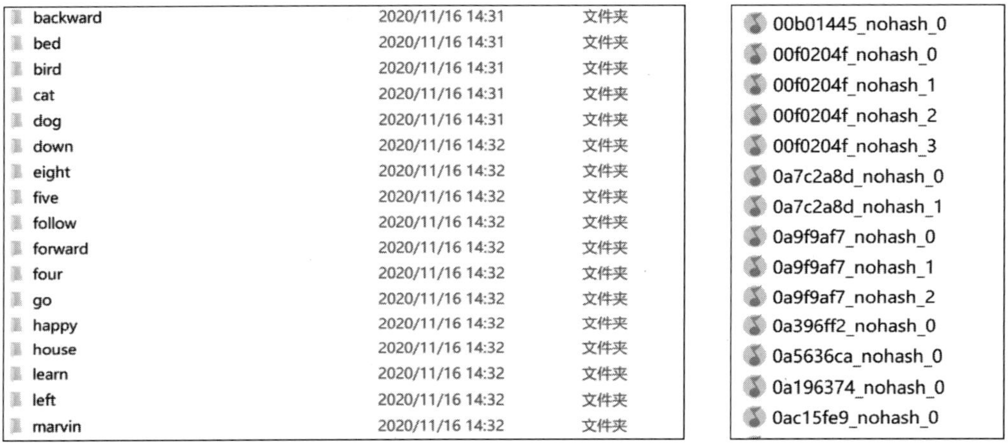

backward	2020/11/16 14:31	文件夹
bed	2020/11/16 14:31	文件夹
bird	2020/11/16 14:31	文件夹
cat	2020/11/16 14:31	文件夹
dog	2020/11/16 14:31	文件夹
down	2020/11/16 14:32	文件夹
eight	2020/11/16 14:32	文件夹
five	2020/11/16 14:32	文件夹
follow	2020/11/16 14:32	文件夹
forward	2020/11/16 14:32	文件夹
four	2020/11/16 14:32	文件夹
go	2020/11/16 14:32	文件夹
happy	2020/11/16 14:32	文件夹
house	2020/11/16 14:32	文件夹
learn	2020/11/16 14:32	文件夹
left	2020/11/16 14:32	文件夹
marvin	2020/11/16 14:32	文件夹

00b01445_nohash_0
00f0204f_nohash_0
00f0204f_nohash_1
00f0204f_nohash_2
00f0204f_nohash_3
0a7c2a8d_nohash_0
0a7c2a8d_nohash_1
0a9f9af7_nohash_0
0a9f9af7_nohash_1
0a9f9af7_nohash_2
0a396ff2_nohash_0
0a5636ca_nohash_0
0a196374_nohash_0
0ac15fe9_nohash_0

图 14-4　数据集

可以看到，根据文件名对每个发音进行归类，其中包含：

- 训练集：包含51088个WAV音频文件。
- 验证集：包含6798个WAV音频文件。
- 测试集：包含6835个WAV音频文件。

读者可以使用计算机自带的音频播放程序试听部分音频。

下面进入数据的处理部分，在这里使用上文的 librosa 库直接提取音频信号，代码如下：

```
import librosa
# 使用 librosa 音频处理库获得音频的梅尔频谱
wav, sr = librosa.load("../dataset/SpeechCommands/speech_commands_v0.02/
bird/0a7c2a8d_nohash_1.wav", sr=32000)       #sr 为取样频率
# 计算音频信号的 MFCC
spec_image = librosa.feature.mfcc(y=wav, sr=sr)
print(wav.shape)
print(spec_image.shape)
```

在这里读取了音频数据集 bird 中的 0a7c2a8d_nohash_1 命名的音频部分，之后将其转换为梅尔频率。前面已经介绍过梅尔频率是基于人耳听觉特性提出来的，它与 Hz 频率呈非线性对应关系，主要用于语音数据特征提取和降低运算维度。打印结果如下：

```
(32000,)
(20, 63)
```

这里可以看到，首先32000是设置的采样率，之后提取出的(20, 63)是采样频谱。为了简易起见，这里采用 5 条具有较多数据集的音频数据制作数据集，代码如下：

```
import librosa
import os
import torch
import numpy as np
labels = ["bed","bird","dog","cat","yes"]
image_list = []
label_list = []
for label in labels:
    path = f"../dataset/SpeechCommands/speech_commands_v0.02/{label}"
    for file_name in os.listdir(path):
        file_path = path + "/" + file_name
        wav, sr = librosa.load(path, sr=32000)
        spec_image = librosa.feature.mfcc(y=wav, sr=sr)
        #注意这里补 0
        pec_image = np.pad(spec_image, ((0, 0), (0, 63 - spec_image.shape[1])),
'constant')
        image_list.append(spec_image)
        label_list.append(labels.index(label))
#image_list =np.array(image_list)  #(12281, 20, 63)
#label_list = np.array(label_list)  #(12281,)
#下面是自制的 dataload 方面的内容
class MyDataset(torch.utils.data.Dataset):
    def __init__(self, input_data,label_list):
        self.input_data = input_data
        self.label_list = label_list
    def __len__(self):
        return len(self.input_data)

    def __getitem__(self, idx):
        # grab a chunk of (block_size + 1) characters from the data
        input_token = self.input_data[idx]
        output_token = self.label_list[idx]
        input_token = torch.tensor(input_token)
        output_token = torch.tensor(output_token)
        return input_token, output_token
```

14.2.2　语音识别编码器模块与代码实现

下面开始介绍深度学习模型，通过对数据集的分析可以看到，生成的训练集数据维度如下：

```
(12281, 20, 63)
(12281,)
```

即这里的音频内容被转换为[20, 63]大小的维度，那么可以简单地将其当成一个序列内容进行处理，而对于序列内容的处理，前面已经有了非常多的讲解，其中最为前沿和优选的是基于注意力模型的编码器。下面采用 Attention 架构建立对应的编码器模块。

需要注意的是，在本例中获取的是完整的音频特征图谱，相对于一般的 Attention 模型，这里的注意力模型不需要掩码操作。完整的模型代码如下：

```
import torch
import math
import einops.layers.torch as elt
class FeedForWard(torch.nn.Module):
    def __init__(self,embedding_dim = 312,scale = 4):
        super().__init__()
        self.linear1 = torch.nn.Linear(embedding_dim,embedding_dim*scale)
        self.relu_1 = torch.nn.ReLU()
        self.linear2 = torch.nn.Linear(embedding_dim*scale,embedding_dim)
        self.relu_2 = torch.nn.ReLU()
        self.layer_norm = torch.nn.LayerNorm(normalized_shape=embedding_dim)
    def forward(self,tensor):
        embedding = self.linear1(tensor)
        embedding = self.relu_1(embedding)
        embedding = self.linear2(embedding)
        embedding = self.relu_2(embedding)
        embedding = self.layer_norm(embedding)
        return embedding
class Attention(torch.nn.Module):
    def __init__(self,embedding_dim = 312,hidden_dim = 312,n_head = 6):
        super().__init__()
        self.n_head = n_head
        self.query_layer = torch.nn.Linear(embedding_dim, hidden_dim)
        self.key_layer = torch.nn.Linear(embedding_dim, hidden_dim)
        self.value_layer = torch.nn.Linear(embedding_dim, hidden_dim)
    def forward(self,embedding):
        input_embedding = embedding
        query = self.query_layer(input_embedding)
        key = self.key_layer(input_embedding)
        value = self.value_layer(input_embedding)
        query_splited = self.splite_tensor(query,self.n_head)
        key_splited = self.splite_tensor(key,self.n_head)
        value_splited = self.splite_tensor(value,self.n_head)
```

```
        key_splited = elt.Rearrange("b h l d -> b h d l")(key_splited)
        # 计算 query 与 key 之间的权重系数
        attention_prob = torch.matmul(query_splited, key_splited)
        # 使用 softmax 对权重系数进行归一化计算
        attention_prob = torch.softmax(attention_prob, dim=-1)
        # 计算权重系数与 value 的值，从而获取注意力值
        attention_score = torch.matmul(attention_prob, value_splited)
        attention_score = elt.Rearrange("b h l d -> b l (h d)")(attention_score)
        return (attention_score)
    def splite_tensor(self,tensor,h_head):
        embedding = elt.Rearrange("b l (h d) -> b l h d",h = h_head)(tensor)
        embedding = elt.Rearrange("b l h d -> b h l d", h=h_head)(embedding)
        return embedding
class PositionalEncoding(torch.nn.Module):
    def __init__(self, d_model = 312, dropout = 0.05, max_len=80):
        """
        :param d_model: pe 编码维度，一般与 Word Embedding 相同，方便相加
        :param dropout: dorp out
        :param max_len: 语料库中最长句子的长度，即 Word Embedding 中的 L
        """
        super(PositionalEncoding, self).__init__()
        # 定义 drop out
        self.dropout = torch.nn.Dropout(p=dropout)
        # 计算 pe 编码
        pe = torch.zeros(max_len, d_model) # 建立空表，每行代表一个词的位置，每列
代表一个编码位
        position = torch.arange(0, max_len).unsqueeze(1) # arange 表示词的位置，
以便进行公式计算，size=(max_len,1)
        div_term = torch.exp(torch.arange(0, d_model, 2) *     # 计算公式中 10000**
(2i/d_model)-(math.log(10000.0) / d_model))
        pe[:, 0::2] = torch.sin(position * div_term)  # 计算偶数维度的 pe 值
        pe[:, 1::2] = torch.cos(position * div_term)  # 计算奇数维度的 pe 值
        pe = pe.unsqueeze(0)  # size=(1, L, d_model)，为了后续与 word_embedding
相加，意为 batch 维度下的操作相同
        self.register_buffer('pe', pe)  # pe 值是不参加训练的
    def forward(self, x):
        # 输入的最终编码 = word_embedding + positional_embedding
        x = x + self.pe[:, :x.size(1)].clone().detach().requires_grad_(False)
        return self.dropout(x) # size = [batch, L, d_model]
#编码器类
class Encoder(torch.nn.Module):
    def __init__(self,max_length = 20,embedding_size = 312,n_head = 6,scale =
4,n_layer = 3):
        super().__init__()
        self.n_layer = n_layer
```

```
        self.input_layer = torch.nn.Linear(63,312)
        self.position_embedding = PositionalEncoding(max_len=max_length)
        self.attention = Attention(embedding_size,embedding_size,n_head)
        self.feedward = FeedForWard()
    def forward(self,token_inputs):
        embedding = token_inputs
        embedding = self.input_layer(embedding)
        embedding = self.position_embedding(embedding)
        for _ in range(self.n_layer):
            embedding = self.attention(embedding)
            embedding = torch.nn.Dropout(0.1)(embedding)
            embedding = self.feedward(embedding)
        return embedding
if __name__ == '__main__':
    image = torch.randn(size=(3,20,63))
    Encoder()(image)
```

14.3　实战：PyTorch 2.0 语音识别

14.3.1　基于 PyTorch 2.0 的语音识别模型

下面建立基于 PyTorch 2.0 的语音识别模型，经过前面的分析，可以看到不同的语音经过特征抽取后被转换为一维的序列结构，而对于序列结构的分析，可以注意力为核心建立对应的识别模型。

完整代码如下：

```
import torch
import attention_moudle
import einops.layers.torch  as elt
class VideoRec(torch.nn.Module):
    def __init__(self):
        super().__init__()
        self.encoder = attention_moudle.Encoder()
        self.trans_layer = torch.nn.Sequential(
            elt.Rearrange("b l d -> b d l"),
            torch.nn.AdaptiveAvgPool1d((1)),
            elt.Rearrange("b d 1 -> b d")
        )
        self.last_linear = torch.nn.Linear(312,5)
    def forward(self,image):
        img = self.encoder(image)
        img = self.trans_layer(img)
        img = torch.nn.Dropout(0.1)(img)
```

```
        logits = self.last_linear(img)
        return logits
if __name__ == '__main__':
    image = torch.randn(size=(3,20,63))
    VideoRec()(image)
```

14.3.2　基于 PyTorch 2.0 的语音识别实现

前面介绍了数据集与模型的基本组成，下面进入本章的模型实现部分，即实现语音识别功能。相信读者经过以上分析，能够很顺利地完成该部分内容。

```
import torch
import model
from torch.utils.data import DataLoader
from tqdm import tqdm
device = "cuda"
video_model = model.VideoRec()
video_model.to(device)
optimizer = torch.optim.Adam(video_model.parameters(), lr=2e-5)
criterion = torch.nn.CrossEntropyLoss()
batch_size = 64
import get_data
train_dataset = get_data.MyDataset(get_data.image_list,get_data.label_list)
loader = DataLoader(train_dataset,batch_size=batch_size,pin_memory =
True,shuffle=True,num_workers=0)
for epoch in (range(1024)):
    pbar = tqdm(loader,total=len(loader))
    for token_inp,token_tgt in pbar:
        token_inp = token_inp.to(device)
        token_tgt = token_tgt.to(device)
        logits = video_model(token_inp)
        loss = criterion(logits.view(-1,logits.size(-1)),token_tgt.view(-1))
        optimizer.zero_grad()
        loss.backward()
        optimizer.step()
        train_correct = (torch.argmax(logits, dim=-1) ==
(token_tgt)).type(torch.float).sum().item() / len(token_inp)
        pbar.set_description(f"epoch:{epoch + 1}, train_loss:{loss.item():.5f},
train_correct:{train_correct:.5f}")
```

在本例中设置 batch_size 为 64，同时使用 tqdm 模块对数据的结果进行显示，这段代码的输出结果如图 14-5 所示。

```
epoch:237, train_loss:0.13046, train_correct:0.94737: 100%|████████████| 192/192 [00:02<00:00, 83.22it/s]
epoch:238, train_loss:0.20716, train_correct:0.92982: 100%|████████████| 192/192 [00:02<00:00, 80.33it/s]
epoch:239, train_loss:0.14227, train_correct:0.94737: 100%|████████████| 192/192 [00:02<00:00, 80.42it/s]
epoch:240, train_loss:0.21032, train_correct:0.92982: 100%|████████████| 192/192 [00:02<00:00, 76.74it/s]
epoch:241, train_loss:0.11385, train_correct:0.96491: 100%|████████████| 192/192 [00:02<00:00, 78.48it/s]
```

图 14-5　输出结果

可以看到随着训练的进行，模型的准确率随之加深，能够取得 0.9 左右的准确率。请读者自行验证此部分内容。

14.4　本章小结

相信读者学完本章内容，已经对语音识别基础有了初步的了解，创建自己的小助手吧。本章基于 PyTorch 2.0 完成语音识别的实战部分，重要的是向读者介绍了将一段语音转换成梅尔矩阵之后对其进行处理的方法，这是语音识别的基础内容。语音识别是深度学习的一个研究方向，也是热点之一。希望本章可以帮助读者熟悉语音识别技术，从而为后续的学习和研究打下良好的基础。

第 15 章

基于 PyTorch 的人脸识别实战

随着电子商务等应用的发展，人脸识别成为最有潜力的生物身份验证手段，这种应用背景要求自动人脸识别系统能够对一般图像具有一定的识别能力，如图 15-1 所示。

受限于技术手段，人脸识别一直并未有大规模的应用，直到深度学习的出现才解决了人脸识别应用的落地。可以看到，今天的人脸检测应用背景已经远远超出了人脸识别系统的范畴，在基于内容的检索、数字视频处理、视频检测等方面有着重要的应用价值。

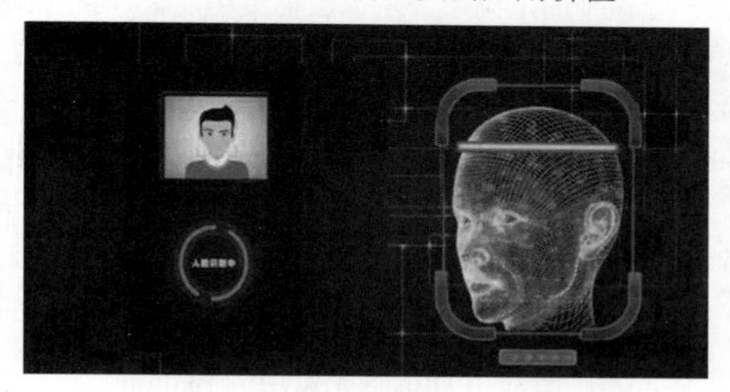

图 15-1　人脸识别

本章将主要介绍人脸识别方面的实战内容，从创建人脸数据库开始，到基于相似度计算，完成人脸识别的深度学习模型，完完整整地实现人脸识别应用并为读者做详细的说明。

15.1　人脸识别数据集的建立

在使用深度学习进行人脸识别之前，首先需要创建一个可用的人脸识别数据集，基于人脸涉及的一些隐私性问题，本章将使用公开的数据集并进行相应的调整。本节将介绍基于传统的 Python 库建立所需要的数据集的方法，并实现使用 Dlib 进行人脸检测的应用。

15.1.1　LFW 数据集简介

LFW（Labeled Faces in the Wild）数据集是目前人脸识别的常用测试集，其中提供的人脸图片均来源于生活中的自然场景，因此识别难度比较大，尤其由于多姿态、光照、表情、年龄、遮挡等因素影响，导致即使同一人的照片差别也很大，并且有些照片中可能不止出现一张人脸，对这些多人脸图像仅选择中心坐标的人脸作为目标，其他区域的视为背景干扰。LFW 数据集共有 13 233 幅人脸图像，每幅图像均给出对应的人名，共有 5 749 人，且绝大部分人仅有一幅图片。每幅图片的尺寸为 250×250，绝大部分为彩色图像，但也存在少许黑白人脸图片，如图 15-2 所示。

图 15-2　LFW 数据集

LFW 数据集主要测试人脸识别的准确率，从该数据集中随机选择 6 000 对人脸组成了人脸辨识图片对，其中 3 000 对属于同一个人的两幅人脸照片，3 000 对属于不同的人，每人一幅人脸照片。测试过程 LFW 数据集给出一对照片，询问测试中的两幅照片是不是同一个人，系统给出“是”或“否”的答案。通过 6 000 对人脸测试结果的系统答案与真实答案的比值，可以得到人脸识别的准确率。

15.1.2　Dlib 库简介

在介绍完 LFW 数据集后，本小节介绍 Dlib 这个常用的 Python 库。Dlib 是一个机器学习的开源库，包含机器学习的很多算法，使用起来很方便，直接包含其头文件即可，并且不依赖于其他库（自带图像编解码库源码）。Dlib 可以帮助用户编写很多复杂的机器学习方面的软件来解决实际问题。目前 Dlib 已经被广泛地应用于工业和学术领域，包括机器人、嵌入式设备、移动电话和大型高性能计算环境。

Dlib 是一个使用现代 C++技术编写的跨平台的通用库，遵守 Boost Software Licence，主要特点如下。

- 完善的文档：每个类、每个函数都有详细的文档，并且提供了大量的示例代码。
- 可移植代码：代码符合ISO C++标准，不需要第三方库支持，支持Win32、Linux、Mac OS X、Solaris、HPUX、BSDs 和 POSIX 系统。
- 线程支持：提供简单的可移植的线程API。
- 网络支持：提供简单的可移植的Socket API和一个简单的HTTP服务器。

- 图形用户界面：提供线程安全的GUI API。
- 数值算法：矩阵、大整数、随机数运算等。

除了人脸检测之外，Dlib 库还包含其他多种工具，例如，用于检测数据压缩和完整性算法，比如 CRC32、MD5 以及不同形式的 PPM 算法；用于测试的线程安全的日志类和模块化的单元测试框架，以及各种测试 Assert 支持的工具；还有一般工具类，如 XML 解析、内存管理、类型安全的 Big/Little Endian 转换、序列化支持和容器类等。

15.1.3 OpenCV 简介

本小节介绍一个重要的 Python 常用库——OpenCV。对于 Python 用户来说，OpenCV 可能是最常用的图像处理工具。OpenCV 是一个基于 BSD 许可（开源）发行的跨平台计算机视觉和机器学习软件库。OpenCV 用 C++语言编写，轻量级且高效——由一系列 C 函数和少量 C++类构成，同时提供了 C++、Java、Python、Ruby、MATLAB 等语言的接口，实现了图像处理和计算机视觉方面的很多通用算法，支持 Windows、Linux、Android 和 macOS 系统。OpenCV 主要倾向于实时视觉应用，并在可用时利用 MMX 和 SSE 指令，如今也提供对于 C#、Ch、Ruby、GO 的支持。

由于 OpenCV 不是本书的重点，因此对于 OpenCV 的介绍就到这里，本书涉及使用 OpenCV 对图像进行处理的部分函数会有提示性说明，详细的技术细节有兴趣的读者可以查找资料自行学习。

15.1.4 使用 Dlib 检测人脸位置

下面使用 Dlib 进行图像中的人脸检测，在前面下载的 LFW 数据集中随机选择一幅图片，如图 15-3 所示。

图 15-3　LFW 数据集中的一幅人脸图

图 15-3 中是一个成年男性的图片，对于计算机视觉来说，无论是背景还是衣饰，实际上都不是需要关心的目标，最重要的是图片中人脸的表示，而所在的背景和衣饰可能会成为一种干扰的噪声。

1. 使用OpenCV读取图片

使用 OpenCV 读取图片，在这里使用 LFW 文件夹的第一个文件夹 Aaron_Eckhart 中的第一幅图片，代码如下：

```
import cv2
image = cv2.imread("./dataset/lfw-deepfunneled/Aaron_Eckhart/
Aaron_Eckhart_0001.jpg")    #使用 OpenCV 读取图片
cv2.imshow("image",image)   #展示图片结果
```

```
cv2.waitKey(0)  #暂停进程，按空格恢复
```

上面的代码展示了使用 OpenCV 读取图片并展示的过程，imread 函数根据图片地址读取图片内容到内存中，imshow 函数展示图片结果，而 waitKey 通过设置参数决定进程暂停的时间。

2. 加载Dlib的检测器

加载 Dlib 的检测器，Dlib 的检测器的作用是对图像中的人脸目标进行检测，代码如下：

```
import cv2
import dlib
image = cv2.imread("./dataset/lfw-deepfunneled/Aaron_Eckhart/
Aaron_Eckhart_0001.jpg")
detector = dlib.get_frontal_face_detector() #Dlib 创建的检测器
boundarys = detector(image, 2)  #对人脸图片进行检测，找到人脸的位置框
print(list(boundarys))          #打印位置框内容
```

其中的 dlib.get_frontal_face_detector 函数创建了用于对人脸检测的检测器，之后使用 detector 对人脸的位置进行检测，并将找到的位置以列表的形式存储，若未找到，则返回一个空列表。打印结果如下：

```
[rectangle(78, 89, 171, 182)]
```

可以看到，这里的列表中是一个 rectangle 格式的数据元组，其中框体的位置表示如下。

- 框体上方：rectangle[1]，使用rectangle.top()函数获取。
- 框体下方：rectangle[3]，使用rectangle. bottom()函数获取。
- 框体左方：rectangle[0]，使用rectangle. left()函数获取。
- 框体右方：rectangle[2]，使用rectangle. right()函数获取。

获取并打印框体位置的代码如下：

```
import cv2
import dlib
import numpy as np
image = cv2.imread("./dataset/lfw-deepfunneled/Aaron_Eckhart/
Aaron_Eckhart_0001.jpg")
detector = dlib.get_frontal_face_detector() #Dlib 创建的切割器
boundarys = detector(image, 2) #找到人脸框的坐标，若没有，则返回空集
print(list(boundarys))         #打印结果
draw = image.copy()
rectangles = list(boundarys)
for rectangle in rectangles:
    top = np.int(rectangle.top())   # idx = 1
    bottom = np.int(rectangle.bottom()) #idx = 3
    left = np.int(rectangle.left()) #idx = 0
    right = np.int(rectangle.right())   #idx = 2
print([left,top,right,bottom])
```

打印结果如下：

```
[rectangle(78, 89, 171, 182)]
[78, 89, 171, 182]
```

3. 使用Dlib进行人脸检测

输入检测到的人脸框图，对于给定的人脸框图的位置坐标来说，OpenCV 提供了专门用于画框图的函数 rectangle()，这样将 OpenCV 与 Dlib 结合在一起，可以很好地达到人脸检测的需求，代码如下：

```
import cv2
import dlib
import numpy as np
image = cv2.imread("./dataset/lfw-deepfunneled/Aaron_Eckhart/
Aaron_Eckhart_0001.jpg")
detector = dlib.get_frontal_face_detector() #切割器
boundarys = detector(image, 2)
rectangles = list(boundarys)
draw = image.copy()

for rectangle in rectangles:
    top = np.int(rectangle.top())                  # idx = 1
    bottom = np.int(rectangle.bottom())            #idx = 3
    left = np.int(rectangle.left())                #idx = 0
    right = np.int(rectangle.right())              #idx = 2
    W = -int(left) + int(right)                    #获取人脸框体的宽度
    H = -int(top) + int(bottom)                    #获取人脸框体的高度
    paddingH = 0.01 * W
    paddingW = 0.02 * H
    #将人脸的图片单独“切割出来”
    crop_img = image[int(top + paddingH):int(bottom - paddingH), int(left -
paddingW):int(right + paddingW)]
    #进行人脸框体描绘
    cv2.rectangle(draw, (int(left), int(top)), (int(right), int(bottom)), (255,
0, 0), 1)
    cv2.imshow("test", draw)
    c = cv2.waitKey(0)
```

这里使用了图像截取，crop_img 的作用是将图片矩阵按大小进行截取，而 cv2.rectangle 使用 OpenCV 在图片上画出框体线。最终结果如图 15-4 所示。

从图 15-4 可以清楚地看到，使用 Dlib 和 OpenCV 可以很好地解决人脸定位问题，而对于切割图片的显示如图 15-5 所示。

图 15-4　画出人脸框的图片

图 15-5　对于切割图片的显示

可以看到，图片的右侧边缘有一个明显的竖线，这是因为图片的尺寸过小，从而影响了 OpenCV 的画图，此时将切割图片的大小重新进行缩放即可，代码如下：

```
    import cv2
    import dlib
    import numpy as np
    image = cv2.imread("./dataset/lfw-deepfunneled/Aaron_Eckhart/ Aaron_Eckhart_
0001.jpg")
    detector = dlib.get_frontal_face_detector() #切割器
    boundarys = detector(image, 2)
    print(list(boundarys))
    draw = image.copy()
    rectangles = list(boundarys)

    for rectangle in rectangles:
        top = np.int(rectangle.top())   # idx = 1
        bottom = np.int(rectangle.bottom()) #idx = 3
        left = np.int(rectangle.left()) #idx = 0
        right = np.int(rectangle.right())   #idx = 2
        W = -int(left) + int(right)
        H = -int(top) + int(bottom)
        paddingH = 0.01 * W
        paddingW = 0.02 * H
        crop_img = image[int(top + paddingH):int(bottom - paddingH), int(left -
paddingW):int(right + paddingW)]
        #进行切割放大
        crop_img = cv2.resize(crop_img,dsize=(128,128))
        cv2.imshow("test", crop_img)
        c = cv2.waitKey(0)
```

结果请读者自行验证。

15.1.5　使用 Dlib 和 OpenCV 建立自己的人脸检测数据集

由于 LFW 数据集在创建时并没有专门整理人脸框图的位置数据，因此借助 Dlib 和 OpenCV，读者可以建立自己的人脸检测数据集。

1. 找到LFW数据集中的所有图片位置

下面找到 LFW 数据集中所有图片的位置，这里使用 pathlib 库对数据库地址进行查找，代码如下：

```
path = "./dataset/lfw-deepfunneled/"
path = Path(path)
file_dirs = [x for x in path.iterdir() if x.is_dir()]
for file_dir in tqdm(file_dirs):
    image_path_list = list(Path(file_dir).glob('*.jpg'))
```

这里 file_dirs 查找当前路径中所有的文件夹，在一个 for 循环后，使用 glob 函数将符合对应后缀名的所有文件都找到。最终生成一个 image_path_list 列表，用于存储所有找到的对应后缀名的文件。这里顺便讲一下 tqdm 的作用，tqdm 是一个可视化进程运行函数，将路径的进程予以可视化显示。

2. 在图片中查找人脸框体

查找的方法是结合 Dlib 进行人脸框的查找并存储结果，完整的代码如下：

```
from pathlib import Path
import dlib
import cv2
import numpy as np
from tqdm import tqdm
detector = dlib.get_frontal_face_detector() #人脸检测器
path = "./dataset/lfw-deepfunneled/"
path = Path(path)
file_dirs = [x for x in path.iterdir() if x.is_dir()]
rec_box_list = []
counter = 0

for file_dir in tqdm(file_dirs):
    image_path_list = list(Path(file_dir).glob('*.jpg'))
    for image_path in image_path_list:
        image_path = "./" + str(image_path)
        image = (cv2.imread(image_path))
        draw = image.copy()
        boundarys = detector(image, 2)
        rectangle = list(boundarys)
        #为了简便起见，限定每幅图片中只有一个人的图
        if len(rectangle) == 1:
            rectangle = rectangle[0]
            top = np.int(rectangle.top())        # idx = 1
            bottom = np.int(rectangle.bottom())  # idx = 3
            left = np.int(rectangle.left())      # idx = 0
            right = np.int(rectangle.right())    # idx = 2
```

```
            if rectangle is not None:
                W = -int(left) + int(right)
                H = -int(top) + int(bottom)
                paddingH = 0.01 * W
                paddingW = 0.02 * H
                crop_img = image[int(top + paddingH):int(bottom - paddingH),
int(left - paddingW):int(right + paddingW)]
                cv2.rectangle(draw, (int(left), int(top)), (int(right),
int(bottom)), (255, 0, 0), 1)
            rec_box = [top,bottom,left,right]
            rec_box_list.append(rec_box)
            new_path = "./dataset/lfw/" + str(counter) + ".jpg"
            cv2.imwrite(new_path, image)
            counter += 1

np.save("./dataset/lfw/rec_box_list.npy",rec_box_list)
```

这段代码的作用是读取 LFW 数据集中不同文件夹中的图片，获取其面部坐标框之后，存储在特定的列表中。为了简单起见，这里限定了每幅图中只有一张人脸进行检测。

3. 对结果进行验证

这里随机获取一个图片 ID，使用 Dlib 即时获取对应的人脸框，对打印存储的人脸列表内容进行验证，代码如下：

```
import dlib
import cv2
import numpy as np
detector = dlib.get_frontal_face_detector() #切割器
img_path = "./dataset/lfw/10240.jpg"
image = (cv2.imread(img_path))
boundarys = detector(image, 2)
print(list(boundarys))
rec_box_list = np.load("./dataset/lfw/rec_box_list.npy")
print(rec_box_list[10240])
```

打印结果请读者自行验证。

15.1.6 基于人脸定位制作适配深度学习的人脸识别数据集

对于普通用户而言，为了使用深度学习模型而直接将 LFW 数据集的全部图片数据载入内存或者显存中，这是一件较为困难的事。因为 LFW 数据集的数据量比较大，一次性载入全部完整的图片数据会造成很多问题。

在上一小节中，我们讲解了使用 Dlib 制作通用人脸识别模型，目的是在含有人脸的基础数据集中找到（检测）人脸的位置。接下来的工作需要基于此完成适配本章人脸识别模型的数据集。

1. 第一步：使用Dlib定位人脸位置并制作新的人脸图片

首先使用 Dlib 将人脸位置固定，并制作新的人脸图片，目的是加强模型的训练，从而使得模型在识别时能够更加注重人脸细节的分辨。

在此过程中，我们直接将裁剪后的新人脸图片放到当前目录下的 dataset/lfw-deepfunneled 子目录中，注意与上一节的人脸图片数据集保存的目录不一样。代码如下：

```
import numpy as np
import dlib
import matplotlib.image as mpimg
import cv2
import imageio
from pathlib import Path
import os
from tqdm import tqdm
shape = 144

def clip_image(image, boundary):
    top = np.clip(boundary.top(), 0, np.Inf).astype(np.int16)
    bottom = np.clip(boundary.bottom(), 0, np.Inf).astype(np.int16)
    left = np.clip(boundary.left(), 0, np.Inf).astype(np.int16)
    right = np.clip(boundary.right(), 0, np.Inf).astype(np.int16)
    image = cv2.resize(image[top:bottom, left:right],(128,128))
    return image

def fun(file_dirs):
    for file_dir in tqdm(file_dirs):
        image_path_list = list(file_dir.glob('*.jpg'))
        for image_path in image_path_list:
            image = np.array(mpimg.imread(image_path))
            boundarys = detector(image, 2)
            if len(boundarys) == 1:
                image_new = clip_image(image, boundarys[0])
                os.remove(image_path)
                image_path_new = image_path #这里可以对保存的地点调整路径
                imageio.imsave(image_path_new, image_new)
            else:
                os.remove(image_path)

detector = dlib.get_frontal_face_detector() #切割器
path="./dataset/lfw-deepfunneled"
path = Path(path)
file_dirs = [x for x in path.iterdir() if x.is_dir()]

print(len(file_dirs))
```

```
fun(file_dirs)
```

2. 第二步：创建新图片结构的位置地址

在本小节一开始的部分我们已经讲了，对于部分读者来说，一次性将数据集中所有的人脸图片读取到内存或者显存中是较为困难的，因此最好的办法是对图片的地址进行保存，通过地址名称来读取图片，并且采用地址名称上的人名来判断是否归属于同一个人，形式如图 15-6 所示。

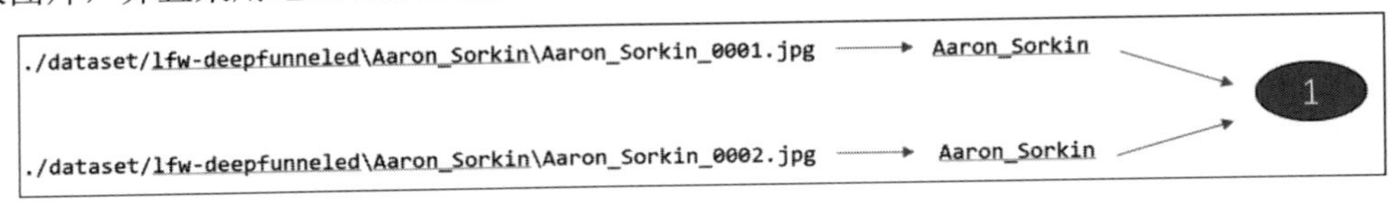

图 15-6　相似人脸的判定

而对于不同的人脸图片，同样可以通过地址上的人名对其进行判断，形式如图 15-7 所示。

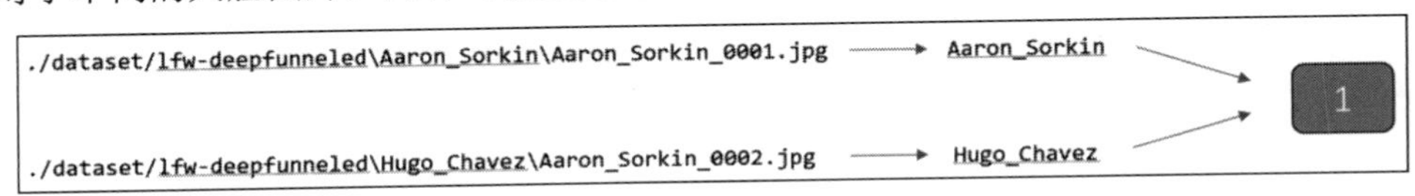

图 15-7　不相似人脸的判定

另外，需要注意的是，为了加速我们的训练，这里人为设置了一个规则：只有每个人的图片数量大于 10，才将其加入数据集。代码如下：

```
cutoff = 10
for folder in folders:
    files = list_files(folder)
    if len(files) >= cutoff:
        path_file_collect += (files)
```

完整代码如下（注意 lfw-deepfunneled 文件的存放位置）：

```
import numpy as np
import dlib
import matplotlib.image as mpimg
import cv2
import imageio
from pathlib import Path
import os
from tqdm import tqdm
shape = 144

def clip_image(image, boundary):
    top = np.clip(boundary.top(), 0, np.Inf).astype(np.int16)
    bottom = np.clip(boundary.bottom(), 0, np.Inf).astype(np.int16)
    left = np.clip(boundary.left(), 0, np.Inf).astype(np.int16)
    right = np.clip(boundary.right(), 0, np.Inf).astype(np.int16)
    image = cv2.resize(image[top:bottom, left:right],(128,128))
```

```
    return image

def fun(file_dirs):
    for file_dir in tqdm(file_dirs):
        image_path_list = list(file_dir.glob('*.jpg'))
        for image_path in image_path_list:
            image = np.array(mpimg.imread(image_path))
            boundarys = detector(image, 2)
            if len(boundarys) == 1:
                image_new = clip_image(image, boundarys[0])
                os.remove(image_path)
                image_path_new = image_path #这里可以对保存的地点调整路径
                imageio.imsave(image_path_new, image_new)
            else:
                os.remove(image_path)

import os
# 列出所有目录下文件夹的函数
def list_folders(path):
    """
    列出指定路径下的所有文件夹名
    """
    folders = []
    for root, dirs, files in os.walk(path):
        for dir in dirs:
            folders.append(os.path.join(root, dir))
    return folders

def list_files(path):
    files = []
    for item in os.listdir(path):
        file = os.path.join(path, item)
        if os.path.isfile(file):
            files.append(file)
    return files

if __name__ == '__main__':
    detector = dlib.get_frontal_face_detector() #切割器
    path="./dataset/lfw-deepfunneled"
    path = Path(path)
    file_dirs = [x for x in path.iterdir() if x.is_dir()]
    print(len(file_dirs))
    fun(file_dirs)
    folders = list_folders(path)
    path_file_collect = []
```

```
cutoff = 10
for folder in folders:
    files = list_files(folder)
    if len(files) >= cutoff:
        path_file_collect += (files)

path_file = "./dataset/lfw-path_file.txt"
file2 = open(path_file, 'w+')
for line in path_file_collect:
    file2.write(line)
    file2.write("\n")
file2.close()
```

读者可以等程序结束之后查询定义的地址存放目录，可以看到其中的内容如图15-8所示。

```
dataset\lfw-deepfunneled\Winona_Ryder\Winona_Ryder_0022.jpg
dataset\lfw-deepfunneled\Winona_Ryder\Winona_Ryder_0024.jpg
dataset\lfw-deepfunneled\Yoriko_Kawaguchi\Yoriko_Kawaguchi_0001.jpg
dataset\lfw-deepfunneled\Yoriko_Kawaguchi\Yoriko_Kawaguchi_0002.jpg
dataset\lfw-deepfunneled\Yoriko_Kawaguchi\Yoriko_Kawaguchi_0003.jpg
dataset\lfw-deepfunneled\Yoriko_Kawaguchi\Yoriko_Kawaguchi_0004.jpg
dataset\lfw-deepfunneled\Yoriko_Kawaguchi\Yoriko_Kawaguchi_0005.jpg
```

图15-8　不相似人脸的判定

读者可以自行尝试。

15.2　实战：基于深度学习的人脸识别模型

使用深度学习完成人脸识别，一个最简单的思路就是利用卷积神经网络抽取人脸图像的特征，之后使用分类器对人脸进行二分类，这样就完成了前面所定义的任务。

15.2.1　人脸识别的基本模型Siamese Model

首先介绍一下人脸识别模型Siamese Model（孪生模型）。在介绍这个模型之前，先对人脸识别的输入进行一下分类。在本书前面的模型设计中，输入端无论输入的是一组数据还是多组数据，都是被传送到模型中进行计算，无非就是前后的区别。

而对于人脸识别模型来说，一般情况下会输入两项并行的内容，一项是需要验证的数据，另一项是数据库中的人脸数据。

这样并行处理两个数据集模型称为Siamese Model。Siamese在英语中指“孪生”“连体”，这是一个外来词，来源于19世纪泰国出生的一对连体婴儿（他们长大后的照片如图15-9所示），具体的故事这里就不介绍了，读者可以自己去了解。

图 15-9　连体婴儿长大后的样子

简单来说，Siamese Model 就是“连体的神经网络模型”，神经网络的“连体”是通过共享权重来实现的，如图 15-10 所示。

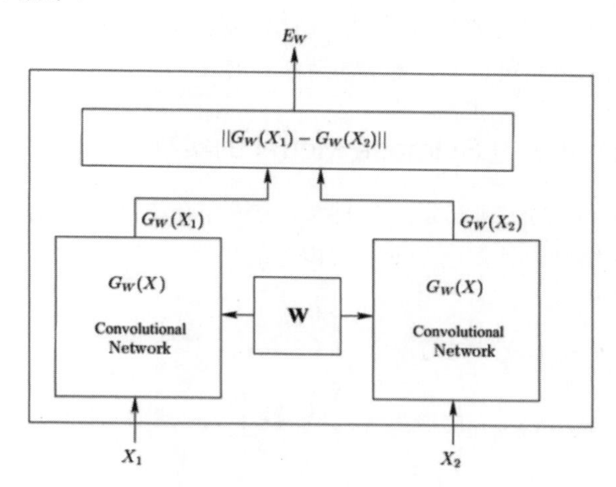

图 15-10　Siamese Model

这里详细说明一下，所谓共享权重，可以认为是同一个网络，实际上就是同一个网络。因为其网络的架构和模块完全相同，而且权值是同一份权值，也就是对同一个深度学习网络进行了重复使用。这里顺便讲一下，如果网络架构和模块完全相同，但是权值却不同，那么这种网络叫作伪孪生（Pseudo-Siamese Model）神经网络。

孪生网络的作用是衡量两个输入的相似程度。孪生神经网络有两个输入（Input 1 和 Input 2），将两个输入分别输送到两个神经网络（Network 1 和 Network 2）中，这两个神经网络分别将输入映射到新的空间，形成输入在新的空间中的表示。

读者可能会问，目前一直讲的是 Siamese 的整体架构，其中的 Model 部分到底是什么？实际上答案很简单，对于 Siamese Model 来说，其中的 Model 的作用是进行特征提取，只需要保证在这个架构中，Model 所使用的是同一个网络即可，而具体的网络是什么，最简单的如卷积神经网络模型 VGG16，或者最新的卷积神经网络模型 SENET 都是可以的。

Siamese Model 的架构如图 15-11 所示。

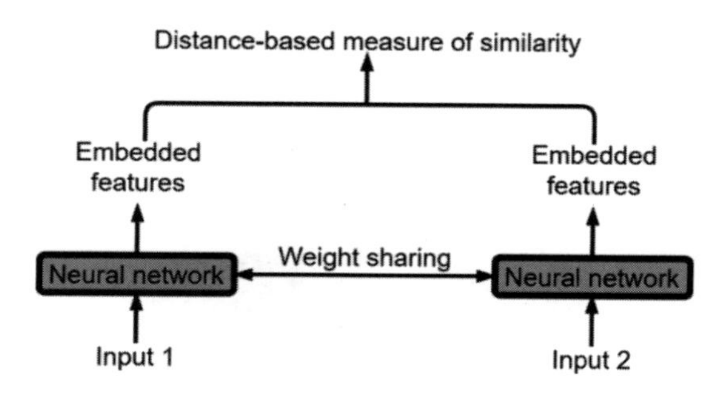

图 15-11　Siamese Model 的架构

最后的损失函数就是前面介绍过的普通交叉熵函数，使用 L2 正则对其进行权重修正，从而使得网络能够学习更为平滑的权重，进而提高泛化能力。

$$L(x_1,x_2,t)=t\cdot\log(p(x_1\circ x_2))+(1-t)\cdot\log(1-p(x_1\circ x_2))+\lambda\cdot\|\omega\|_2$$

其中 $p(x_1\circ x_2)$ 是两个输入样本经过孪生神经网络（Siamese Network）输出的计算合并值（这里使用了点乘，实际上使用差值也可以），而 t 则是标签值。

15.2.2　基于 PyTorch 2.0 的 Siamese Model 的实现

下面介绍 Siamese Model 的实现部分。在 15.2.1 节已经介绍过了，Siamese Model 实际上是并行使用一个“主干”神经网络同时计算两个输入端内容的模型。在这里采用建立一个卷积神经网络的方式构建相应的模型，代码如下：

```
class SiameseNetwork(nn.Module):
    def __init__(self):
        super(SiameseNetwork,self).__init__()
        self.cnn1=nn.Sequential(
            nn.Conv2d(1,4,kernel_size=5),
            nn.BatchNorm2d(4),
            nn.ReLU(inplace=True),
            nn.Conv2d(4, 8, kernel_size=5),
            nn.BatchNorm2d(8),
            nn.ReLU(inplace=True),
            nn.Conv2d(8, 8, kernel_size=3),
            nn.BatchNorm2d(8),
            nn.ReLU(inplace=True),
        )
        self.fc1=nn.Sequential(
            nn.Linear(8 * 90 * 90,500),
            nn.ReLU(inplace=True),
            nn.Linear(500,500),
            nn.ReLU(inplace=True),
            nn.Linear(500,40)
        )
```

```
    def forward(self, input1,input2):
        output1=self.forward_once(input1)
        output2=self.forward_once(input2)
        return output1,output2
```

15.2.3 人脸识别的 Contrastive Loss 详解与实现

一般在孪生神经网络（Siamese Network）中，采用的损失函数是 Contrastive Loss（对比损失），这是一种常用于训练深度神经网络中人脸识别模型的损失函数。其本质是通过比较两幅图像之间的相似度来使得同一张人脸的特征向量距离更小，不同人脸的特征向量距离更大，从而实现人脸识别的效果。

Contrastive Loss 损失函数可以有效地处理孪生神经网络中的配对数据的关系，其表达式如下：

$$\text{Loss} = \frac{1}{2N}\sum_{n=1}^{N} yd^2 + *(1-y)\max(\text{m}\arg\text{in} - d, 0)^2$$

$$d = \left\| S^a - S^b \right\| \qquad S\text{为样本}$$

其中 d 代表两个样本特征的欧氏距离，y 为两个样本是否匹配的标签，y=1 代表两个样本相似或者匹配，y=0 则代表不匹配，margin 为设定的阈值。

当两幅图像是同一张人脸时，我们希望它们的距离越小越好，因此损失函数的第一项为 0，只考虑第二项。当两幅图像是不同的人脸时，我们希望它们的距离越大越好，因此损失函数的第二项为 0，只考虑第一项。通过这种方式，我们可以让相同人脸的特征向量更加相似，不同人脸的特征向量更加不同。最终，模型将会学到一组特征向量，每个特征向量都代表该人脸的独特属性，可以用于人脸识别的任务。Contrastive Loss 示意如图 15-12 所示。

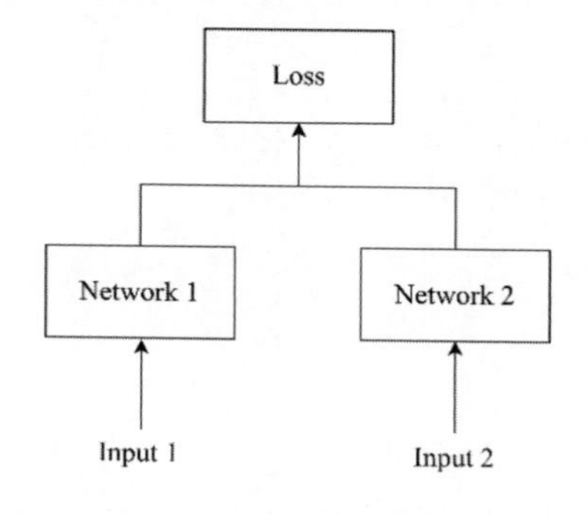

图 15-12　Siamese Model 的 Contrastive Loss

基于 PyTorch 2.0 实现的损失函数如下：

```
class ContrastiveLoss(torch.nn.Module):
    def __init__(self,margin=2.0):
        super(ContrastiveLoss,self).__init__()
        self.margin=margin
```

```
    def forward(self,output1,output2,label):
        label=label.view(label.size()[0],)
        euclidean_distance=F.pairwise_distance(output1,output2)
        loss_contrastive = torch.mean((1 - label) * torch.pow(euclidean_distance,
2) + (label) * torch.pow(torch.clamp(self.margin - euclidean_distance, min=0.0),
2))
        return loss_contrastive
```

15.2.4　基于 PyTorch 2.0 的人脸识别模型

经过前文的分析，读者对人脸识别模型的基本架构和训练方法有了一定的了解，实际上人脸识别模型在具体训练和使用中复用上一节的模型训练即可。从训练方法到结果的预测没有太大的差异。最大不同就是训练时间的长度。由于人脸的特殊性，训练过程需要耗费非常长的时间和机器性能，这一点请读者注意。

1. 第一步：人脸识别数据集的输入

在上一节中我们准备了人脸识别的数据集，并通过 Dlib 工具对数据进行了人脸切割，只留下需要提取特征的人脸部分。对于模型的输入是通过 batch 的方式进行，而每个 batch 中不同个体的数据和每个个体能够提供的图片数量都是有要求的。生成数据的代码如下所示：

```
from torch.utils.data import DataLoader, Dataset
import random
import linecache
import torch
import numpy as np
from PIL import Image

class MyDataset(Dataset):
    def __init__(self,path_file,transform=None,should_invert=False):    #
path_file 是所有人脸图片的地址，每行地址是一幅图片
        self.transform=transform
        self.should_invert=should_invert
        self.path_file = path_file

    def __getitem__(self, index):
        line=linecache.getline(self.path_file,
random.randint(1,self.__len__()))
        img0_list=line.split("\\")
        #若为 0，取得不同人的图片
        shouled_get_same_class=random.randint(0,1)
        if shouled_get_same_class:
            while True:
                img1_list=linecache.getline(self.path_file,
```

```
random.randint(1,self.__len__())).split('\\')
                if img0_list[-1]==img1_list[-1]:
                    break
        else:
            while True:
                img1_list=linecache.getline(self.path_file,
random.randint(1,self.__len__())).split('\\')
                if img0_list[-1]!=img1_list[-1]:
                    break
        img0_path = "/".join(img0_list).replace("\n","")
        img1_path = "/".join(img1_list).replace("\n","")
        im0=Image.open(img0_path).convert('L')
        im1=Image.open(img1_path).convert('L')
        im0 = torch.tensor(np.array(im0))
        im1 = torch.tensor(np.array(im1))
        return im0,im1,torch.tensor(shouled_get_same_class,
dtype=torch.float32)

    def __len__(self):
        fh=open(self.path_file,'r')
        num=len(fh.readlines())
        fh.close()
        return num
if __name__ == '__main__':
    path_file = "./dataset/lfw-path_file.txt"
    ds = MyDataset(path_file)
    for _ in range(1024):
        a,b,l = ds.__getitem__(0)
        print(a.shape)
        print(b.shape)
        print(l)
        print("-----------------")
```

2. 第二步：人脸识别模型实战

在前文的介绍中，我们已经讲解了本实战中使用的方法和相关代码，接下来就是使用这些内容进行人脸识别实战，这部分的完整代码如下所示：

```
import torch
from torch.utils.data import DataLoader
from _15_2_2 import *
from _15_2_4 import *
device = "cuda"
net=SiameseNetwork().to(device)
criterion=ContrastiveLoss()
optimizer=torch.optim.Adam(net.parameters(),lr=0.001)
```

```
    counter=[]
    loss_history=[]
    iteration_number=0
    batch_size = 2
    path_file = "./dataset/lfw-path_file.txt"
    train_dataset = MyDataset(path_file=path_file)
    train_loader = DataLoader(train_dataset,batch_size=batch_size,
shuffle=True,num_workers=0,pin_memory=True)
    for epoch in range(0,20):
        for i,data in enumerate(train_loader,0):
            img0,img1,label=data
            img0,img1,label=img0.float().to(device),
img1.float().to(device),label.to(device)
            optimizer.zero_grad()
            output1,output2=net(img0,img1)
            loss_contrastive=criterion(output1,output2,label)
            loss_contrastive.backward()
            optimizer.step()
            if i % 2 ==0:
                print('epoch:{},loss:{}\n'.format(epoch,loss_contrastive.item()))
                counter.append(iteration_number)
                loss_history.append(loss_contrastive.item())
```

最终结果请读者自行完成。

15.3 本章小结

本章讲解了利用深度学习进行人脸识别的应用，实现了人脸识别模型的基本架构，并通过实战做了一个详尽的演示，希望能够帮助大家较好地掌握人脸识别模型的基本训练和预测方法。本章采用了一种较简易的解决方案来讲解使用深度学习和 PyTorch 2.0 完成人脸识别的基本过程和步骤。

除了本章实现的人脸检测和人脸识别模型之外，随着人们对深度学习模型研究的深入，更多更好的模型和框架被创建和部署，人脸识别的准确率也有了进一步的提高。本章只起到一个抛砖引玉的作用，如果读者想要深入掌握人脸识别技术，后续还需要关注和收集其最新研究成果继续学习和实践。